普通高等教育"十二五"规划教材

示范院校重点建设专业系列教材

节水灌溉技术

主　编　刘建明　梁　艺

副主编　张仲驰　娄忠秋　王务华

主　审　田明武

中国水利水电出版社

www.waterpub.com.cn

内 容 提 要

根据全国高职高专水利类专业人才培养目标及节水灌溉工程一线岗位对工程技术人员能力要求编写，本书内容主要包括节水灌溉技术现状分析、地面灌溉节水技术、喷灌工程技术、微灌工程技术、低压管道输水灌溉工程技术、渠道防渗工程技术、水稻节水灌溉技术及节水灌溉管理技术等8个项目。通过学习，培养学生从事节水灌溉工程规划设计及施工安装的实践动手能力，为后续专业课的学习及走向工作岗位奠定基础。

本书适合高职高专水利类专业教学，以及节水灌溉工程技术人员及其他相关专业人员学习参考和培训使用。

图书在版编目（CIP）数据

节水灌溉技术 / 刘建明，梁艺主编. -- 北京 : 中国水利水电出版社，2015.1(2022.2重印)
普通高等教育“十二五”规划教材. 示范院校重点建设专业系列教材
ISBN 978-7-5170-3074-4

Ⅰ. ①节… Ⅱ. ①刘… ②梁… Ⅲ. ①农田灌溉－节约用水－高等学校－教材 Ⅳ. ①S275

中国版本图书馆CIP数据核字(2015)第070497号

书　名	普通高等教育“十二五”规划教材 示范院校重点建设专业系列教材 **节水灌溉技术**
作　者	主　编　刘建明　梁　艺 副主编　张仲驰　娄忠秋　王务华 主　审　田明武
出版发行	中国水利水电出版社 (北京市海淀区玉渊潭南路1号D座　100038) 网址：www.waterpub.com.cn E-mail：sales@waterpub.com.cn 电话：(010) 68367658（营销中心）
经　售	北京科水图书销售中心（零售） 电话：(010) 88383994、63202643、68545874 全国各地新华书店和相关出版物销售网点
排　版	中国水利水电出版社微机排版中心
印　刷	清淞永业（天津）印刷有限公司
规　格	184mm×260mm　16开本　12.5印张　296千字
版　次	2015年1月第1版　2022年2月第2次印刷
印　数	3001—4500册
定　价	**39.00**元

前言

本书由四川水利职业技术学院和四川省农田水务局共同编写。

据预测，在2030年前后我国将达到16亿人口高峰，粮食需求将增加到6.4亿～7.2亿t。按照现有水平预测，为了满足这种粮食需求，灌溉面积需要发展到9.0亿亩，农业灌溉用水量将从现在的4000亿m^3增加到6650亿m^3。从目前我国水资源供需状况来看，如此大的农业水资源供给是不可能实现的，农业将缺水500亿～700亿m^3。要解决耕地面积有限、淡水资源紧缺和粮食需求上涨之间的难题，出路只有一条，即节水灌溉的发展是必由之路。

本书为适应我国大规模发展节水灌溉的需要，着重阐述了各种节水灌溉工程技术的规划设计、施工安装、运行管理，还介绍了节水灌溉的管理技术，力求为从事节水灌溉的技术人员提供较为完整的工程技术和管理技术。本书在编写工程中，除了参考已有的成熟的研究成果和经验外，还收入了新技术、新方法和新设备，以提高本教材的科学性、先进性和适用性。

本书由四川水利职业技术学院的刘建明、梁艺任主编，张仲驰和娄忠秋任副主编，田明武任主审。参加本书编写工作的有梁艺（项目一、项目四）、张仲驰（项目五、项目六）、娄忠秋（项目三、项目七、项目八）、四川省农田水务局王务华（项目二）。

本书在编写过程中，四川省农田水务局王务华提供了部分资料并提出很好的修改意见和建议，还得到四川省水利科学研究院的大力支持，在此表示感谢。本书参考和引用了国内外有关专家的大量文献，在此一并表示最衷心的感谢！

由于水平有限，本书存在疏漏和不妥之处，敬请读者批评指正。

作者

2014年8月

目录

项目一　节水灌溉技术现状分析

项 目 任 务 书

<table>
<tr><td colspan="2">项目名称</td><td>节水灌溉技术现状分析</td><td>参考课时</td><td>2</td></tr>
<tr><td colspan="2" rowspan="3">学习型工作任务</td><td colspan="2">任务一　节水灌溉技术体系</td><td>1</td></tr>
<tr><td colspan="2">任务二　国外节水灌溉的发展</td><td>0.5</td></tr>
<tr><td colspan="2">任务三　我国节水灌溉的发展</td><td>0.5</td></tr>
<tr><td colspan="2">项目任务</td><td colspan="3">掌握节水灌溉的概念及工程技术手段</td></tr>
<tr><td colspan="2">教学内容</td><td colspan="3">（1）节水灌溉技术体系；（2）国外节水灌溉的发展；（3）我国农业节水灌溉的发展</td></tr>
<tr><td rowspan="3">教学目标</td><td>知识</td><td colspan="3">（1）国内外节水灌溉的发展；（2）节水灌溉的概念；（3）节水灌溉的工程技术手段、管理手段和政策手段</td></tr>
<tr><td>技能</td><td colspan="3">掌握节水灌溉的工程技术手段、管理手段和政策手段</td></tr>
<tr><td>态度</td><td colspan="3">（1）具有刻苦学习精神；（2）具有吃苦耐劳精神；（3）具有敬业精神；（4）具有团队协作精神；（5）诚实守信</td></tr>
<tr><td colspan="2">教学实施</td><td colspan="3">通过对现状缺水分析，引出节水灌溉的概念、发展节水灌溉的重要性，进而介绍节水灌溉的技术体系</td></tr>
<tr><td colspan="2">项目成果</td><td colspan="3">对节水灌溉认识的总结</td></tr>
<tr><td colspan="2">技术规范</td><td colspan="3">GB/T 50363—2006《节水灌溉工程技术规范》，GB/T 50085—2007《喷灌工程技术规范》，GB/T 50485—2009《微灌工程技术规范》，SL 18—2004《渠道防渗工程技术规范》，GB/T 20203—2006《农田低压管道输水灌溉工程技术规范》，GB 6956—86《喷灌机械名词术语》，SL 236—1999《喷灌与微灌工程技术管理规程》</td></tr>
</table>

据预测，在2030年前后我国将达到16亿人口高峰，粮食需求将增加到6.4亿～7.2亿t。按照现有水平预测，为了满足这种粮食需求，灌溉面积需要发展到9.0亿亩，农业灌溉用水量将从现在的4000亿m^3增加到6650亿m^3。从目前我国水资源供需状况来看，如此大的农业水资源供给是不可能实现的，农业将缺水500亿～700亿m^3。

据预测，到2050年，世界总人口将由目前的70亿增加到90亿，人类对粮食的需求将在当前的水平上再增长70%～100%。

世界淡水资源日益紧缺，而人类对粮食的需求也不断上升，淡水资源已经成为农业发展和世界粮食供应的安全威胁。

该如何解决耕地面积有限、淡水资源紧缺和世界粮食需求上涨之间的难题？

要解决耕地面积有限、淡水资源紧缺和世界粮食需求上涨之间的难题，出路只有一条，即提高农业灌溉水利用效率，节水农业的发展是必由之路。

如果我国把农业灌溉水的利用率由目前的0.47提高到发达国家的0.7，则仅节水灌溉一项每年即可节水900亿～950亿m^3，不仅可以解决7亿t左右粮食生产的用水，还可以富裕出400亿～500亿m^3的水用于国民经济的其他重要领域。

任务一　节水灌溉技术体系

目标：（1）了解国内外节水灌溉的发展。

（2）掌握节水灌溉的概念及工程技术手段。

要点：节水灌溉的概念及工程技术手段。

一、节水灌溉的概念

GB/T 50363—2006《节水灌溉工程技术规范》对节水灌溉（water－saving irrigation）的定义是：根据作物需水规律和当地供水条件，高效利用降水和灌溉水，以取得农业最佳经济效益、社会效益和环境效益的综合措施。

二、节水灌溉技术体系

节水灌溉是以节约农业用水为中心的高效技术措施，它是科技进步的产物，也是现代化农业的重要内涵，其核心是在有限的水资源条件下，通过采用先进的水利工程技术，适宜的农业技术和用水管理等综合技术措施，充分提高农业水利用率和水的生产效益及效率，保证农业持续稳定发展。因此，节水灌溉技术体系包括以下内容。

1. 工程技术类节水

（1）水资源的合理开发利用技术。农业水资源的合理开发利用，是指采用必要的工程措施，对天然状态下的水进行调控和有计划的分配，为农业生产提供所必需的水量。

农业水资源的合理开发利用技术的主要内容包括：雨水集蓄利用技术（图1－1）、坑塘截流调控地下水、深沟河网蓄水、不同水源的联合利用技术，机井测试改造技术，灌溉回归水利用技术和劣质水改造利用技术（图1－2）等。

图1－1　雨水集蓄技术

图1－2　高含沙水的利用——迷宫式沉淀池

（2）渠系输水工程节水。主要包括渠道防渗技术和管道输水。

1）渠道防渗技术是指为减少渠道渗漏损失而采取的各种工程技术措施，是目前应用最广的节水技术之一，如图1－3所示。防渗处理后渠系水利用系数可从0.24提高到0.55左右，提高了渠系水利用系数，减少了输水损失。

2）低压管道输水灌溉（简称管灌）工程是以低压管道代替明渠输水灌溉的一种工程形式，如图1－4所示。低压管道输水可以大大减少输水过程中的渗漏和蒸发损失，使输水效率达95%以上。

图 1-3　渠道防渗

1-4　低压管道输水灌溉（简称管灌）工程

（3）田间灌水工程节水。包括改进的地面灌水技术、喷灌（图 1-5）、滴灌（图 1-6）、膜上灌或膜下灌、水稻“浅、薄、湿、晒”节水灌溉技术、激光平整土地等。

图 1-5　喷灌

图 1-6　滴灌

2. 管理类节水

管理类节水包括实施节水灌溉制度、土壤墒情检测预报技术、灌区配水及量水技术、现代化灌溉管理技术等。

3. 政策类节水

政策类节水包括建立节水灌溉技术服务体系、改进水管理体系、水价与水费计收标准及方法、制定可持续发展节水奖惩政策等。

任务二　国外节水灌溉的发展

目标： 了解国外节水灌溉的发展。

要点： 先进国家节水灌溉的发展情况。

目前，欧美等农业发达国家在节水灌溉方面已经取得重大进展，节水灌溉的普及程度较高。在发达国家，喷灌技术、微灌技术、渠道防渗工程技术、管道输水灌溉技术等节水灌溉技术已经较为成熟，其中喷灌、滴灌又是最先进的节水灌溉技术，欧美发达国家60%～80%的灌溉面积采用喷灌、滴灌的灌溉方法，农业灌溉率约为70%以上。据《中国节水灌溉行业深度调研与投资战略规划分析报告前瞻》数据显示，目前全世界的总耕地面积为 15 亿 hm^2，有灌排设施的耕地面积仅占 27%，却生产出全世界 55%的粮食，预计今后新增的粮食产量中 80%～90%将来自有灌排设施的耕地。

尽管美国和罗马尼亚的有效灌溉面积不多，但喷灌和微灌面积却分别占到有效灌溉面积的 54.4%和 80%以上。近 20 年来，全世界微灌面积年平均增长速度高达 33%，总面积已达 377 万 hm^2。印度微灌面积增加了 3.72 倍，美国微灌面积达 105 万 hm^2，占世界微灌总面积的 27.9%，而中国微灌面积仅占灌溉面积的 0.5%左右。世界发达国家对低压管道输水非常重视，如美国的输水管道化在大型灌区实现了近半；而日本在输水管道化方面更是超前一步，地下滴灌可利用污水进行灌溉，美国堪萨斯州已将地下滴灌作为利用污水进行大田作物灌溉的一种主要灌水技术。据估计，美国地下滴灌面积已达 15.607 万 hm^2，分别占微灌面积和灌溉总面积的 5%和 0.6%。

任务三　我国节水灌溉的发展

目标：了解国内节水灌溉的发展。

要点：国内发展节水灌溉的前景。

一、发展节水灌溉的意义

我国是水资源短缺的国家，时空分布不均，且人均水资源不足。目前，我国人均水资源占有量约为 2100m^3，仅为世界人均水平的 28%，在世界上排第 121 位，是全球 13 个贫水国家之一。预计到 2030 年我国人均水资源量将下降到 1760m^3，逼近国际公认的 1700m^3 严重缺水警戒线，缺水已经成为制约我国经济发展和社会进步的重要因素。

中国水土资源不匹配。南方地区水资源占全国总量的 81%，耕地面积占全国总量的 40%，人口占全国总数的 54%；北方地区水资源占全国总量的 19%，耕地面积占全国总量的 60%，人口占全国总数的 46%。

在我国，农业用水占全社会用水需求的 64.10%，比重较大，而一些发达国家农业用水比例仅为 50%左右，如北美和美洲中部农业用水占 49%，欧洲一些国家农业用水仅占 38%。农业灌溉水利用系数和水分生产效率是衡量灌溉水利用是否节约高效的重要指标，在我国农业灌溉水利用系数仅为 0.50，远低于发达国家 0.7～0.8 的水平；水分生产效率仅为每立方米水生产粮食 1.0kg，远低于国际先进水平的 2.0kg。鉴于我国水资源短缺且农业灌溉用水有效利用率低下的现状，大力发展节水农业，提高农业灌溉用水效率，从而降低农业用水总需求的比例，将有效的水资源更多地用于发展工业和提高人民生活品质，是缓解水资源与生产生活之间日趋紧张矛盾的需要，是经济社会发展的必然要求，是保障我国经济社会可持续发展的战略选择，也是建设社会主义新农村、构建节约型社会的重要内容。

上述资料表明：在我国实行节水农业、发展农业节水灌溉是大势所趋，要实现农业的可持续发展，当前形势下只有一条路，就是节水灌溉。

二、节水灌溉的发展概况

我国节水农业发展的历史源远流长，而且与灌溉农业的发展密切相连。在距今 4000

多年以前就有了临河挖渠、凿井汲水的灌溉农业，在漫长的历史岁月中，灌溉农业的建设绵延不断，对促进当时的农业生产和社会经济发展起到了十分重要的作用。灌溉农业的发展主要受水资源的制约，古代的劳动人民在与旱灾进行的长期斗争中，已懂得采用一些简单的节水农业技术，如夯实输水土渠的渠床减少输水渗漏损失；在蒸发量大的西北农田上铺上石子以减少农田土壤水分的蒸发损失等，对节约农业用水起到了一定作用。但是，由于社会和技术等原因，到 1949 年我国节水农业的基础十分薄弱，除了在少数灌区建设有少量渠道防渗外，基本上仍是空白。新中国成立后随着我国灌溉农业的大规模发展，农业水资源的供需矛盾逐渐呈现，节水农业技术开始受到有关部门的重视。20 世纪五六十年代，水利部门就开展了节水灌溉技术研究，到 70 年代初某些技术已大面积在农业生产中推广应用。如在自流灌区大力推广渠道防渗衬砌减少输水渗漏损失，田间开展平整土地、划小畦块，推行短沟或细流沟灌，建立健全用水组织，实行计划用水，按方收费。70 年代中期在机电泵站和机井灌区进行节水节能技术改造。70 年代中到 80 年代初，在丘陵山区，土壤透水性强、水源奇缺以及实行抗旱灌溉的北方地区和南方经济作物区，推广喷灌、微灌等先进灌水技术。80 年代初到 90 年代初，在北方井灌区大面积发展低压管道输水灌溉技术。从 90 年代开始，进一步将节水灌溉工程技术、农业技术和管理技术有机结合，形成配套技术，并大面积推广田间灌溉、科学用水技术，如小麦优化灌溉、水稻浅湿灌溉、膜上灌等。与此同时，以提高降水利用率为目标的旱地农业增产技术也得到大面积推广应用。这些技术的大范围推广应用，使我国节水农业的发展提高到一个新水平。

三、节水灌溉取得的成就

我国政府非常重视节水灌溉技术在农业领域的应用，在政策和资金上大力扶持节水灌溉行业的发展，每年均投入大量资金用于节水灌溉工程的建设以及灌区节水工程的改造，农业灌溉面积和节水灌溉面积逐年大幅增加，农业灌溉用水利用效率也在不断提高，截至 2010 年末，全国农业灌溉水利用系数为 0.50，节水灌溉取得了很大的成就。

1. “九五”期间取得的成就

党的十五届三中全会提出，要把推广节水灌溉作为一项革命性措施来抓。经国务院批准成立了全国节约用水办公室，加强节水工作，全社会节水意识增强。根据《水利发展十五规划》，“九五”期间，全国用于节水灌溉工程建设的投资达 430 亿元，重点组织实施了 300 个节水增产示范县建设和 200 多个大型灌区以节水为中心的续建配套和技术改造。全国发展工程节水灌溉面积近 1.2 亿亩，累计达 2.5 亿亩，灌溉用水效率明显提高，全国亩均灌溉用水量从 1995 年的 476m^3 减少到 2000 年的 439m^3。各地相继出台了一些节约用水的政策措施，有力地加强了需水管理，城市及工业节水力度加大，全国城市累计节约用水量 100 多亿 m^3。

2. “十五”期间取得的成就

根据《水利发展十一五规划》，“十五”期间，全国对 306 个大型灌区，99 个中型灌区进行节水改造，建设了 1100 多个节水增效示范项目，全国新增工程节水灌溉面积 7420 万亩，新增有效灌溉面积 2323 万亩，农业节水灌溉年节水 60 亿 m^3，形成 120 亿 m^3 的节水能力。

3.“十一五”期间取得的成就

根据《水利发展十二五规划》，“十一五”期间，全国对434处大型灌区和216处中型灌区进行续建配套节水改造，其中80处大型灌区基本完成规划骨干工程建设任务，开工建设了一批新灌区，对200多处大型灌排泵站进行更新改造，节水灌溉增效示范和牧区水利试点初见成效。新增高效节水灌溉面积4660万亩，农田灌溉水有效利用系数提高到0.50。

四、节水灌溉发展前景

随着我国经济社会的进一步发展，水资源的战略性地位日渐重要，发展节水灌溉已经成为缓解我国水资源紧缺矛盾的战略选择。发展节水灌溉，不但是保证国家供水安全、粮食安全和经济社会可持续发展的需要，也是恢复和建设良好生态系统的需要，并有利于调整农业和农村产业结构、增加农民收入、发展现代农业、促进农业机械化和农村水利现代化，提高农业生产率、解放农村劳动力。可以从以下几个方面阐述节水灌溉良好的发展前景。

（1）目前我国先进灌溉技术占比较低，未来发展空间广阔。全国有一半以上的耕地面积没有灌溉设施，属于“靠天吃饭田”；60%的有效灌溉面积还在沿用传统落后的灌溉方法。在工程节水灌溉面积中，采用喷滴灌等现代先进节水灌溉技术的比例很低，绝大部分只是按低标准初步进行了节水改造，输水渠道的防渗衬砌率较低。

相比国外而言，美国的有效灌溉面积为3.83亿亩，不足我国的一半，但喷灌和滴灌面积却占87%左右。以色列80%以上的灌溉面积采用了先进的滴灌技术，瑞典、英国、奥地利、德国、法国、丹麦、匈牙利、捷克、罗马尼亚等国家，喷灌和滴灌面积占灌溉面积的比例都达到了80%以上。

因此，不管是相对于国外，还是相对于我国严峻的缺水形势，滴灌等先进、高效灌溉技术在我国的应用比例还很低，有着巨大的发展空间和市场潜力。

（2）我国北方地区尤其是西北地区，绝大部分土地干旱缺水，具有发展滴灌等先进节水灌溉技术的良好市场前景。以色列沙漠农业的成功经验证明，环境是可以改变的，滴灌技术是最适合干旱、半干旱及沙漠地区推广使用的节水灌溉技术。我国北方大部分地区干旱缺水，尤其是西北地区缺水更为严重，同时面临土地盐碱化和荒漠化的威胁，西北地区大片的土地正被风沙所侵蚀，形势极其严峻。滴灌等先进灌溉技术在北方地区的大面积推广应用，可以有效缓解水资源危机，提高农作物产量，改善生态环境，遏制西北地区的荒漠化进程。因此，在北方地区滴灌技术具有良好的市场发展前景。

（3）近年来由于全球气候变暖，干旱灾害频发使农作物减产，对加大节水灌溉投入力度、大力发展滴灌等节水灌溉技术提出了现实的和迫切的需求。

（4）水利发展规划的制定，保证了节水灌溉行业持续、稳定地发展。根据《水利发展十二五规划》，“十二五”期间，把节水灌溉作为发展现代农业的一项根本性措施和重大战略来抓，因地制宜大力推广渠道防渗、管道输水、微灌、滴灌、喷灌等节水灌溉技术。采用地膜覆盖、深松深耕、保护性耕作等技术，积极发展旱作农业。推动农业节水增效技术的综合集成和规模化、产业化发展，优先推进水资源短缺地区、生态脆弱地区和粮食主产区农业高效节水工程建设，争取5年内新增高效节水灌溉面积5000万亩，全国农田灌溉水有效利用系数达0.53以上。稳步发展牧区水利，建设节水高效灌溉饲草料地。

充分发挥现有灌溉工程作用，力争完成70%以上的大型灌区和50%以上的重点中型灌区骨干工程续建配套与节水改造任务，新增农田有效灌溉面积4000万亩。初步建立抗旱减灾体系，全面加强重要城市应急备用水源的建设，干旱易发区、粮食主产区抗旱能力显著提高。

(5) 我国的节水灌溉技术发展呈现以下趋势。

1) 因地制宜，继续普及与推广先进的喷、微灌技术。目前，我国节水灌溉工程中，喷、微灌技术所占的比重还比较低，与发达国家相比较还有大的差距。目前，国内外喷、微灌技术正朝着低压、节能、多目标利用、产品标准化和系列化及运行管理自动化方向发展。任何一项节水灌溉技术都有其适用的自然条件和经济条件，普及与推广喷、微灌技术必须坚持因地制宜的原则。在有条件的地区，应大力发展地下滴灌技术，就是在灌溉过程中，水通过地里毛管上的灌水器缓慢渗入附近土壤，再借助毛细管作用或重力扩散到整个作物根层的灌溉技术。由于在灌溉过程中几乎没有水分蒸发损失，而且对土壤结构的破坏轻，因此在各项节水灌溉技术中，该项技术的节水增产效果最为明显，而且便于农田作业和管理，特别适合于在我国西北地区干旱、高温、风大的自然条件下推广应用。

2) 实现灌溉渠系管道化。我国已基本普及了井灌区低压管道输水技术，今后的发展方向是大型渠灌区渠系管道化，并加快相应大口径塑料管材的开发生产。此举可推动生产制造业的发展，并且可以减少水在运输过程中的损耗。

3) 发展现代精细地面灌溉技术。土地平整是改进地面灌溉的基础和关键，由于我国地面灌溉量大、面广，急需推广应用激光控制平地技术、水平畦田灌溉技术、田间闸管灌溉系统以及土壤墒情自动监测技术等一切改进地面灌溉措施，逐步实现田间灌溉水的有效控制和适时适量的精细灌溉。

4) 研究和推广非充分灌溉技术。非充分灌溉理论源于传统的充分灌溉理论，但不是传统的充分灌溉理论简单的延伸，它将与生物技术，信息技术及“四水”转化理论等高新节水技术和理论相结合，创建新的灌溉理论及技术体系，它将对现有灌溉工程的规划设计及灌溉管理模式等生产巨大的冲击和影响。我国北方一些地区已经实行了减少灌溉次数等非充分灌溉方式，一些科研单位和灌溉试验站也开始了一些非充分灌溉的实验研究。

5)“3S”技术在农业节水灌溉中的应用

3S技术是遥感技术（Remote Sensing，RS）、地理信息系统（Geography Information Systems，GIS）和全球定位系统（Global Positioning Systems，GPS）的统称，是空间技术、传感器技术、卫星定位与导航技术和计算机技术、通信技术相结合，多学科高度集成的对空间信息进行采集、处理、管理、分析、表达、传播和应用的现代信息技术。

进入21世纪，空间遥感得到了大力发展，更多的卫星被送上太空，从而使“3S”技术在农业节水领域中应用成为可能。使农业灌溉管理更加科学、精确。我国农业结构和水土资源分布具有很强的区域性，各地区发展不平衡，应当根据不同地区的自然经济状况、气候条件、农业生产经营方式、作物种类、经济发展水平等，科学确定不同地区，不同阶段的节水灌溉发展模式，加快研究开发先进，适用的农业高效用水技术与设备。

6) 其他的节水灌溉新技术。

a. 污水喷灌技巧。利用污水喷灌是将污水解决与农业用水连接起来的一种污水解决方法，同时又是一种开源节流的灌溉方法。喷灌净化污水，就是将污水喷洒在田里，利用泥土、微生物和作物来分解污水中的一些成分，并使部分水蒸气散到大气中，部分水经泥土净化后浸透泄出再利用。

在利用污水喷灌时，应先对污水进行积淀、筛滤，除去固体污物，有的还需加入消毒杀菌剂。污水灌的作物应以除蔬菜以外的经济作物为主，对于谷类作物最好只用于作物生育前期，在作物收获前一段时间应停滞污水灌。污水灌的泥土以砂壤土、壤土和壤质砂土为好，水量应连接作物的品种和生育期判别，如在作物苗期、早春和晚秋应少灌。履行污水灌要避免大定额灌溉，免得造成地表及地下径流，灌溉强度以不造成泥土黏闭和不产生地表径流为原则。如污水水质不符合灌溉水质标准时，可采取清水污水混杂方法，使混杂后的水质合乎灌溉要求后再进行喷灌。此技巧较庞杂，最好在专家指点下使用。

b. 咸水灌溉技巧。咸水灌溉技巧主要包括不同水质的水混灌和轮灌，此外，还有依据电浸透作用原理利用地下咸水灌溉的技巧。

混灌是将两种不同的灌溉水混杂使用，包括咸淡混灌、咸碱（低矿化碱性水）混灌和两种不同盐渍度的咸水混灌，目标是下降灌溉水的总盐渍度或改变其盐分组成。混灌在提高灌溉水水质的同时，也增长了可灌水的总量，使以前不能使用的碱水或高盐渍度的咸水得以利用。

轮灌是依据水资源散布、作物品种及其耐盐性和作物生育阶段等交替使用咸淡水进行灌溉的一种方法。如旱季用咸水，雨后有河水时用淡水；强耐盐作物（如棉花）用咸水，弱耐盐作物（如小麦、玉米、大豆）用淡水；播前和苗期用淡水，而在作物的中、后期用咸水。轮灌可充分、有效地发挥咸淡水各自的作用和效益。

奥地利研究人员利用电浸透作用原理研制出一种灌溉系统，该系统使地下水经泥土毛细管及各种孔隙上升到地表层，同时从汇集于电极周围的某些盐类中游离出净水，上升到地表层供作物利用。其装备是由两组电极组成，将一组装有正电极的金属管打入地下水位以下，另一组为负电极的导体栅网，埋于与植物根部深度相等的地方。依据土质结构及泥土含盐量，接通 2～12V 电源，就会在两极间建立直流电场，产生电浸透效果。这种灌溉系统适用于地下水较丰盛的干旱区果园、草坪及固沙植物等。

c. 利用空气中的水分进行灌溉。利用空气中的水分进行灌溉就是经过一定的设施来收集空气中的水分，直接供给植物利用或汇集到蓄水池中以供灌溉之用。德国研究人员用一圆筒来收集空气中的水分，其内壁涂有吸聚阳光热的涂料，圆筒与若干个喷嘴管衔接，将喷嘴管埋在两行植物根部之间。白天高温烤热的空气经圆筒进入喷嘴管里，到了夜间降温时，空气中的水分就凝结成了露水珠而流到作物的根部。秘鲁的研究人员沿海岸垂直张挂一些大型尼龙网，以吸聚雾气，待雾变为水后流进蓄水池，以供沿海滩涂灌溉之用。智利的科研人员利用沙漠地区的云雾来改造沙漠，他们在巨大的框架上面安装由聚丙烯塑料制成的双层网来“捕捉”云雾，云雾在网上凝结成水，汇集到储水池中，以供种植的林草或天然沙生植物的灌水之用。

澳大利亚设计师爱德华-李纳克尔设计的空投灌溉系统能从稀薄的空气中提取水，也许最终它能解决受干旱影响的土地问题。空投灌溉系统的原理：即使是最干旱的空气，只

图 1-7　空投灌溉系统

要它包含水分子，它就能通过把空气温度降低到冷凝点的方法，提取出水分。该装置把空气输送到一个地下管道网，利用地上和地下的温差把热空气降温到冷凝点，等水分凝结成液体，它会直接把水输送到植物根部，如图 1-7 所示。李纳克尔的研究显示，从最干旱的沙漠地区每立方米的空气中能够收集到 11.5mL 水。

对于沙漠地区和缺少淡水的沿海地区，利用空气中的水分进行灌溉是一种可取的方法，但如何下降成本、提高效率和适用性是今后应着重解决的问题。

d. 光伏提水技术。微灌、喷灌、滴灌等先进的节水灌溉技术，结合光伏提水系统可以更好地组成真正意义上的节水灌溉系统。

光伏提水技术主要由太阳能电池板、控制室、水泵等组成，如图 1-8 所示。可以在偏远的无电地区提水灌溉，真正意义上从节水灌溉的出发点进行灌溉，可以达到节电、节水、节能源以及节约人力、物力的效果。

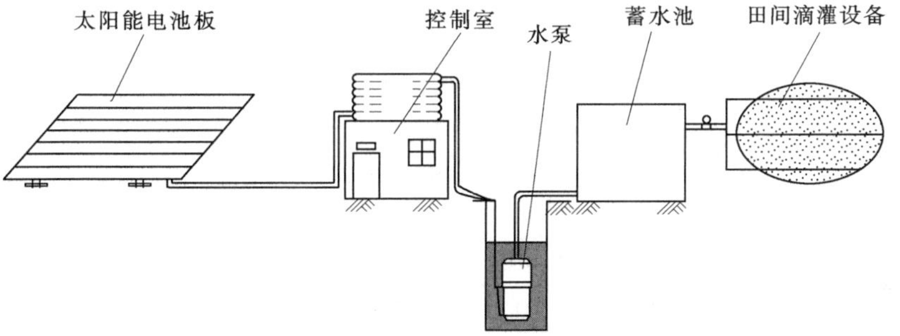

图 1-8　光伏提水系统示意图

思　考　题

1. 什么是节水灌溉？
2. 节水灌溉可以采用哪些工程技术措施？

项目二　地面灌溉节水技术

项目任务书

<table>
<tr><td colspan="2">项目名称</td><td>地面灌溉节水技术</td><td>参考课时</td><td>10</td></tr>
<tr><td colspan="2" rowspan="7">学习型工作任务</td><td colspan="2">任务一　概述</td><td>1</td></tr>
<tr><td colspan="2">任务二　传统地面灌溉技术</td><td>1</td></tr>
<tr><td colspan="2">任务三　节水型畦灌技术</td><td>2</td></tr>
<tr><td colspan="2">任务四　节水型沟灌技术</td><td>2</td></tr>
<tr><td colspan="2">任务五　膜上灌灌水技术</td><td>1</td></tr>
<tr><td colspan="2">任务六　波涌灌溉技术</td><td>2</td></tr>
<tr><td colspan="2">任务七　地面灌溉的质量评价</td><td>1</td></tr>
<tr><td colspan="2">项目任务</td><td colspan="3">学会各种地面节水灌溉技术的特点、适用条件、技术要素等</td></tr>
<tr><td colspan="2">教学内容</td><td colspan="3">（1）地面灌溉技术基础知识；（2）传统地面灌溉技术；（3）四种节水型地面灌溉技术；（4）地面灌溉的质量评价</td></tr>
<tr><td rowspan="3">教学目标</td><td>知识</td><td colspan="3">（1）了解地面灌溉技术基础知识；（2）了解传统地面灌溉技术；（3）掌握四种节水型地面灌溉技术；（4）掌握地面灌溉的质量评价的方法</td></tr>
<tr><td>技能</td><td colspan="3">能根据实际情况选用合适的灌溉技术</td></tr>
<tr><td>态度</td><td colspan="3">（1）具有刻苦学习精神；（2）具有吃苦耐劳精神；（3）具有敬业精神；（4）具有团队协作精神；（5）诚实守信</td></tr>
<tr><td colspan="2">教学实施</td><td colspan="3">对某地面灌溉工程实地考察参观，然后对相关知识进行讲解</td></tr>
<tr><td colspan="2">项目成果</td><td colspan="3">（1）课后实习；（2）地面节水灌溉工程的设计说明书</td></tr>
<tr><td colspan="2">技术规范</td><td colspan="3">GB/T 50363—2006《节水灌溉工程技术规范》，GB 50288—99《灌溉与排水工程设计规范》</td></tr>
</table>

长期以来，在农业发展中我国一直都是采用地面灌溉的传统方式，但是在全球都面临着水资源匮乏的形式下，就要对灌溉方式进行改进。我国的广大农村地区，由于经济实力问题和管理技术的问题，要想实行大面积推广喷灌、滴灌、渗灌等先进灌水技术是比较困难的，因此我们就要在传统的地面灌溉的基础上进行技术革新，研究和推广地面节水技术。

地面灌溉占我国灌溉总面积的95%以上，采用地面灌溉节水技术，是提高农田水利用率、从根本上缓解我国水资源短缺的重要技术措施。有哪些节水型的地面灌溉技术，应该怎么灌溉呢？下面加以介绍。

任务一　概　　述

目标：（1）了解地面灌溉节水技术的手段及特点。

(2) 掌握地面灌溉节水技术的类型及模式。

要点： 地面灌溉节水技术的类型及模式。

一、地面灌溉节水技术的手段

鉴于我国水资源与能源短缺、经济实力不足、广大农村地区的技术管理水平较低的现实，大面积推广喷、微灌等先进灌水技术还受到很大的限制，因此在今后相当长的一段时间内，我国还仍须加大田间工程的建设力度，大力研究和推广节水型地面灌水技术，主要有以下手段。

1. 平整土地，设计合理的沟、畦尺寸与灌水技术参数

平整土地是提高地面灌水技术和灌水质量、缩短灌水时间、提高灌水劳动效率和节水增产的一项重要措施。结合土地平整，进行田间工程改造，划长畦（沟）为短畦（沟），改宽畦为窄畦，设计合理的畦沟尺寸和入畦（沟）流量，可大大提高灌水均匀度和灌水效率，图 2－1 所示为节水型畦灌。

图 2－1　节水型畦灌

陕西洛惠渠的研究表明，在入畦单宽流量为 3～5L/s 时，灌水定额随畦长而变，当畦长由 100m 改为 30m 时，灌水定额减少 150～204m^3/hm^2；当畦长 30～100m 时，畦单宽流量从 2L/s 增加到 5L/s，灌水定额可降低 150～225m^3/hm^2。

宝鸡峡灌区进行深层渗漏的对比试验，灌水定额小于 675m^3/hm^2，基本不发生深层渗漏；灌水定额 825～990m^3/hm^2 时，约有 150m^3/hm^2 水产生深层渗漏；灌水定额 1350m^3/hm^2 时，有一半水成为深层渗漏水。

我国幅员辽阔，各地地形和土质差异较大，因此难有统一标准，各地应根据田间试验结果，建立计算机模型，通过实验和计算机模拟，给出适合本地的适宜畦沟尺寸和灌水技术参数。

2. 改进地面灌溉湿润方式，发展局部湿润灌溉

改进传统的地面灌溉全部湿润方式，进行隔沟（畦）交替灌溉或局部湿润灌溉，不仅减少了棵间土壤蒸发占农田总蒸散量的比例，使田间土壤水的利用效率得以显著提高，而且可以较好地改善作物根区土壤的通透性，促进根系深扎，有利于根系利用深层土壤储水，兼具节水和增产双重特点，值得大力推广。实践证明，春小麦与春玉米套种隔畦灌，棉花、玉米等宽行作物隔沟灌或隔沟交替灌，湿润面积可减少 50%，节水高达 30%以上，增产幅度 5%～10%。玉米坐水种，可节水 900m^3/hm^2，节电 90～105kW·h，增产幅度约 16%，增收幅度约 28%。

3. 改进放水方式，发展间歇灌溉

改进放水方式，把传统的沟、畦一次放水改为间歇放水，进行间歇灌（又称波涌灌）。间歇放水使水流呈波涌状推进，由于土壤孔隙会自动封闭，在土壤表层形成一薄封闭层，水流推进速度快。在用相同水量灌水时，间歇灌溉水流前进距离为续灌水流前进距离的 1

图 2-2 膜上灌

~3倍，从而大大减少了深层渗漏，提高了灌水均匀度，田间水利用系数可达0.8~0.9。

4. 改进沟畦放水设施

改进沟畦放水设施，采用虹吸管（用于明渠输水）或地面移动闸门孔管（用于管道输水）放水，与人工开口放水相比，田间水利用率可提高5%~10%。因此，有必要对这些设施的材料和加工工艺进行深入研究，向着技术标准化、生产规模化、推广应用普及化方向去发展。

5. 大力发展节水保墒膜上灌

膜上灌是我国在地膜覆盖栽培技术的基础上发展起来的一种新的地面灌溉方法，如图2-2所示。它是将地膜平铺于畦中或沟中，畦、沟全部被地膜覆盖，从而实现利用地膜输水，并通过作物的放苗孔和专业灌水孔入渗给作物的灌溉方法。由于放苗孔和专业灌水孔只占田间灌溉面积的1%~5%，其他面积主要依靠旁侧渗水湿润，因而膜上灌实际上也是一种局部灌溉。目前，新疆、甘肃、河南等地已经开始推广。膜上灌形式有开沟扶埂膜上灌、培埂膜上灌、膜孔灌、沟内膜上灌、膜缝灌、格田膜上畦灌、膜侧膜上灌等多种。膜上灌作物有棉花、蔬菜、玉米、小麦等。地膜栽培和膜上灌结合后具有节水、保肥、提高地温、抑制杂草生长和促进作物高产、优质、早熟等特点。生产试验表明：膜上灌与常规沟灌相比，棉花节水40.8%，增产皮棉5.12%，霜前花增产15%；玉米节水58%，增产51.8%；瓜菜节水25%以上。

二、地面灌溉节水技术的类型

地面灌溉是水从地表进入田间并借重力和毛细管作用浸润泥土的灌水方法。这种方法是目前运用最广泛、最主要的一种方法。近十多年来，我国广大灌区杜绝大水漫灌、大畦漫灌，以节约灌溉水、提高灌水质量、降低灌溉成本，推广了很多项改进型的地面灌水技术，取得了明显的节水和增产效果。

地面灌溉节水技术是对传统的畦灌、沟灌的畦沟规格和技术要素等进行改进后形成的新的灌溉技术，主要包括以下四种类型：节水型畦灌技术（图2-1）、节水型沟灌技术（图2-3）、膜上灌水技术（图2-2）和波涌灌溉技术等类型。

图 2-3 节水型沟灌

三、现代地面灌溉技术模式

我国现有灌溉面积8.0亿亩，其中地面灌溉占95%以上。由于农田土地平整程度差、田间灌溉工程规格不合理、地面灌溉技术落后、灌溉管理粗放等问题，致使我国地面灌溉的田间水利用率不高。通过应用现代地面灌溉技术，可以大幅度减少地面灌溉过程中的水量损失浪费。这对改变我国地面灌溉的落后状况、从整体上缓解农业水资源短缺的矛盾、促进灌溉农业的可持续发展具有重要的现实意义，也将为我国农业现代化奠定基础，促进我国传统农业向现代农业的转变。

根据上述现代地面灌溉技术特征，提出如下适合我国国情的现代地面灌溉技术模式。

1. 以冬小麦等大田作物为代表的现代畦灌模式

该模式采用的主要技术为：采用激光控制平地技术实现高精度的土地平整，扩大田块规格，提高农机作业效率；采用精量播种技术，降低播种量；采用水平畦田灌溉、波涌灌溉及喷、微灌等高效节水灌溉技术，提高田间水的利用率；采用精量施肥技术，提高化肥利用率；采用联合收割机技术，实现收割机械化。通过上述技术组合配套，集成小麦等大田作物的农业节水技术体系：高精度土地平整＋精量播种＋高效节水灌溉技术＋精量施肥技术＋机械化收割。

2. 以棉花为代表的现代沟灌模式

该模式采用的主要技术为：采用激光控制平地技术实现高精度的土地平整，扩大田块规格，提高农机作业效率；采用精量播种技术，降低播种量；采用闸管灌溉、波涌灌溉、膜下滴灌等高效节水灌溉技术，提高田间水的利用率；采用机采棉技术，实现棉花采摘机械化。通过上述技术组合配套，集成棉花作物的农业节水技术体系：高精度土地平整＋精量播种＋高效节水灌溉技术＋机械化采棉。

3. 以水稻为代表的现代地面灌溉模式

该模式采用的主要技术为：采用激光控制平地技术实现高精度的土地平整，扩大田块规格，提高农机作业效率；采用机插秧技术实现精量插秧，降低播种量；采用塑料隔板技术，减少原来土埂占地，提高土地利用率；采用水稻“浅、薄、湿、晒”控制节水灌溉技术，提高田间水的利用率；采用联合收割机技术，实现水稻收割机械化。通过上述技术组合配套，集成水稻作物的农业节水技术体系：高精度土地平整＋机械化插秧＋塑料隔板＋控制节水灌溉技术＋机械化收割。

现代地面灌溉技术不仅具有较好的节水增产效益，其具有的其他综合效益还可为农民带来实实在在的好处，例如提高土地利用率、提高农机作业效率、便于田间管理等。随着我国现代化进程的加快，现代地面灌溉技术模式也将得到广泛应用。

四、地面灌溉节水技术的特点

1. 优点

地面灌溉节水技术是对传统的畦灌、沟灌的畦沟规格和技术要素等进行改进后形成的新的灌溉技术，与传统的地面灌溉相比较，具有以下优点：

（1）节水。地面灌溉节水技术能控制田间灌水过程中的各种水量损失，避免产生深层渗漏，能合理有效地利用灌溉水，田间灌溉用水量大大降低。以畦灌为例，大量实验资料表明，畦长越长，畦田水流的入渗时间越长，深层渗漏损失越大，而灌水量也越大。所以，通过缩短畦长，就可以达到减少灌水量的目的。

（2）田间灌水均匀度高，灌水质量高。灌水均匀度是评价地面灌水方法优劣的一项重要指标，而地面节水灌溉技术能提高灌水均匀度。据测试，畦灌的畦长在 30～50m 时，灌水均匀度可达80%以上；畦长大于100m时，灌水均匀度则低于80%。

(3) 增产。据新疆有关单位试验，在同样条件下，棉花采用膜上灌技术比常规沟灌单产皮棉增产5.12%。

(4) 改善作物生态环境。地面节水灌溉技术，改变了传统的耕作方式，改善了田间土壤水、肥、气、热等土壤肥力状况，可为作物生长创造良好的生态环境。

2. 缺点

(1) 地面灌溉节水技术和传统地面灌溉相比，存在投资相对较高、技术较复杂等不足。

(2) 与喷灌、滴灌等灌水方法相比，虽然投资较少、节约能源、运行管理费用低、操作简单，但是节水、增产、灌水质量等明显不如喷灌、滴灌等。

任务二 传统地面灌溉技术

目标： 了解传统三种地面灌水技术及其灌水要素。

要点： 传统地面灌水技术的类型及灌水要素。

根据灌溉水向田间输送的形式和湿润土壤的方式不同，地面灌溉可分为畦灌、沟灌和淹灌三类。

一、畦灌

1. 畦灌的含义与分类

在田间筑田埂，将大田块分割成许多狭长小地块（畦田），水从毛渠放入畦中以薄层水流向前移动，边流边渗，润湿土层，这种灌水方法称为畦灌，如图2-4所示。

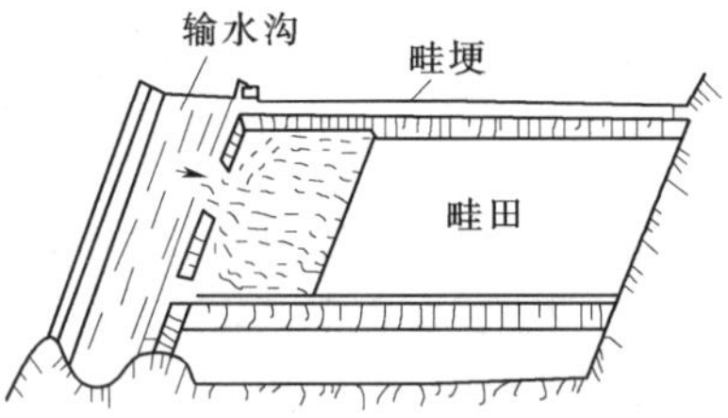

图2-4 畦灌

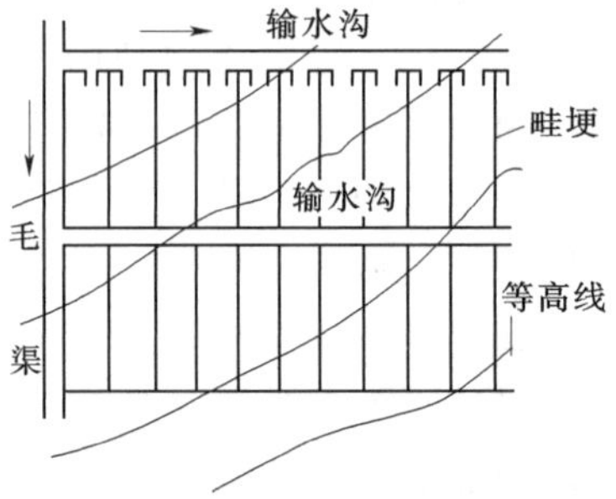

图2-5 顺畦

畦田通常沿地面最大坡度方向布置，这种沿地面坡度布置的畦，称为顺畦，如图2-5所示。顺畦水流条件好。在地形平坦地区，采用沿等高线方向布置畦田，称为横畦，如图2-6所示。因水流条件较差，横畦畦田一般较短。

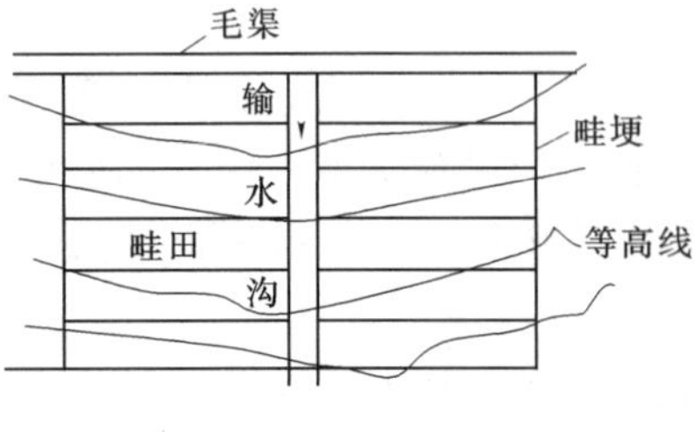

图2-6 横畦

畦灌与大水漫灌相比，具有渗漏少、灌水均匀一致、可促进作物苗齐苗壮、增产等优点；与沟灌相比较，畦灌因地面全部受水，故容易使表层土壤板结。

畦灌适宜于小麦、谷子和花生等窄行距、密植作物，在蔬菜、牧草和苗圃的灌溉中也常采用。

2. 畦田规格与畦田灌水要素

畦田规格受水源供水情况、土壤质地、地形坡度和土地平整等状况的影响。畦田灌水要素包括畦田长度、入畦单宽流量、灌水定额和灌水时间。

畦田长度取决于地面坡度、土壤透水性、入畦流量及土地平整程度。当土壤透水性强、地面坡度小、土地平整差、入畦流量小（井水）时，畦田长度宜短些；反之，畦田宜长些。畦田越长，则灌水定额越大，土地平整工作量越大，灌水质量越难以掌握。我国大部分渠灌区畦田长度在30～100m，井灌区在20～30m左右。

畦田宽度与地形、土壤和入畦流量大小有关，同时还要考虑机械耕作的要求。在土壤透水性好、地面坡度小、土地平整差时，畦田宽度宜小些；反之宜大些。畦田越宽，灌水定额越大，灌水质量越难掌握。畦宽应按照当地农机具宽度的整数倍确定，一般为2～3m，最大不超过4m。

畦埂高度以不跑水为宜，一般为10～15cm。畦埂做到不跑水，是畦灌管理中很重要的一项工作。田间毛渠深多为15cm，顶宽30cm左右，一般采用半挖半填断面。

单宽流量是指每米畦宽入畦流量，常用单位为L/(s·m)。入畦单宽流量的大小，取决于地面坡度及土壤透水性。地面坡度小，土壤透水性大，入畦单宽流量宜大些；反之，入畦单宽流量要小些。一般根据土壤质地确定入畦单宽流量，轻质土为2～4L/(s·m)，重质土为1～3L/(s·m)。

二、沟灌

1. 沟灌的含义与分类

在作物种植行间开挖灌水沟，灌溉水由毛渠进入灌水沟后，在流动的过程中主要借土壤毛细管作用从沟底和沟壁向周围渗透而湿润土壤，同时在沟底也有重力作用浸润土壤，这种灌溉方法称为沟灌。由于灌水工程中仅沟底有水，不是田面全部受水，因此有利于保持土壤结构，不会导致田面土壤板结，还可减少土面蒸发损失。但是，沟灌需要开挖灌水沟，劳动强度较大。

沟灌有细流沟灌和蓄水沟灌两种。细流沟灌即沟中不留积水，水在沟中边流边渗，灌水时沟尾不需封闭；蓄水沟灌则要求沟深较大，灌水后沟尾封闭，沟中留有水层。细流沟灌适于地面坡度较大、土壤渗透性良好的地区；蓄水沟灌适于地形平缓、土壤渗透性差的地区。不同土质灌水沟浸润土壤状况如图2-7所示。

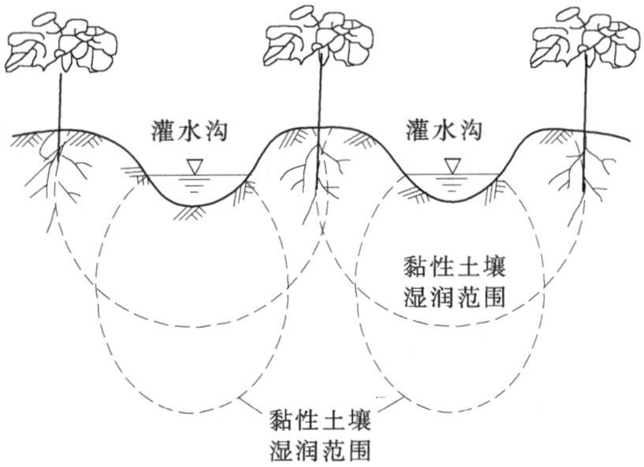

图2-7　不同土质灌水沟浸润土壤状况

沟灌适于宽行距的中耕作物，如棉花、玉米和高粱等。

2. 灌水沟的规格

灌水沟的间距与不同土质灌水沟的湿润范围有关。一般轻质土壤的间距较窄，多设定为50～60cm；重质土壤的间距较宽，达75～80cm；中质土壤约为65～75cm。具体确定时需要结合作物的行距来考虑。

灌水沟的断面一般呈梯形或三角形，沟深基本介于8～25cm之间，上口宽20～40cm；适宜坡度在0.005～0.02之间；入沟流量通常为0.2～0.3L/s，沟内水深一般为沟深的1/3～2/3。

灌水沟的长度与土壤的透水性和地面坡度有直接关系。土壤透水性能较弱，地面坡度较大时，灌水沟长度宜长些；反之宜短些。不同土壤、灌水定额和地面坡度等条件下的灌水沟长度参见表2-1。

表2-1　　不同土壤、灌水定额和地面坡度等条件下的灌水沟长度

土壤	黏壤土			中壤土			轻壤土		
灌水定额/(m^3/hm^2)	375	450	525	375	450	525	375	450	525
地面坡度	沟长/m								
0.001	30	35	45	20	25	35	20	25	30
0.001～0.003	35	40	60	30	40	55	30	45	50
0.004	50	65	80	45	60	70	45	50	60

三、淹灌

淹灌，又称格田灌，是在田间用较高的土埂筑成一块块方格格田，引入较大流量迅速在格田内建立起一定厚度的水层，水主要借重力作用渗入土壤而湿润土壤的灌水方法。

淹灌主要适用于水稻、水生植物及盐碱地冲洗灌溉。旱作物严禁使用淹灌方法，以避免产生深层渗漏，损失浪费大量灌溉水。

任务三　节水型畦灌技术

目标： 掌握四种节水型畦灌的灌水技术及其灌水要素，并能根据实际选用合适的畦灌技术。

要点： 四种节水型畦灌的灌水技术及其灌水要素。

近年来，我国广大灌区为节约灌溉水、提高灌水质量、降低灌水成本，推广应用了很多项先进的节水型畦灌技术，取得了明显的节水和增产效果。这些先进的节水型畦灌技术主要包括小畦灌、长畦分段灌、宽浅式畦沟结合灌、水平畦灌等技术。

一、小畦灌灌水技术

1. 小畦灌灌水技术的含义

小畦灌灌水技术又叫畦田“三改”灌水技术，也就是“长畦改短畦，宽畦改窄畦，大畦改小畦”的灌水方法。其关键是使灌溉水在田间分布均匀，节约时间，减少灌溉水的流失，从而促进作物健壮生长，增产节水。

小畦灌灌水技术是我国北方麦区行之有效的一种地面灌溉节水技术，河北、山东、河南等地的一些园田化标准较高的地方，均有相当规模的推广和应用。

2. 小畦灌灌水技术的优点

(1) 节约水量，易于实现小定额灌水。大量实验证明，入畦单宽流量一定时，灌水定额随畦长的增加而增大，即畦长越长，畦田水流的入渗时间就越长，灌水量也就越大。小畦灌通过缩短畦长，可减少灌水定额，一般不超过 $675m^3/hm^2$，可节约水量 20%～30%。

(2) 灌水均匀度高，灌水质量高。小畦灌畦块面积小，水流流程短且比较集中，水量易于控制，入渗比较均匀，可以避免出现“高处浇不上，低处水汪汪”等不良现象。实验数据显示，畦灌的畦长在 30～50m 时，灌水均匀度可达 80%以上，符合科学用水的要求；畦长大于 100m 时，灌水均匀度则低于 80%。

(3) 防止深层渗漏，提高田间水的有效利用率。灌水前后对 200cm 厚土层深度的土壤含水量测定表明：当畦长为 30～50m 时，未发现深层渗漏；畦长为 100m 时，深层渗漏量较小；畦长为 200～300m 时，深层渗漏水量平均要占灌水量的 30%左右。

(4) 减轻土壤冲刷，减少土壤养分流失，减轻土壤板结。传统畦灌的畦块大、畦块长、灌水量大，土壤冲刷比较严重，土壤养分容易随深层渗漏而损失；而小畦灌灌水量小，有利于保持土壤结构和土壤肥力，促进作物生长。测试表明，小畦灌可增加产量 10%～15%。

(5) 土地平整费用低。由于小畦灌畦块面积小，对整个田块的平整度要求不高，只要保证小畦块内平整就行了，这样既减少了大面积平地的土方工程量，又节约了平地用工量，降低土地平整费用。

3. 小畦灌灌水技术的主要技术要素

小畦灌灌水技术的主要技术要素包括灌水定额、单宽流量、畦田地面坡度、畦长和畦宽。地面坡度为 1/400～1/1000 时，单宽流量为 2.0～4.5L/(s·m)，灌水定额为 300～$675m^3/hm^2$。畦田长度自流灌区以 30～50m 为宜，最长不超过 70m，机井和高扬程提水灌区以 30m 左右为宜。畦田宽度自流灌区一般为 2～3m，机井提水灌区以 1～2m 为宜。畦埂高度一般为 0.2～0.3m，底宽 0.4m，地头埂和路边埂可适当加宽培厚。

二、长畦分段灌灌技术

1. 长畦分段灌灌水技术的含义

长畦分段灌又称长畦短灌，是将一条长畦分成若干个没有横向畦埂的短畦，采用地面纵向输水沟或低压塑料薄壁软管，将灌溉水输送入畦田，然后自下而上或自上而下依次逐段向短畦内灌水，直至全部短畦灌完为止的灌水技术。长畦分段灌布置如图 2-8 所示。

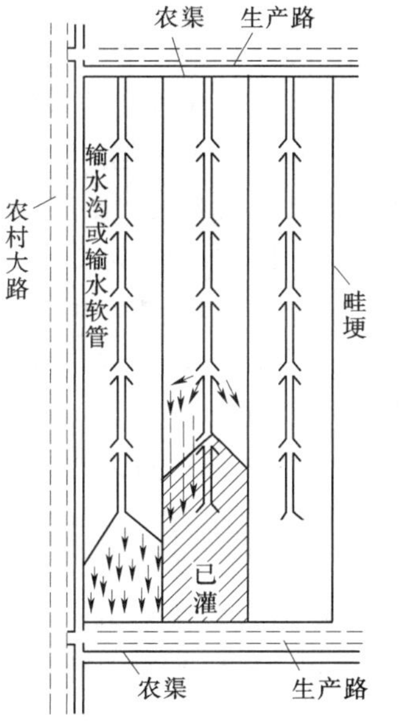

图 2-8　长畦分段灌示意图

2. 长畦分段灌灌水技术的特点

长畦分段短灌法，畦田宽度可达 5～10m，畦田长度可达 200m 以上，一般在 100～400m，但其单宽流量并不增大。实践证明，长畦分段短灌技术是一种良好的节水型灌水方法，它具有以下优点：

(1) 节水。长畦分段灌技术可以实现灌水定额 450m³/hm² 左右的低定额灌水，灌水均匀度、田间灌水存储率和田间灌水有效利用率均超过 80%，且随畦长的增长而增加。与畦长相等的常规畦灌方法比较，可节水 40%～60%。

(2) 省地。灌溉设施减占地少，可以省去 1～2 级田间输水渠沟，且畦埂数量少，节约耕地。

(3) 适应性强。与传统的畦灌方法相比，长畦分段灌可以灵活适应地面坡度、糙率和种植作物的变化，可以采用较小的单宽流量，减少土壤冲刷。

(4) 易于推广。该技术投资少，节约能源，管理费用低，技术操作简单，因而经济实用，易于推广应用。

(5) 便于田间耕作。田间无横向畦埂或渠沟，方便机耕和采用其他先进的耕作方法，有利于作物增产。

3. 长畦分段灌灌水技术的技术要素

长畦分段灌灌水技术的技术要素包括：畦长及畦宽、入畦灌水流量、分段改水时间或改水成数和分段进水口的间距（即短畦长度与间距）。

(1) 畦长、畦宽。长畦分段灌的畦宽可以宽至 5～10m，畦长可达 200m 以上，一般在 100～400m，但其单宽流量并不大。

(2) 单宽流量。依据畦灌灌水技术要素之间的关系可知，进入畦田的总灌水量与计划灌水量相等，即：

$$3600qt=mL \tag{2-1}$$

式中　q——入畦单宽流量，L/(s·m)；

t——畦首处畦口的供水时间，h；

m——灌水定额，mm；

L——畦长，m。

由式 (2-1) 可知，在相同土质、地面坡度和畦长情况下，单宽流量的大小主要与灌水定额有关。因此，可在不同条件下引入不同的单宽流量，以控制达到计划的灌水定额。坡度大的畦田，入畦单宽流量应选小些；坡度小的畦田，入畦单宽流量可选大些。坡度相同的情况下，畦田长，单宽流量可大些；畦田短，入畦单宽流量可小些。地面平整度差的畦田，单宽流量可大些，地面平整好的畦田，单宽流量可小些。

(3) 改水成数。实施畦灌时，为使畦田内的土壤湿润均匀并节省水量，应掌握好畦口的放水时间，通常以改水成数作为控制畦口放水时间的依据。改水成数是指封闭畦口，并改水灌溉另一块畦田时，畦田内薄水层水流长度与畦长的比值。例如，当水流流到畦长的 80%时，封口改水，即为“八成改水”。封口后的畦田，畦口虽然已经停止供水，但畦田田面上剩余水流仍将继续向畦尾流动，流至畦尾后再经过一段时间，畦尾存水刚好全部渗入土壤，以使整个畦田湿润土壤达到既定的灌水定额。这样可使畦田上的水流在畦田各点停留的时间大致相等，从而使畦田各点的土壤入渗时间和渗入水量大致相等。

改水成数应根据灌水定额、单宽流量、土壤性质、地面坡度和畦长等条件确定，一般可采用七成、八成、九成或十成。当土壤透水性较小、地面坡度较大、灌水定额不大时，可采用七成或八成改水；当土壤透水性较大、地面坡度较小、灌水定额又较大时，可采用九成改水。封口过早，会使畦尾漏灌，畦田灌水不足；封口过晚，畦尾又会产生跑水、积水现象，浪费灌溉水量。总之，正确控制封口改水，可以防止出现畦尾漏灌或发生跑水现象。

根据各地灌水经验，在一般土壤条件下，畦长为 50m 时宜采用八成改水，畦长为 30～40m 时宜采用九成改水。

（4）分段进水口的间距。根据水量平衡原理及畦灌水流运动基本规律，在满足计划灌水定额和十成改水的条件下，计算分段进水口的间距的基本公式如下：

有坡畦灌

$$L_0=\frac{40q}{1+\beta_0}\left(\frac{1.5m}{K_0}\right)^{\frac{1}{1-\alpha}} \tag{2-2}$$

水平畦灌

$$L_0=\frac{40q}{m}\left(\frac{1.5m}{K_0}\right)^{\frac{1}{1-\alpha}} \tag{2-3}$$

上二式中　L_0——分段进水口的间距，m；

q——入畦单宽流量，L/(s·m)；

m——灌水定额，mm；

K_0——第一个单位时间内的土壤平均入渗速度，mm/min；

α——入渗递减系数；

β_0——地面水流消退历时与水流推进历时的比值，一般取 $\beta_0=0.8\sim1.2$。

（5）长畦分段灌灌水技术的技术要素。长畦分段灌灌水技术的技术要素还可以参照表 2-2。

表 2-2　长畦分段灌灌水技术的技术要素参照表

序号	输水沟或灌水软管流 /(L/s)	灌水定额 /(m³/亩)	畦长 /m	畦宽 /m	单宽流量 /[L/(s·m)]	单畦灌水时间 /min	长畦面积 /亩	分段长度×长度 /(m×段)
1	15	40	200	3	5.00	40.0	0.9	50×4
				4	3.76	53.3	1.2	40×5
				5	3.00	66.7	1.5	35×6
2	17	40	200	3	5.67	35.0	0.9	65×3
				4	4.25	47.0	1.2	50×4
				5	3.40	58.8	1.5	40×5
3	20	40	200	3	5.00	30.0	0.9	65×3
				4	4.00	40.0	1.2	50×4
				5	3.67	50.0	1.5	40×5
4	23	40	200	3	7.67	26.1	0.9	70×3
				4	5.76	34.8	1.2	65×3
				5	4.60	43.5	1.5	50×4

三、宽浅式畦沟结合灌水技术

宽浅式畦沟结合灌水技术是一种适应间作套种或立体栽培作物“二密一稀”种植的灌

水畦与灌水沟相结合的地面灌溉节水技术。近年来，通过试验和推广应用，已证实这是一项高产、节水、低成本的优良节水灌溉技术。

1. 宽浅式畦沟结合灌水技术的应用

宽浅式畦沟结合灌水技术的特点是把畦田田面和灌水沟相间交替更换使用，分别用于间作套种的不同作物的种植与灌溉。下面以常见的小麦和夏播玉米为例说明。

（1）做畦。畦田田面宽度为 40cm，可以种植两行小麦（即“二密”），行距 10～20cm，如图 2－9（a）所示。

（2）小麦的播种与灌溉。小麦播种于畦田后，可以采用常规畦灌法或长畦分段灌水法灌溉，如图 2－9（a）所示。

（3）套种玉米。到小麦乳熟期，在每隔两行小麦之间挖掘浅沟，套种一行玉米（即“一稀”），行距 90cm，如图 2－9（b）所示。在此期间，如遇干旱，土壤水分不足，或遇有干热风时，可利用浅沟灌水，灌水后借浅沟湿润土壤，为玉米播种和发芽出苗提供良好的土壤水分条件。

（4）畦田田面更换为灌水沟。小麦收获后，玉米已近拔节期，可在小麦收割后的空白畦田田面处开挖灌水沟，并结合玉米中耕培土，把从畦田田面上挖出的土壤覆在玉米根部，就形成了垄梁及灌水沟沟埂，而原来的畦田田面则成为灌水沟沟底，其灌水沟的间距正好是玉米的行距，灌水沟的上口宽则为 50cm，如图 2－9（c）所示。这样既能牢固玉米根部、防止倒伏，又能多蓄水分、增强耐旱能力。

宽浅式畦沟结合灌水方法，最适宜于在遭遇干旱天气时，采用“未割先浇技术”，以一水促两种作物。就是在小麦即将收割之前，先在小麦行间浅沟内，玉米播种前进行一次小定额灌水，这次灌水不仅对小麦籽粒饱满和提早成熟有促进作用，而且也提高了玉米播种出苗、幼苗期的土壤含水量，对玉米出苗、壮苗都有促进作用。

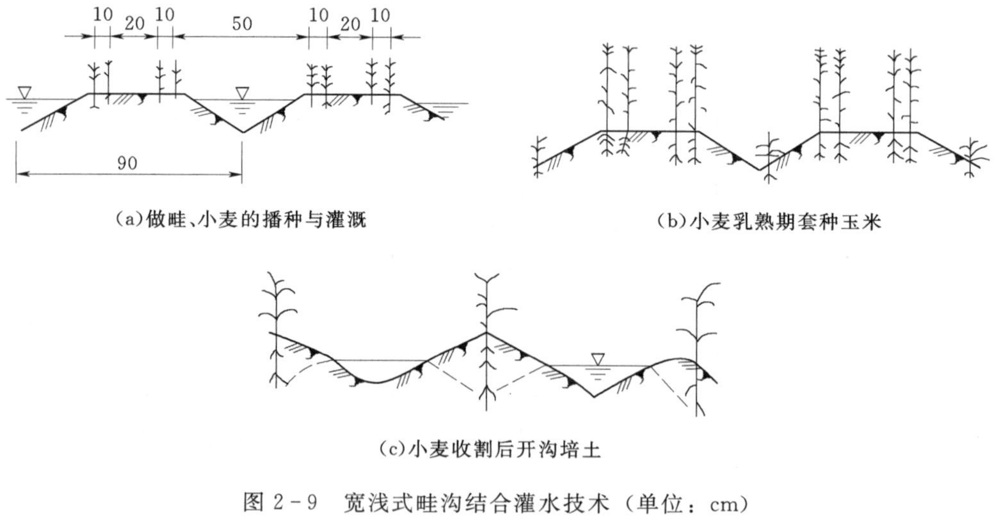

图 2－9　宽浅式畦沟结合灌水技术（单位：cm）

2. 宽浅式畦沟结合灌水技术的优点

（1）节水。宽浅式畦沟结合灌水技术灌水均匀度高、灌水量小，一般灌水定额 $525m^3/hm^2$ 左右，而且玉米全生育期灌水次数比传统地面灌溉可以减少 1～2 次，耐旱时间较长。

（2）有利于保持土壤结构。灌溉水流入浅沟后，由浅沟沟壁向畦田土壤侧渗湿润土壤，因此对土壤结构破坏小，能使土壤疏松透气，有利于作物根系的生长。

（3）增产。"二密一稀"的种植方式使得田间作物的通风透光条件得到改善，有利于作物的生长。该项灌水方法还可以促使玉米适当早播，解决小麦、玉米两种作物"争水、争时、争劳"的尖锐矛盾和随后的秋夏两季作物"迟种迟收"的恶性循环问题，并使施肥集中，养分利用充分，有利于两种作物获得稳产、高产。

宽浅式畦沟结合灌水技术是我国北方广大旱作物灌区值得推广的节水灌溉新技术。但是，它也存在田间沟多畦多、沟畦轮番交替、劳动强度较大、费工较多等缺点。

四、水平畦灌灌水技术

水平畦田灌溉技术是建立在激光控制土地精细平整技术应用基础上的，田块纵向和横向两个方向的田面坡度均很小或为零时，短时间内给大面积田块供水的一种地面节水灌溉技术。

1. 激光控制平地技术

激光控制平地技术是目前世界上最先进的土地精细平整技术。它利用激光辐射在田面上方形成的平面作为操平的控制标准，使用液压控制系统自动地、敏捷地控制平地铲的升降，实施土地的精平作业。

（1）工作原理。激光发射器发出的旋转光束，在作业地块的定位高度上形成一光平面，此光面就是平地机组作业时平整土地的基准平面，光面可以水平，也可以与水平面成一倾角（用于坡地平整作业）。激光接收器安装在靠近刮土铲铲刃的伸缩杆上，从激光束到铲刃之间的这段固定距离即为标高定位测量的基准。当接收器检测到激光信号后，不停地向控制箱发送电信号。控制箱接收到标高变化的电信号后，进行自动修正，修正后的电信号控制液压控制阀，以改变液压油输向油缸的流向与流量，自动控制刮土铲的高度，使之保持达到定位的标高平面。

如激光束扫描在激光接收器标准上方，表明刮土铲铲刃处于平面平整线的下部，接收传送的电信号由控制箱进行修正，并控制液压阀致使油缸提升刮土铲；反之刮土铲下降，以此保持铲刃处在定位的标高平面上。

（2）激光平地系统主要工作部件。激光平地系统由激光发射器，激光接收器，控制箱，液压机构，刮土铲等组成，如图2-10所示。

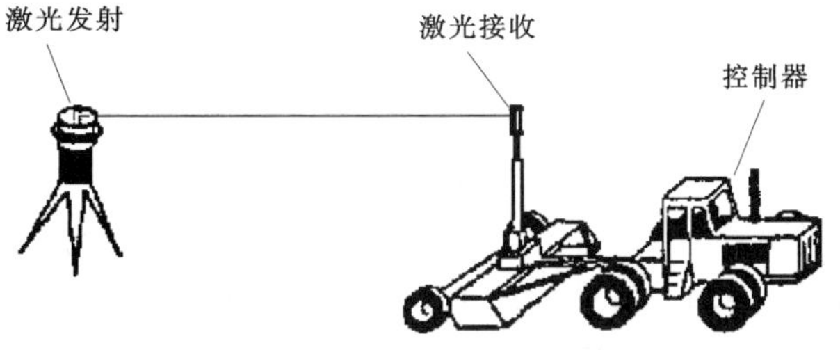

图2-10　激光平地系统构成示意图

1）激光发射器（蓄电池做电源）。该发射器固定在三脚架顶上。在激光发射机内，有一只功率为4MW的氦氖激光管。激光管发射出一束像铅笔尖那样粗细的红色光束，光束朝下，经过两个反光镜，将光束变位朝上，又经过一个透镜变为平行光束，然后再经棱镜系统转90°发射出去。棱镜系统是安装在一个旋转轴上，因而在一定高度形成一旋转360°的激光基准平面，转速为300～600r/min，有效光束半径为300～500m（根据功率而定）。机械部分安装在一个万向接头系统上，因而光束平面能按照预定的坡度倾斜。

2）激光接收器。激光接收器固定安装在平地机的伸缩杆上，并用电线与控制箱连接。当接收到来自激光发射器发出的旋转的红色光束时，即将激光信号转换成电信号，并通过连接线输送给控制箱。

3）控制箱。激光平地机的驾驶员靠驾驶室内的控制箱来操作各控制开关，因此控制箱应安装在驾驶员容易监视，并能伸手操作控制开头的位置上。控制箱组成：①三个操纵杆；②加减开关，用以改变数码显示器中的预定坡度；使机手能迅速预定出所需的坡度数；③接收杆的升降开关，用以调节接收杆的高度；④二极管保险丝；⑤自动、手动开关；⑥数码显示器、显示坡降度数；⑦刮土铲升降开关；⑧指示控制开关，用以选择自动或手动运行方式。

4）液压控制阀。液压阀安装在拖拉机上，并与拖拉机液压系统连接。在处于自控状态时，经控制箱转换修正后的电信号，启动电磁阀，变动液压控制阀的位置，改变液压油的流量和流向，通过油缸柱塞的伸缩控制平地铲升降。

（3）激光平地系统的操作。

1）建立激光。首先根据需刮平的场地大小，确定激光器的位置，如长、宽度超过300m，激光器大致放在场地中间位置。如长、宽度小于300m，则可安装于场地的周边。激光器位置确定后，将它安装在支撑的三脚架上并调平。激光的标高，应处在拖拉机平地机组最高点上方0.5～1m，以避免机组和操作人员遮挡住激光束。

2）测量场地。利用激光技术进行地面测量，1人操作发射器，配3～5人移动标尺（每测点间距为10～20m，每个地块按横列竖行排列），每个杆尺高3m，其上装有可上、下滑动的激光接收器。顺序详细记录测定的测点方向和高低数据，绘制出地块的地形地势图，并计算出整块地的平均高度。这个平均标高的位置，作为平地机械作业的基准点，也是刮土铲铲刃初始作业位置。

3）作业。以铲刃初始作业位置为基准，调整激光接收器伸缩杆的高度，使激光发射器发出的激光束与接收器相吻合。即在红、黄、绿显示灯的中间绿灯闪亮为止（红灯亮表示接收不到激光仪发出的信号；绿灯亮时，表示接收范围正常，当三个绿灯亮时，即为水平；黄灯亮，表示地面高低差已超出平整的范围）。然后，将控制开关置于自动位置，就可以启动拖拉机平地机组开始平整作业。

2. 水平畦田灌溉技术的特点

水平畦田灌溉技术具有灌水技术要求低，田间灌水利用率高，可以拦蓄降雨、劳动生产率高等优点，特别适用于地势平坦，面积较大，机械化程度高的灌区，尤其适用于入渗速度比较低的黏性土，同时也适用于砂性土壤的一种良好的节水灌溉方法。

3. 水平畦田灌溉技术的技术要素

小畦灌灌水技术的主要技术要素包括平整精度（S_d）、畦长、畦宽、单宽流量及灌水时间等。

（1）畦田平整精度。较差的田面平整精度意味着较为起伏的畦田微地形条件。其中沿纵坡方向的田面不平整，会阻碍水流的顺畅推进，形成局部积水；沿畦长的畦块横断面方向上，地面的凹凸不平会引起水分入渗深度的非均匀性，从而会影响灌溉质量。适宜的畦田纵坡在 0.001～0.003 之间，地面平整精度至少小于 3cm，当地面平整精度小于 2 cm 时，会获得很高的灌溉质量。

（2）畦长、畦宽。如何选择适宜的畦长、畦宽，主要取决于田面平整的精度和入畦流量的大小。在入畦单宽流量保持在 3～5L/(s·m）的范围内时，当地面平整状况较差时（平整精度 $S_d \geqslant 8$cm），畦长宜为 30～50m，畦宽为 1～2m；田面平整精度在 5cm 左右时，推荐的畦长为 50～70m，畦宽 2～3m；在畦田平整条件较好的情况下（平整精度 $S_d \leqslant$ 2cm），畦田长度可增大到 100m 左右，畦宽扩到 10m 左右。

（3）入畦单宽流量。较大的入畦单宽流量能加快水流在畦田内的推进速度，缩短推进历时，使水分沿畦长的入渗分布较为均匀，有利于提高灌溉效率和灌水均匀度；但单宽流量过大容易对畦面土壤造成冲刷。根据田间土壤质地，并结合畦块宽度选择，一般入畦单宽流量为 3～5L/(s·m)，且不超过 5L/(s·m)。

（4）灌水时间。灌水时间过长易造成灌水过量，且会使畦田水分入渗分布不均匀，灌溉效率和灌水均匀度下降。应根据设计条件确定合理的灌水时间，并加强田间灌溉管理。

任务四 节水型沟灌技术

目标：（1）掌握细流沟灌技术、果园节水型沟灌技术。

（2）能根据实际选用合适的节水型沟灌技术。

要点：细流沟灌技术、果园节水型沟灌技术。

一、加长垄沟灌水技术

由于沟灌主要是借毛细管力湿润土壤，土壤入渗时间较长。故对于地面坡度较大或透水性较弱的地块，为了增加土壤入渗时间，常有意增加灌水垄沟长度，使垄沟内水流延长，形成多种多样的灌溉垄沟形式，如直形沟、方形沟、锁链沟、八字沟等。各种加长垄沟形式如图 2-11 所示。

二、细流沟灌技术

细流沟灌是用软管或从输水沟上开一个小口，在灌水沟内用细小流量通过毛细管作用浸润土壤的灌水方法。灌水过程中，水深为沟深的 1/5～2/5，水边流边下渗，直到全部灌溉水量均渗入土壤计划湿润层内为止，一般放水停止后在沟内不会形成积水，对于土壤透水性差的土壤，可以允许在沟尾稍有蓄水。

1. 细流沟灌的形式

细流沟灌的形式一般有以下 3 种：

（1）垄植沟灌。在田间顺地面最大坡度方向做垄，作物播种或栽植在垄背上。第一次灌水前在行间开沟，用于作物灌溉。这种形式适合于雨量大而集中的地区，所开的沟可作为排水沟使用，能有效防止作物遭受涝害和渍害，大部分果实类蔬菜作物，如番茄、茄子、黄瓜等多采用这种形式，如图 2-12（a）所示。

（2）沟植沟灌。灌水前先开沟，并在沟底播种或栽植作物（中耕作物 1 行，密植作物 3 行），其沟底宽度应根据作物要求的行距和行数而定。沟植沟灌中所开的沟可起到一定

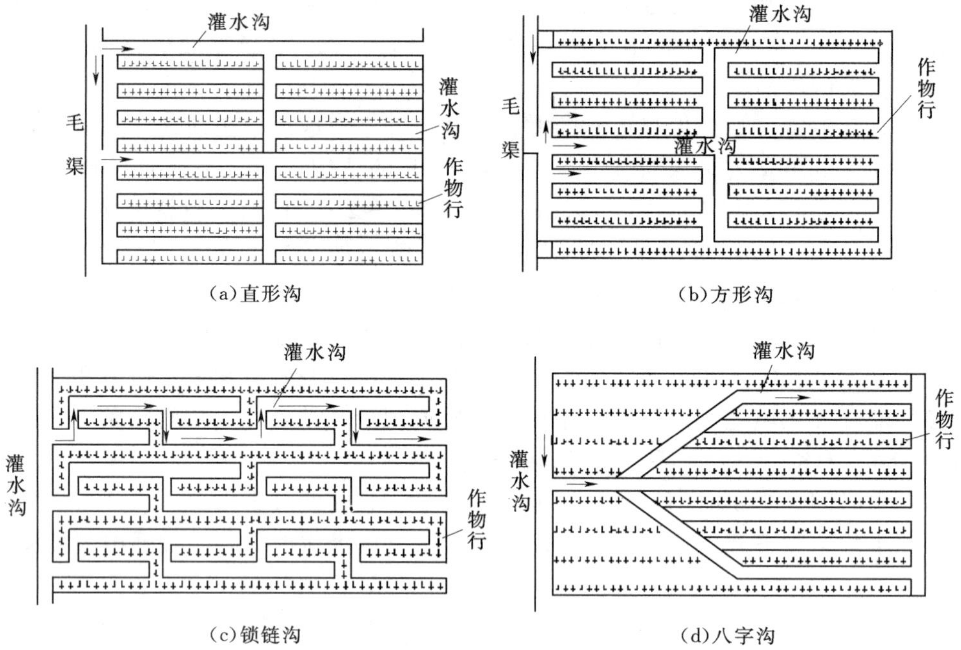

图 2-11　各种加长垄沟形式灌溉示意图

的防风作用，最适用于风大而又有冻害的地区，如图 2-12（b）所示。

（3）混植沟灌。垄背及灌水沟内部都种植作物，这种形式不仅适用于中耕作物，也适用于密植作物，如图 2-12（c）所示。

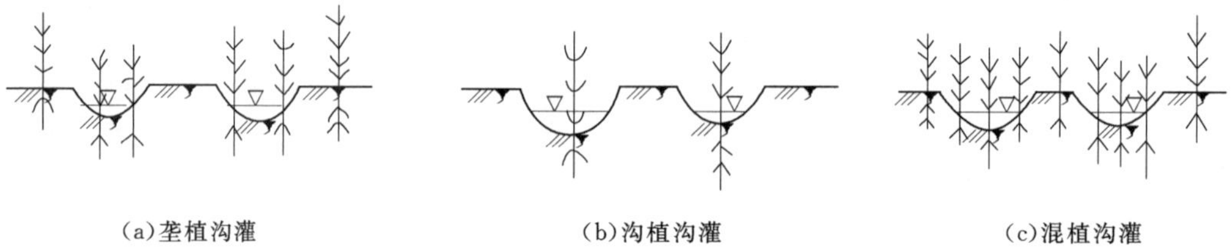

图 2-12　细流沟灌形式

2. 细流沟灌的技术要素

细流沟灌的技术要素主要包括入沟流量、沟的规格和放水时间。

（1）入沟流量。细流沟灌入沟流量控制在 0.2～0.4L/s 为宜，大于 0.5L/s 时沟内将产生冲刷，湿润均匀度差。

（2）沟的规格。中、轻壤土，地面坡度在 1/100～2/100 时，沟长一般控制在 60～120m。灌水沟在灌水前开挖，以免损伤禾苗，沟断面宜小，一般沟底宽为 12～13cm，深度在 8～10cm，间距 60cm。

（3）放水时间。细流沟灌主要借助毛细管力下渗，对于壤土和砂壤土，一般采用十成改水；土壤透水性差的土壤，可以允许在沟尾稍有余水。

3. 细流沟灌的优点

（1）由于沟内水浅，流动缓慢，主要借毛细管作用浸润土壤，水流受重力作用湿润土壤的范围小，所以对保持土壤结构有利。

（2）减少地面蒸发量，比灌水沟内存蓄水的封闭沟蒸发损失量减少 2/3～3/4。

（3）湿润土壤均匀，而且深度大，保墒时间长。

三、沟垄灌灌水技术

沟垄灌灌水技术是在播种前根据作物行距，先在田块上按两行作物形成一个沟垄，在垄上种植两行作物，则垄间就形成灌水沟，留作灌水使用，如图 2-13 所示。灌溉水湿润作物根系区土壤的方式主要是靠灌水沟内的旁侧土壤毛细管作用渗透湿润。

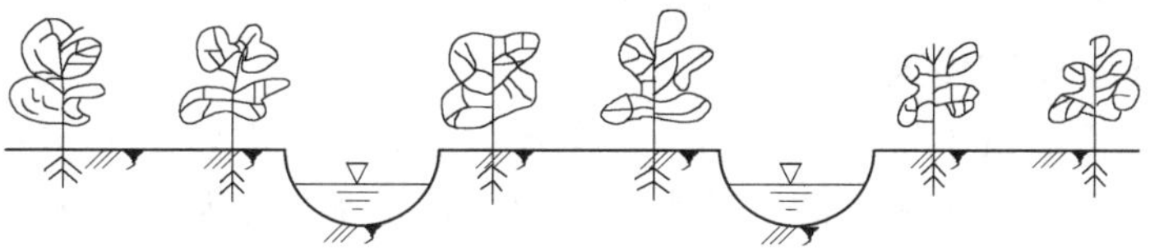

图 2-13　沟垄灌示意图

沟垄灌灌水一般多适用于棉花、马铃薯等作物或宽窄行距相间种植的作物。灌水沟垄部位的土壤疏松，土壤通气状况好，土壤保持水分的时间久，有利于抗御干旱；当灌水沟垄部位土壤水分过多时，还可以通过沟侧土壤向外排水，从而不致使土壤和作物发生渍涝危害。因此是一种既可以抗旱又能防渍涝的节水沟灌方法，但修筑沟垄比较费工，沟垄部位蒸发面大，容易跑墒。

四、沟畦灌灌水技术

沟畦灌灌水技术是类似于畦灌中宽浅式畦沟结合的灌水方法。它是以三行作物作为一个单元，把每三行作物中的中行作物行间部位的土壤向两侧的作物根部培土以形成土垄，而中行作物只对单株作物根部周围培土，行间就形成浅沟，留作灌水时使用，如图 2-14 所示。

图 2-14　沟畦灌示意图

沟畦灌大多用于灌溉玉米等作物的灌溉，它的优点是：培土行间以旁侧入渗方式湿润作物根系区土壤，湿润土壤均匀；可使作物根部土壤保持疏松，通气性好，利于根系下扎生长；结合培土，还可以进行根部施肥操作。

五、播种沟灌水技术

播种沟沟灌主要适用于沟播作物播种缺墒时灌水。当在作物播种期遭遇干旱时，为了促使种子发芽，保证苗齐、苗壮，可采用播种沟沟灌。它是依据作物计划的行距要求，犁第一犁沟时随即播种下籽，犁第二沟时作为灌水沟，并将第二犁翻起来的土覆盖住第一犁沟内播种下的种子，同时立即向该沟内灌水，种子所需要的水分靠灌水沟内的水通过旁侧渗透浸润土壤；之后依次类推，直至全部地块播种结束为止。

六、沟浸灌田字形沟灌水技术

沟浸灌田字形沟灌水技术是水稻田在水稻收割后种植旱作物的一种灌水方法。由于采用有水层长期淹灌的稻田，其耕作层下通常都形成有透水性较弱的密实土壤层（犁底层），这对旱作物生长期间的排水是很不利的。据经验和试验资料，采用沟浸灌田字形沟灌水技术可以同时起到旱灌、涝排的双重作用，小麦沟浸灌比格田淹灌可以节水31.2%，增产5.0%左右。

七、隔沟灌技术

采用隔沟灌灌水，不是向所有灌水沟都灌水，而是每隔一条灌水沟灌水或是在作物某个时期只对某些灌水沟实施灌水，而在另一个时期则对其相邻的灌水沟灌水。这种方法主要适用于作物需水少的生长阶段或地下水位较高的地区以及宽窄行作物，通常宽行间的灌水沟实施灌水，而窄行间的沟则不进行灌水。

八、果园节水型沟灌技术

沟灌是果园地面灌溉中较为合理的一种灌水方法，它是在整个果园的果树行间开灌水沟，由输水沟或输水管道供水灌溉。灌水沟的间距视土壤类型及其透水性而定，一般易透水的轻质土壤沟距为60～70cm，中壤土和轻壤土沟距为80～90cm，黏重土壤沟距为100～120cm。一般密植果园在每一果树行间开一条灌水沟即可。一般灌水沟深20～25cm，近树干的灌水沟深12～15cm，灌溉结束后可将灌水沟填平。灌水沟的单沟流量通常为0.5～1.0L/s。沟的比降应不致使灌水沟遭受冲刷，在坡度较陡的地区，灌水沟可接近平行于等高线布置。灌水沟的长度，在土层厚、土质均匀的果园，可达130～150m；若土层浅，土质不均匀，沟长不宜大于90m。

灌水沟除在果树行间开挖封闭式纵向深沟外，也可由纵沟分出许多封闭式的横向短沟，以布满树根所分布的面积上。

沟灌的主要优点是：湿润土壤均匀，灌溉水量损失小，可以减少土壤板结和对土壤结构的破坏，土壤通气良好，并方便机械化耕作。

任务五 膜上灌灌水技术

目标： 掌握四种膜上灌溉的灌水技术，并能根据实际选用合适的技术。

要点： 四种膜上灌灌水技术及其灌水要素。

膜上灌是在地膜覆盖栽培的基础上，把膜侧灌水改为膜上灌水，使水流在膜上推进过程中，通过放苗孔（有时再增打专门渗水孔）或膜侧缝入渗给作物供水的一种局部灌水技术。它是畦灌、沟灌和局部灌水方法的综合。

一、膜上灌灌水技术的特点

（1）改善了前期土壤水分供应条件，提高了地温。打埂刮去地表土，种子直接播在湿土层有利于全苗。

（2）彻底解决了大坡地区土肥流失问题。由于地膜的防冲作用，灌水不会引起拉沟冲刷现象。

（3）膜上灌水能够保持土壤的良好通气性。渗水孔面积为3%，其余靠浸润灌溉，土壤疏松不板结。

（4）从膜上灌的输水过程和灌水过程来分析，它与滴灌有相近的性质和节水效果。但膜上灌的投资很小。

二、膜孔灌溉

膜孔灌溉也称膜孔渗灌，它是指灌溉水流在膜上流动，通过膜孔（作物放苗孔或专用灌水孔）渗入到作物根部土壤中的灌水方法。

膜孔灌溉分为膜孔沟灌和膜孔畦灌两种。膜孔畦灌无膜缝和膜侧旁渗，地膜两侧必须翘起5cm高，并嵌入土埂中，如图2-15所示。

膜畦宽度根据地膜和种植作物的要求确定，双行种植一般采用宽70～90cm的地膜，三行或四行种植一般采用180cm宽的地膜。作物需水完全依靠放苗孔和增加的渗水孔供给，入膜流量为1～3L/s。该灌水方法增加了灌水均匀度，节水效果好。膜孔畦灌一般适合棉花、玉米和高粱等条播作物。膜孔沟灌是将地膜铺在沟底，作物禾苗种植在垄上，水流通过沟中地膜上的专门灌水孔渗入到土壤中，在通过毛细管作用浸润作物根系附近的土壤，如图2-16所示。

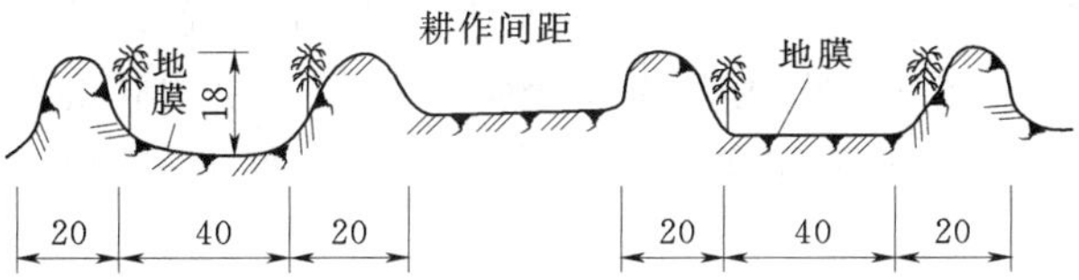

图2-15　膜孔畦灌（单位：cm）

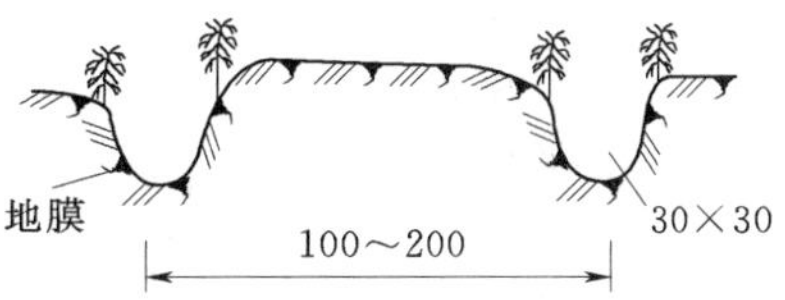

图2-16　膜孔沟灌（单位：cm）

膜孔沟灌特别适用于甜瓜、西瓜、辣椒等易受水土传染病害威胁的作物。果树、葡萄和葫芦等作物可以种植在沟坡上。灌水沟规格依作物而异，蔬菜一般沟深30～40cm，沟距80～120cm；西瓜和甜瓜的沟深为40～50cm，沟距350～400cm。

三、膜缝灌溉

膜缝灌溉有膜缝畦灌、膜缝沟灌、细流膜缝灌等几种形式。

1. 膜缝畦灌

膜缝畦灌是在畦田田面上铺两幅地膜，畦田宽度为稍大于2倍的地膜宽度，两幅地膜间留有2～4cm的窄缝，如图2-17所示。水流在膜上流动，通过膜缝和放苗孔向作物供水。入膜流量为3～5L/s，畦长以30～50m为宜，要求土地平整。

2. 膜缝沟灌

膜缝沟灌是将地膜铺在沟坡上，沟底两膜相会处留有2～4cm的窄缝，通过放苗孔和膜缝向作物供水，如图2-18所示。膜缝沟灌的沟长为50m左右。这种方法减少了垄背杂草和土壤水分的蒸发，多用于蔬菜，其节水、增产效果都很好。

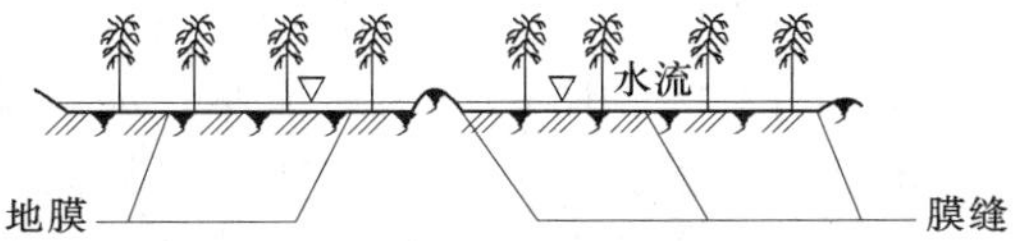

图2-17　膜缝畦灌（单位：cm）

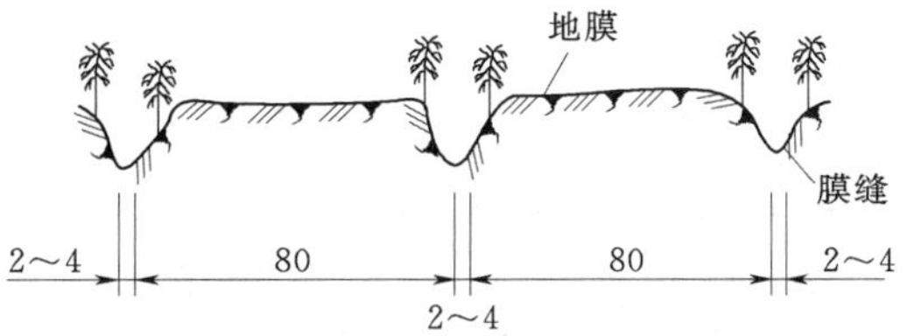

图2-18　膜缝沟灌（单位：cm）

3. 细流膜缝灌

细流膜缝灌是在普通地膜种植下，利用第一次灌水前追肥的机会，用机械将作物行间地膜轻轻划破，形成一条膜缝，并通过机械再将膜缝压成一条U形小沟。灌水时将水放入U形小沟内，水在沟中流动同时渗入到土中，浸润作物，达到灌溉目的。它类似于膜缝沟灌，但入沟流量很小，一般流量控制在0.5L/s为宜，所以它又类似细流沟灌。细流膜缝沟灌适用于1%以上的大坡度地块。

四、膜缝膜孔灌

膜缝膜孔灌是指水流在膜上流动，既利用膜缝，又利用专用灌水孔和放苗孔进行渗入到作物根部土壤中的灌水方法。膜缝膜孔灌中应用较多的是打埂膜上灌技术，主要用于棉花和小麦。

打埂膜上灌技术是将原来使用的铺膜机前的平土板改装成打埂器，刮出地表5～8cm厚的土层，在畦田侧向构筑成高20～30cm的畦埂，畦田宽0.9～3.5m，膜宽0.7～1.8m，如图2-19所示。

打埂膜上灌的畦面低于原田面，灌溉时水不易外溢和穿透畦埂，故入膜流量可加大到5L/s以上。根据作物栽培的需要，铺膜形式可分为单膜或双膜。对于双膜的膜畦灌溉，其中间或膜两边各有10cm宽的渗水带，要求田面平整程度较高，以增加横向和纵向的灌水均匀度。

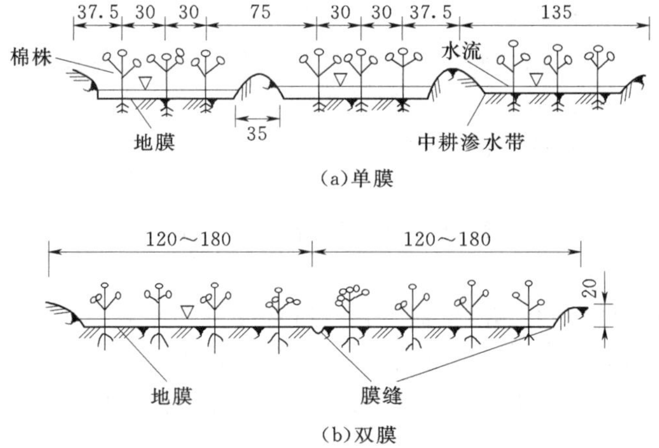

图2-19　打埂膜上灌（单位：cm）

五、温室波涌膜孔灌溉

温室波涌膜孔灌溉系统是由蓄水池、倒虹吸控制装置、多孔分水软管和膜孔沟灌组成的半自动化温室灌溉系统。其原理是灌溉水流由进水口流到蓄水池中，当蓄水池的水面超过倒虹吸管时，倒虹吸管自动将蓄水池的水流输送到多孔出流配水管中，水流在通过多孔出流软管均匀流到温室膜孔沟灌的每条灌水沟中。该系统不仅可以进行间歇灌溉，而且还可以结合施肥和用温水灌溉，以提高地温和减少温室的空气湿度，并提高作物产量和防治病害的发生。该系统主要用于温室条播作物和花卉的灌溉，还可以用于基质无土栽培的营养灌溉上。

任务六　波涌灌溉技术

目标：（1）了解波涌灌溉的特点、方式和设备。

（2）掌握波涌灌溉的组成、类型和技术要求。

要点：波涌灌溉的组成、类型和技术要求。

波涌灌溉又称涌流灌溉或间歇灌溉。它是把灌溉水断续地按一定周期向灌水沟（畦）供水，逐段湿润土壤，直到水流推进到灌水沟（畦）末端为止的一种节水型地面灌溉新技术。也就是说，波涌灌溉向灌水沟（畦）供水不是连续的，其灌溉水流也不是一次灌水就推进到灌水沟（畦）末端，而是灌溉水在第一次供水输入灌水沟（畦）达一定距离后，暂停供水，过一定时间后再继续供水，如此分几次间歇反复地向灌水沟（畦）供水的地面灌水技术。

一、波涌灌溉的特点

1. 节水效果明显

波涌灌溉采用供水与停水交替发生的间歇灌水方式，其最显著的特点就是节水。畦长在100～300m时，间歇灌溉比连续灌溉节水10%～30%，畦长越长，节水率越大。

2. 灌水质量提高

波涌灌溉具有灌水均匀、灌水质量高、田面水流推进速度快、省水、节能和保肥等优点。

3. 可实现小定额灌溉和自动控制

由于地面输水灌溉较易推广，只要在田间管理系统上增加一个间歇阀和自动控制器，就可以成为一个自动化的间歇灌溉系统装置，实现灌溉的自动化控制。

波涌灌溉特别适宜在我国旱作物灌区农田地面灌溉推广应用。但是波涌灌需要较高的管理水平，如操作者技术不熟练，可能会产生问题。

二、波涌灌溉的方式

目前，波涌灌溉的田间灌水方式主要有以下3种。

1. 定时段-变流程方式（又称时间灌水方式）

这种田间灌水方式是在灌水的全过程中，每个灌水周期（一个供水时间和一个停水时间）的放水流量和放水时间一定，而每个灌水周期的水流推进长度则不相同。这种方式对灌水沟（畦）长度小于400m的情况很有效，需要的自动控制装置比较简单，操作方便，而且在灌水过程中也很容易控制。因此，目前在实际灌溉中，波涌灌溉多采用此种方式。

2. 定流程-变时段方式（又称距离灌水方式）

这种田间灌水方式是每个灌水周期的水流新推进的长度和放水流量相同，而每个灌水周期的放水时间不相等。这种灌水方式比定时段-变流程方式的灌水效果要好，尤其是对灌水沟（畦）长度大于400m的情况，灌水效果更佳。但是，这种灌水方式不容易控制，劳动强度大，灌水设备也相对比较复杂。

3. 定流程-流量方式（又称增量灌水方式）

这种灌水方式是以调整控制灌水流量来达到较高灌水质量的一种方式。这种方式是在第一个灌水周期内增大流量，使水流快速推进到灌水沟（畦）总长度的3/4的位置处停止供水，然后在随后的几个灌水周期中，再按定时段-变流程方式或定流程-变时段方式或定流程-变时段方式，以较小的流量来满足计划灌水定额的要求。该方式主要适用于土壤透水性较强的地块。

三、波涌灌溉的组成

波涌灌溉系统一般由水源、波涌阀、控制器和输配水管道等组成，其中波涌阀和控制器是整个系统的核心设备，又称为波涌灌溉设备，如图2-20所示。

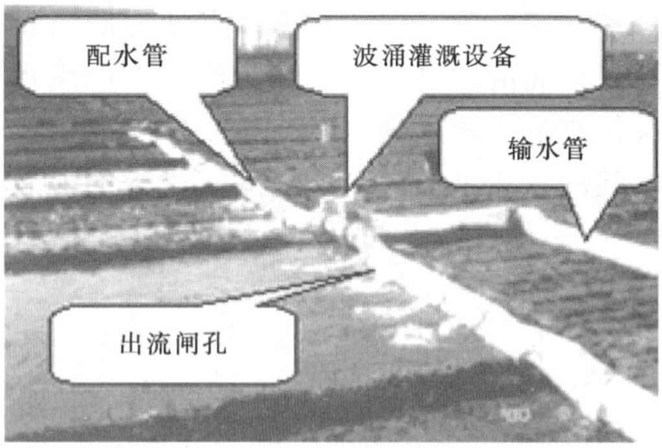

图2-20　波涌灌溉的田间应用

1. 水源

能按时按量供给作物需水且符合水质要求的河流、塘库、井泉均可作为波涌灌溉的水源。在井灌区可来自低压输水管道给水栓（出水口），在渠灌区则取自农渠分水闸口。

2. 波涌阀

波涌阀按动力供给形式分为水力驱动式和太阳能（蓄电池）驱动式两类，按结构形式则分为单向或双向阀两类。整个阀体呈三通结构的T形，采用铝合金材料铸造。水流从进水口引入后，由位于中间位置的阀门向左、右交替分水，阀门由控制器中的电动马达驱动。

3. 控制器

控制器由微处理器、电动机、可充电电池及太阳能板组成，采用铝合金外罩保护。控制器用来实现波涌阀开关的转向，定时控制双向供水时间并自动完成切换，实现波涌灌水自动化控制器的参数输入形式以旋钮式和触键式为主，具有数字输入及显示功能，内置计算程序可自动设置阀门的关断时间间隔。

4. 输配水管道

输配水管道采用PE软管或PVC硬管将低压输水管道出水口或农渠分水口与波涌阀进水口相连，在波涌阀出水口处装有软管（硬管）伸向两侧，起到传统的控制闸孔完成出流灌溉。

四、波涌灌溉的类型

根据管道布置方式的不同，将波涌灌溉系统分为“双管”系统和“单管”系统两类。

1. “双管”系统

“双管”波涌灌田间灌水系统如图2-21所示。一般通过埋在地下的暗管把水输送到田间，再通过阀门和竖管与地面上带有阀门的管道相连。这种阀门可以自动地在两组管道间开关水流，故称“双管”。通过控制两组间的水流可以实现间歇供水。当这两组灌水沟结束灌水后，灌水工作人员可将全部水流引到另一放水竖管处，进行下一组波涌灌水沟的灌水。对已具备低压输水管网的地方，采用这种方式较为理想。

2. “单管”系统

“单管”波涌灌田间灌水系统如图2-22所示。通常是由一条单独带阀门的管道与供水处相连接，故称“单管”。管道上的各出水口则通过低水压、低气压或电子阀控制，而这些阀门均按一字形排列，并由一个控制器控制这个系统。

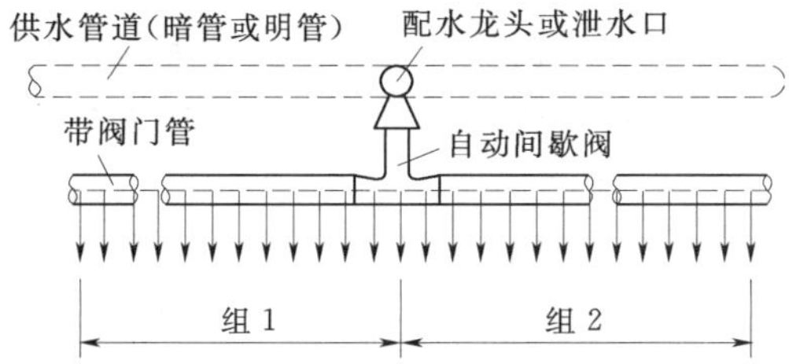

图 2-21 “双管”波涌灌田间灌水系统示意图

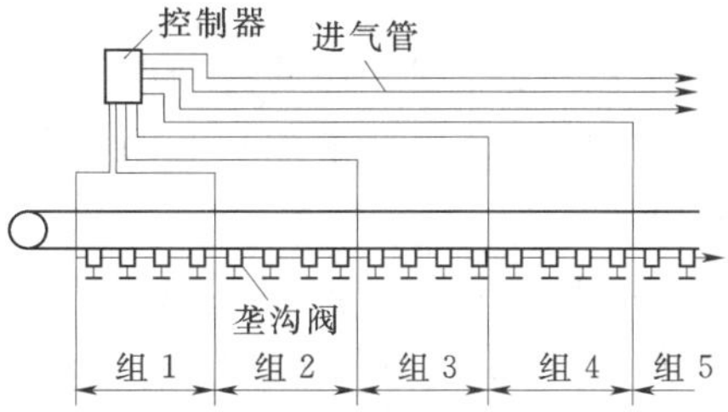

图 2-22 “单管”波涌灌田间灌水系统示意图

五、波涌灌溉的设备

由国家节水灌溉北京工程技术研究中心（中国水利水电科学研究院水利研究所）开发生产的波涌灌溉设备（专利号：ZL 99257311.4），自身具有配水和控制两大功能，控制器具有“时间耦合”特性，有利于地面灌溉自动化的实现。波涌灌溉设备在 2000 年已通过水利部组织的专家鉴定，设备外形结构和性能指标均达到国际同类产品的先进水平，填补国内空白，如图 2-23 所示。

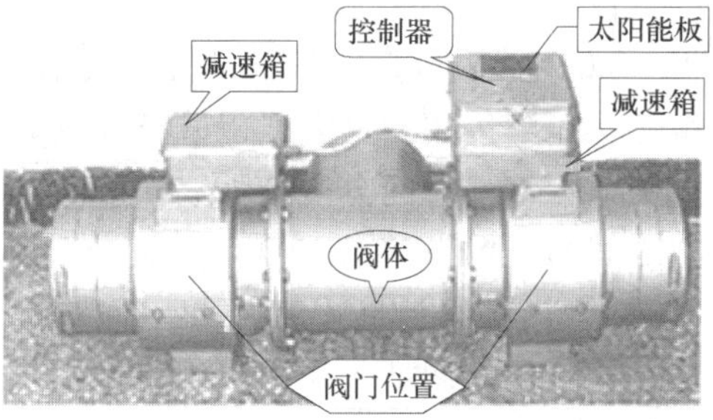

图 2-23 波涌灌溉设备

1. 涌流阀

涌流阀的结构形式主要有两种：一种是气囊阀，以水力或气体驱动；另一种是机械阀，以水力或电力驱动。机械阀常分为单阀结构、双阀结构两种类型。单阀结构只能向左或向右切换水流，自身无法实现水流截止状态。双阀结构不仅具有交替切换水流的功能，实现定向输配水，而且当灌水结束时，阀体本身还具有自动关断水流的功能，可实现无人值守和遥控。波涌阀的主要构件包括：

(1) 驱动器：由两台微型直流电机组成，分别控制左右阀门的启闭状态。

(2) 减速器：与驱动器均同位于减速箱内。减速器将电动机转速降至 10r/min 左右，再驱动阀门。同一波涌阀上的两个阀门板是由一个控制器和两个完全相同的变速箱控制的。减速箱采用三级变速，其中两级直齿圆柱齿轮传动，一级蜗轮蜗杆传动，总传动比为 1∶787.5。在分配传动比时，主要以减小变速箱的体积为条件，经综合分析确定蜗轮齿数 $Z_1=16$，$Z_2=60$，蜗杆头数 $Z_3=1$，蜗轮齿数 $Z_4=70$，$Z_5=12$，$Z_6=36$。高速级的两个大齿轮和滑动轴承均在箱体内部，不受环境影响。变速箱与整机的装配采用对称结构，协调美观，且便于自控器控制信号的传送。

(3) 阀门：阀门为带有周边止水垫圈的圆形闸门，中心轴两端经止水轴承分别与阀体和减速箱连接。受减速箱控制，阀门环绕中心轴做直角旋转，实现水流开启和关闭状态。密闭的减速箱被固定在阀体两侧并通过中心轴与闸门相接。

(4) 阀体：阀体为主体结构，类似于三通，铝合金材质。由三段直径约为 200mm 的铝合金管组合连接而成，一端与水源连接，另两端为出水口。

（5）其他：止水垫圈、止水橡胶等。

2. 控制器

控制器是波涌阀工作的控制中心，它接受外界参数，通过运算，对涌流阀发出操作指令。控制电路板及软件是控制器的核心部分，负责控制直流电动机，实现闸门的启闭。主要组成包括：

（1）电源部分。由太阳能电池板、4Ah/6V 蓄电池和低压差抗电源反接稳压器件组成。平时利用太阳能电池板对蓄电池进行浮充，经稳压器稳压后供给主板。也可用交流电对蓄电池直接充电。太阳能充电板的外形尺寸为 48mm×51mm，最大充电电流在标准光强下为 50mA，正常工作电压为 7V，最大输出功率为 0.3W。使用波涌灌溉设备前，应将太阳能电池板在太阳下暴晒一周，或用输出为 6V 的充电器，对蓄电池进行充电，充电口位于控制器内侧，为 4 芯插口，“1”芯为正，“4”芯为负。

（2）主控部分。以微控制器为核心，由键盘和显示器组成。通过键盘设置系统时间，起始工作时间，每次放水时间，停水时间。波涌次数和单，双阀工况选择等。显示器为液晶板（LCD），6 位数字显示，分别表示各参数及工作状态。微控制器是 CMOS 器件，功耗很低，显示采用扫描方式以降低功耗。波涌阀控制器面板上有液晶板（LCD）一块，6 位数字显示，由时间分隔符“:”将 6 位数字分隔成 3 段。参数设置或参数设置错误时，数字之间的小数点将会出现。波涌阀控制器面板上共有 5 个按键，分别为“设置”“→”“+”“－”“复位”，它们互相配合可以完成不同的波涌灌溉参数设置。

（3）电机控制部分。由 4 组继电器推动左右两阀的电机转动。平时电机两端接地，电机不工作。电机正转时，电机左端接+6V，右端接地；反之，左端接地，右端接+6V。

控制器的“系统时间”设置，可令处于同一灌溉系统中的各单台波涌灌溉设备具有统一的“时间基准”，使看似无序的波涌灌溉设备在统一的时间参照系下形成有序的工作运行排列。“时间耦合”特性有利于灌区输配水系统实行自动化管理。此外，控制器的输入参数只涉及波涌灌水技术应用的最基本参数，概念简单明了，便于农民学习掌握，实地应用。

六、波涌灌溉的技术要求

波涌灌溉可以分为波涌沟灌和波涌畦灌两类。它们与传统的连续沟灌、畦灌的最主要区别在于完成一次灌水需要几个放水和停水周期，才能湿润灌水畦（沟）的全部长度。如图 2-24 所示是由 3 个周期完成灌水的波涌灌过程图。

1. 波涌灌溉控制参数

波涌灌溉控制参数包括波涌间歇供水的周期时间、供水周期数以及循环率等。

（1）周期。指一次波涌灌的一个供水和停水过程称一个灌水周期。每个供水周期内的灌水时间可在 30～60min 范围内选择。

（2）周期数（n）。指完成波涌灌全过程所需放水和停水过程的次数又称周期数。一般田块在 200m 以上时，以 3～4 个供水周期为宜；200m 以下的田块，则以 2～3 个周期为宜。

（3）放水时间和停水时间。放水时间包括周期放水时间和总放水时间。周期放水时间

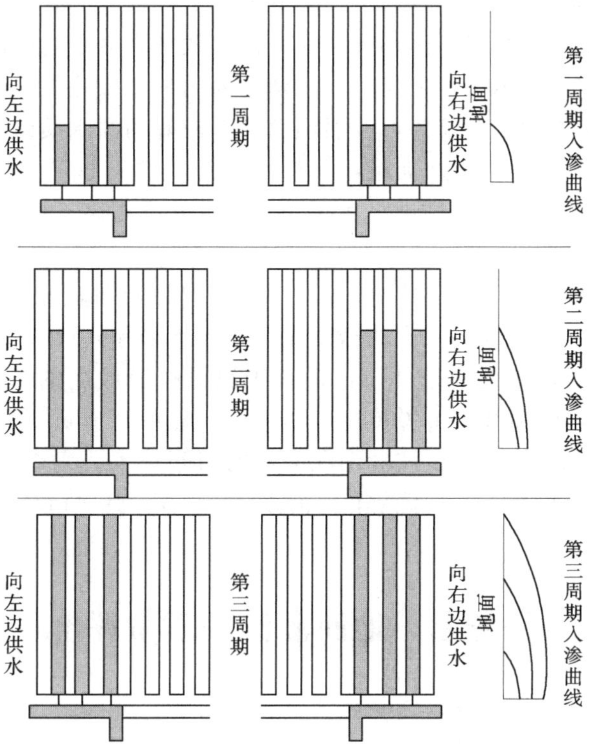

图 2-24　3 个周期完成灌水的波涌灌过程图

是指一个周期向灌水沟畦供水的时间；总放水时间是指完成灌水组灌水的实际时间，为各周期放水时间的总和，其值根据灌水经验估算，一般采用连续灌水时间的 65%～90%。畦田较长、入畦流量较大时取大值。

停水时间是两次放水时间之间的间歇时间，一般等于放水时间，也可大于放水时间。

(4) 周期时间（T）。在一个周期内，放水时间与停水时间之和称周期放水时间。

(5) 循环率（γ）。放水时间与周期时间 T 之比称循环率。为便于波涌灌溉设备的工作运行和田间实施操作，取循环率为 1/2，即一次供水周期内的灌水时间与停水时间相等。

(6) 灌水流量（Q）。常以单宽流量表示，q[L/(s·m)]。

2. 波涌灌溉技术要素

波涌灌溉技术要素是在特定的灌水控制参数下影响田间灌水效果的技术参数，如田块规格、田面坡度、入沟（畦）流量等。波涌灌溉技术要素直接影响灌水质量，应根据地形、土壤情况合理选定。

(1) 田块规格。它对波涌灌水质量的影响主要反映在沟畦长度的差异上。波涌畦灌条件下的节水率随畦块长度的增加而增大，但畦田长度超过 350m 后，节水率开始出现下降的趋势，因此其最大畦（沟）长度不宜超过 400m，可在 100～350m 范围内选择。此时，不仅具有较高的节水率，而且灌水均匀度、灌水效率和储水效率都较高，总体灌水质量高。

（2）田面坡度。通常，当畦面坡降在 0.0005～0.005 范围内时，波涌畦灌的灌水效率大致在 85%，灌水均匀度在 83%～93%之间，储水效率在 84%左右，具有良好的灌溉性能。当沟底坡降在 0.0001～0.01 之间时，波涌沟灌的灌水效率为 81%～87%，灌水均匀度在 85%左右，储水效率大于 85%，波涌沟灌具有较好的灌水质量。

（3）入沟（畦）流量。即放水流量，一般由水源、灌溉季节、田面和土壤状况确定。流量越大，田面流速越大，水流推进距离越长，灌水效率越高，但流量过大会对土壤产生冲刷，因此应综合考虑。

一般入畦单宽流量控制在 2～4L/(s·m) 范围内的波涌畦灌系统性能良好，而入沟流量在 1.5～3L/(s·m) 之间，可获得较好的波涌灌水效果。

根据试验研究结果，在土壤条件下，适宜于波涌畦灌应用的田间技术要素组合条件是：畦长 100～350m，畦面坡降 0.0005～0.005，入畦单宽流量 2～4L/(s·m)，畦块田面平整精度指标小于 3cm；适宜于波涌沟灌应用的田间技术要素组合条件是：沟长 100～350m，沟底坡降 0.0001～0.01，入沟单宽流量 1.5～3L/(s·m)，沟面平整精度指标小于 4cm。

任务七　地面灌溉的质量评价

目标：（1）了解影响地面灌水质量的主要因素。

（2）掌握评价地面灌溉质量的指标。

要点：评价地面灌溉质量的指标。

一、影响地面灌水质量的主要因素

影响地面灌水质量的因素很多，主要影响因素大致归纳为两类：第一类为自然性能因素，是不容易人为控制的；第二类为灌水技术因素，是可以人为改变的。

1. 自然性能因素

（1）土壤质地与入渗性能。一般来讲，无论哪种耕地条件，土壤质地由轻变重时，土壤入渗速度减小，入渗能力降低；土壤质地越轻，土壤入渗速度越大。

（2）田面糙率。田面糙率越大，水流推进速度减慢，灌水均匀度降低。

（3）作物种类和种植方式。作物种类不同，采用的种植方式也不同，采用不同的灌水方法对其灌水质量的影响也不同。一般窄行距密植作物多进行撒播或机播，常采用畦灌灌水技术；宽行距多要进行中耕培土等田间操作，常采用沟灌灌水技术。

2. 灌水技术因素

灌水技术因素包括畦（沟）长度、宽度、入畦（沟）流量、改水成数、灌前土壤含水量、田面坡降及平整程度等。

二、评价地面灌溉质量的指标

1. 评价地面灌溉灌水方法的质量指标

为了正确设计和实施地面挂念灌水技术，必须制定一套完整的质量指标体系，分析评价地面灌水质量的指标有很多，其中最常用的有以下 3 个：

（1）田间灌溉水有效利用率。田间灌溉水有效利用率，是指应用某种地面灌水方法或

某项灌水技术灌溉后，存储于计划湿润层内作物根系土壤区内的水量与实际灌入田间的总水量的比值，即

$$E_A=\frac{V_S}{V}=\frac{V_1+V_4}{V_1+V_2+V_3+V_4}\times 100\% \tag{2-4}$$

式中　E_A——田间灌溉水有效利用率，%；

V_S——灌水后存储于计划湿润层内作物根系土壤区内的水量，m^3 或 mm；

V_1——作物有效利用的水量，即蒸腾量，m^3 或 mm；

V_2——深层渗漏损失水量，m^3 或 mm；

V_3——田间灌水径流损失量，m^3 或 mm；

V_4——作物植株之间的土壤蒸发量，m^3 或 mm；

V——输入田间实施灌水量的总量，m^3 或 mm。

田间灌溉水有效利用率表征灌溉水有效利用的程度，是评价灌水质量优劣的一个重要指标。对于旱作物地面灌溉，根据 GB/T 50363—2006《节水灌溉工程技术规范》的要求，田间灌溉水有效利用率 $E_a \geqslant 90\%$。

(2) 田间灌溉水存储率。田间灌溉水存储率，是指应用某种地面灌水方法或某项灌水技术灌溉后，存储于计划湿润层作物根系土壤区内的水量与灌溉前计划湿润层作物根系土壤区所需要的总水量的比值，即

$$E_S=\frac{V_S}{V_n}=\frac{V_1+V_4}{V_1+V_4+V_0}\times 100\% \tag{2-5}$$

式中　E_S——田间灌溉水存储率，%；

V_n——灌溉前计划湿润层作物根系土壤区所需要的总水量，m^3 或 mm；

V_0——计划湿润层灌水不足的水量，m^3 或 mm；

其余符号意义同前。

田间灌溉水存储率表征采用某种地面灌水方法、某项灌水技术实施灌水后，能满足计划湿润层作物根系土壤区所需水量的程度。

(3) 田间灌水均匀度。田间灌水均匀度，是指应用某种地面灌水方法或某项灌水技术灌溉后，田间灌溉水湿润作物根系土壤区的均匀程度，或田间灌溉水下渗湿润作物计划湿润土层深度的均匀程度，或表征为田间灌溉水在田面上各点分布的均匀程度，通常采用下式表示：

$$E_d=\left(1-\frac{\sum_{i=0}^{n}|Z_i-\overline{Z}|}{N\overline{Z}}\right)\times 100\% \tag{2-6}$$

或

$$V_d=1-\left(\sum_{i=1}^{N}|X_i-M|\right)/(NM) \tag{2-7}$$

式中　E_d、V_d——田间灌水均匀度，%；

Z_i——灌水后沿沟（畦）各测点土壤的入渗水量，m^3 或 mm；

$\overline{Z}$——灌水后沿沟（畦）各测点土壤的平均入渗水量，m^3 或 mm；

N——测点数目；

X_i——灌水后等面积测点的入渗水量，m^3 或 mm；

M——灌水后 N 个测点的平均入渗水量，m^3 或 mm。

一般对地面灌水方法，根据 GB/T 50363—2006《节水灌溉工程技术规范》的要求，灌水均匀度 $E_d \geqslant 85\%$。

上述 3 项评价灌水质量的指标，共同反映了作物产量和水资源利用程度的影响。因此，它们必须同时使用才能较全面地分析和评价某种灌水技术的灌水效果。目前，农田灌水技术都选用田间灌溉水有效利用率 E_a 和田间灌水均匀度 E_d 两个指标作为设计标准，而实施田间灌水则必须采用 E_a、E_S、E_d 3 个指标共同评价其灌水质量的好坏，单独使用其中的任一项都不能全面和正确地判断田间灌水质量的好坏。

2. 评价地面灌溉节水技术的主要经济指标

（1）节水增产率。节水增产率，是指在同样气候等自然条件和农业技术条件下，旱作物采用地面灌水方法某种节水灌水技术与传统地面灌水方法灌水技术比较，其平均单位面积产量所增加的产量百分数，即

$$F_y = \frac{Y_1 - Y_2}{Y_1} \times 100\% \tag{2-8}$$

式中　F_y——节水增产率，%；

Y_1、Y_2——两种灌水方法或两项灌水技术的平均单位面积产量，kg/亩。

节水增产率是评价地面灌水方法或灌水技术的一项综合性经济指标，它标志着某种地面灌水方法或某项灌水技术的增产效果及其产量水平。

（2）田间灌溉效率。田间灌溉率，是指某次由最末一级固定渠道或管道（一般指毛渠、毛管）引入田间灌水，平均一个流量（即 1.0m^3/s）一昼夜（自流灌区为 24h，提水灌区一般以 12h 计）实际灌溉的面积，即

$$F_f = 86400 \times \frac{A}{W} \tag{2-9}$$

式中　F_f——田间灌溉率，亩/[m^3/(s·d)]；

A——昼夜实际灌溉的面积，亩/d；

W——最末一级固定渠道或管道实际引入田间的流量，m^3/s。

田间灌溉效率综合反映田间灌水管理工作的质量，是田间灌水管理的一项重要指标。

（3）灌水劳动生产率。田间灌水劳动生产率，是指实施地面灌溉每个灌水员 1 班（通常 1 班为 8h 或 12h）可能灌溉的面积，或者每个灌水员灌溉 1 亩农田所需要的工日数，即

$$F_w = \frac{A}{nN} \tag{2-10}$$

或

$$D_w = \frac{nN}{A} \tag{2-11}$$

式中　F_w、D_w——灌水劳动生产率，亩/工日或工日/亩；

A——昼夜实际灌溉的面积，亩/d；

n——灌水员每班人数，人；

N——昼夜的灌水分班数，班。

田间灌水劳动生产率的高低与田间工程的合理布局和完善程度、灌水劳动组织、灌水工具及设备、田面平整状况及灌水员的技术熟练程度等有密切关系。

(4) 田间灌水成本。田间灌水成本，是指旱作物采用地面节水灌溉技术灌溉农田单位面积所需要的费用，即

$$C=\frac{C_p+C_w+C_j+C_i}{A} \tag{2-12}$$

式中 C——田间灌水成本，元/亩；

C_p——灌水员的工资，元；

C_w——水费或水资源费，元；

C_j——灌水工具、灌水设备、机具、机电装置，以及田间工程设施和土地平整等的折旧费用，元；

C_i——燃料，包括机电用油或用电及照明灯的费用，元；

A——实际灌溉的面积，亩。

(5) 节水率。节水率是标志灌水方法节水效益高低的重要指标，它是指不同地面灌水方法单位面积灌溉用水量的比值，即

$$\eta_a=\frac{W_1-W_2}{W_1}\times100\% \tag{2-13}$$

式中 η_a——节水率，%；

W_1、W_2——两种灌溉方法单位面积上的灌溉用水量，通常可用实际的灌水定额计算，m^3/亩。

思 考 题

1. 地面灌溉节水技术主要有哪几类？
2. 畦灌灌水技术要素主要指哪些？
3. 什么是水平畦灌技术？
4. 什么是小畦灌技术？
5. 长畦分段短灌法具有哪些优点？
6. 节水型沟灌技术主要有哪几种？
7. 什么是波涌流灌溉技术？
8. 目前，波涌流灌溉的田间灌水方式主要有哪三种？
9. 波涌灌溉的技术要素主要有哪几项？
10. 如何评价地面灌溉质量的好坏？

项目三　喷　灌　工　程　技　术

项 目 任 务 书

<table>
<tr><td colspan="2">项目名称</td><td>喷灌工程技术</td><td>参考课时</td><td>12</td></tr>
<tr><td colspan="2" rowspan="6">学习型工作任务</td><td colspan="2">任务一　概述</td><td>1</td></tr>
<tr><td colspan="2">任务二　喷灌设备</td><td>2</td></tr>
<tr><td colspan="2">任务三　喷灌质量控制参数</td><td>1</td></tr>
<tr><td colspan="2">任务四　管道式喷灌系统规划设计</td><td>3</td></tr>
<tr><td colspan="2">任务五　喷灌工程施工组织及安装</td><td>4</td></tr>
<tr><td colspan="2">任务六　运行管理</td><td>1</td></tr>
<tr><td colspan="2">项目任务</td><td colspan="3">学会喷灌系统类型的划分，掌握喷灌系统的特点，掌握喷灌工程规划设计，合理制定规划原则、设计原则</td></tr>
<tr><td colspan="2">教学内容</td><td colspan="3">（1）熟悉资料分析方法；（2）掌握喷灌系统类型选择的方法；（3）掌握规划原则；（4）掌握设计原则；（5）掌握设计任务书内容和编制顺序；（6）掌握设计图纸的布置与绘制</td></tr>
<tr><td rowspan="3">教学目标</td><td>知识</td><td colspan="3">（1）熟悉资料分析方法；（2）掌握喷灌系统类型选择的方法；（3）掌握规划原则；（4）掌握设计原则；（5）掌握设计任务书内容和编制顺序；（6）掌握设计图纸的布置与绘制</td></tr>
<tr><td>技能</td><td colspan="3">（1）会设计喷灌系统；（2）会编写喷灌系统报告书；（3）会绘制喷灌系统布置图纸</td></tr>
<tr><td>态度</td><td colspan="3">（1）具有刻苦学习精神；（2）具有吃苦耐劳精神；（3）具有敬业精神；（4）具有团队协作精神；（5）诚实守信</td></tr>
<tr><td colspan="2">教学实施</td><td colspan="3">对校节水实训基地实地考察参观，然后进行喷灌系统设计</td></tr>
<tr><td colspan="2">项目成果</td><td colspan="3">（1）喷灌设计计算书；（2）喷灌设计说明书；（3）喷灌设计图</td></tr>
<tr><td colspan="2">技术规范</td><td colspan="3">GB/T 50085—2007《喷灌工程技术规范》</td></tr>
</table>

任务一　概　　述

目标：（1）掌握喷灌系统特点。

（2）掌握喷灌系统的组成。

（3）根据喷灌系统的类型确定其适用范围。

要点：（1）分析喷灌系统的组成。

（2）掌握喷灌系统的类型及适用范围。

一、喷灌的概念及特点

喷灌是利用加压设备将灌溉水源加压或利用地形落差将灌溉水通过管网输送到灌溉地段，经喷头喷射到空中，分散成细小的水滴，均匀喷洒在农田或作物叶面，为作物正常生长提供必要水分条件的一种先进灌水方法，如图 3－1 所示。

与地面灌溉方法相比，喷灌具有节水、增产、改善农产品品质、适应性强、少占耕地和节省劳力等优点。同时，其缺点也十分明显，如受风的影响大，设备投资高，耗能和运行成本高。

图 3－1　喷灌

二、喷灌系统的组成

通常喷灌系统由水源工程、水泵和动力设备、输配水管道系统、喷头以及附属设备、附属建筑物组成。

1．水源工程

喷灌系统的水源一般采用地表水，在地表水缺乏的情况下也可采用地下水。地表水通常取自河流、湖泊、水库、塘堰和渠道水等，地下水通常取自井水或泉水。喷灌的建设投资较高，设计保证率一般要求不低于 85％，水源应满足喷灌在水量和水质方面的要求。对于轻小型喷灌机组，应设置满足其流动作业要求的配套工程。

2．水泵和动力设备

除利用自然水头以外，喷灌系统的工作压力均需由加压水泵提供，加压水泵常用的有离心泵、长轴井泵、潜水电泵等。与水泵配套的动力设备一般采用电动机，缺乏电源时可采用柴油机或汽油机。轻小型喷灌机组为移动方便通常采用喷灌专用自吸泵并以柴油机、汽油机等带动。

3．输配水管道系统

输配水管道系统的作用是将有压水流按灌溉要求输送并分配到田间各个喷水点。管道系统一般包括干管、支管和竖管以及管道附件，为利用喷灌设施施肥和喷洒农药，可在管网首部配置肥、药储存罐及注入装置。管道根据铺设状况可分为地埋管道和地面移动管道，地埋管道一般应埋于当地冻土层深度以下，地面移动管则按灌水要求沿地面铺设。部分喷灌机组的工作管道往往和行走部分结合为一个整体。

4．喷头

喷头的作用是将管道内的有压集中水流喷射到空中，形成众多细小水滴，撒落到田间的一定范围内补充土壤水分。喷头的形式多种多样，但是对喷头的基本要求都是能够雾化并不造成作物叶面损伤、合理的水量分布使田间灌溉均匀、喷洒水量应适应土壤入渗能力而不产生径流。

5. 附属设备与附属建筑物

为了使喷灌系统能够正常运行，喷灌工程中还需要一些附属设备和附属建筑物。常用的附属设备有进排气阀、调压阀、减压阀、安全阀、泄水阀、压力表、伸缩节等，常用的附属建筑物有镇墩、支墩、减压池等。

三、喷灌系统的类型

按照不同的分类标准，喷灌系统形式有很多。根据喷灌压力获得的方式，可以分为机压喷灌系统和自压喷灌系统；根据管道可移动程度，可以分为固定式喷灌系统、移动式喷灌系统和半固定式喷灌系统；根据喷灌机组的喷洒特征，可以分为定喷机组式喷灌系统和行喷机组式喷灌系统。下面就第二种分类方法，详细介绍喷灌系统的分类。

1. 固定式喷灌系统

除喷头外，固定管道式喷灌系统的水泵、动力设备、干管和支管都是固定的。竖管一般也是固定的，但也可以是可拆卸的，根据轮灌计划，喷头轮流安设在竖管上进行喷洒。固定管道式喷灌系统操作使用方便，易于维修管理，易于保证喷洒质量。缺点是管材用量多，工程投资大，设备利用率低，竖管对耕作有一定妨碍。因此，固定式喷灌多用于灌水频繁、经济价值高的蔬菜、果园、经济作物或园林工程中，如图 3-2 所示。

图 3-2 固定式喷灌系统

图 3-3 移动式喷灌系统

2. 移动式喷灌系统

除水源工程外，移动管道式喷灌系统的水泵、动力设备、各级管道、喷头均可拆卸移动，如图 3-3 所示。喷灌系统工作时，在一个田块上作业完成，然后依转到下一个田块作业，轮流灌溉。这种喷灌系统的优点是设备利用率高，管材用量少，投资较低。缺点是设备拆装和搬运工作量大，劳动力投入多，而且设备拆装时容易破坏作物。

3. 半固定式喷灌系统

半固定式喷灌系统的管道可移动程度介于以上两种灌溉系统之间，其喷头和支管是可以动的，其他部分都是固定的，干管埋入地下，如图 3-4 所示。在干管上装有许多给水栓，喷灌时将支管连接在干管给水栓上，再在支管上安装竖管及喷头，喷洒完毕再移接到下一个给水栓上继续喷灌。这种喷灌系统由于支管可以移动，减少了支管数量，节省了管材，提高了设备利用率，降低了系统投资，当然与固定式喷灌相比其运行起来麻烦一些。

图 3－4　半固定式喷灌系统

任务二　喷　灌　设　备

目标：（1）掌握喷头的类型。

（2）根据喷头的几何参数、喷头的工作参数、喷灌的技术参数确定喷头。

（3）掌握管道及附件的选择。

要点：（1）分析喷头性能参数。

（2）掌握喷灌的技术参数，包括喷灌强度与喷灌均匀度。

一、喷头

喷头的作用是将有压的灌溉水流以喷洒形式均匀射出，是喷灌系统中的关键设备。喷头的结构型式制造质量以及使用是否得当，都是影响喷灌效果的重要因素。

1. 喷头的种类

喷头的分类有很多，通常按喷头的工作压力和射程或结构型式和喷洒特征进行分类。

（1）按工作压力（或射程）分类。按工作压力（或射程）大小可分为低压喷头（或近射程喷头）、中压喷头（或中射程喷头）和高压喷头（或远射程喷头）。各类喷头的使用范围见表 3－1。

表 3－1　　喷头按工作压力与射程分类

类　别	工作压力/kPa	射程/m	流量/(m^3/h)	特点及适用范围
低压喷头	＜200	＜15.5	＜2.5	射程近，水滴打击强度低，主要用于菜地、温室、草坪园林、自压喷灌的低压区或行喷式喷灌机
中压喷头	200～500	15.5～42	2.5～32	喷灌强度适中、适用范围广，果园、菜地、大田及各类经济作物均可使用
高压喷头	＞500	＞42	＞32	喷洒范围大，但水滴打击强度也大，多用于对喷洒质量要求不高的大田作物、牧草等

（2）按结构型式分类。按结构型式和喷洒特征可分为旋转式喷头、固定式喷头和喷洒孔管3类：

1）旋转式喷头。喷头绕自身铅直线旋转，边旋转边喷洒，水从喷嘴喷出时，呈集中射流状，故射程远，是中、远射程喷头的基本形式。

根据旋转驱动机构的特点，又可分为摇臂式、叶轮式和反作用式3种。其中摇臂式喷头使用最广泛，如图3-5所示。

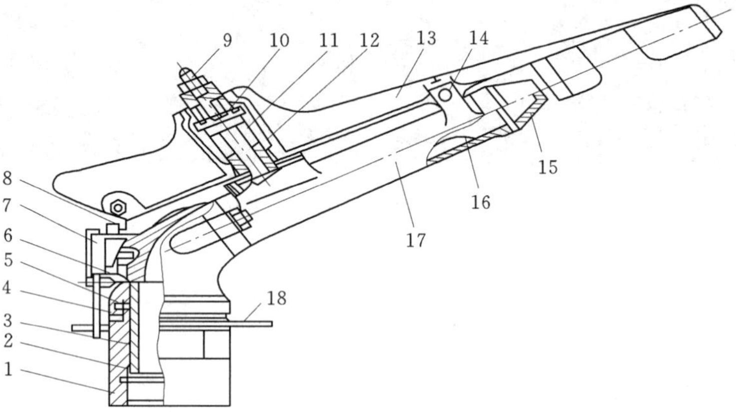

图3-5 单嘴带换向机构的摇臂式喷头结构图

1—空心轴壳；2—减压密封圈；3—空心轴；4—防砂弹簧；5—弹簧架；6—喷体；7—换向器；8—反转钩；9—摇臂调位螺钉；10—弹簧座；11—摇臂轴；12—摇臂弹簧；13—摇臂；14—打击块；15—喷嘴；16—稳流器；17—喷管；18—限位环

旋转式喷头有单喷嘴和多喷嘴两种形式，按有无换向机构，还可分为全圆喷洒和扇形喷洒两种形式。

2）固定式喷头。喷头在喷洒时，所有部件无相对运动。喷出的水流呈全圆或南形向四周散开。其特点是射程近，雾化程度高，喷灌强度大。根据结构特点和喷洒特点. 固定式喷头可分为折射式和缝隙式2种，如图3-6所示。

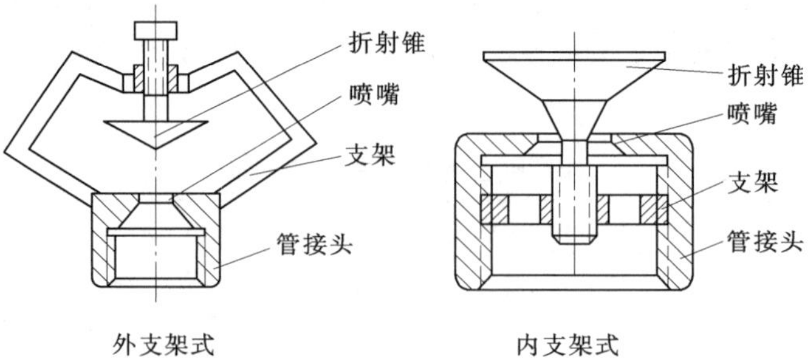

图3-6 固定式喷头结构图

3）喷洒孔管。喷洒孔管由一根或几根直径较小的管子组成，在管子上部钻一列或多列喷水孔，孔径1～2mm，喷洒时水流呈细小水股喷出。这种喷头结构简单，工作压力低，但喷水强度大，受风的影响大，小孔易被堵塞。

2. 喷头的主要水力参数

喷头的主要水力参数有喷头的工作压力、流量和射程。

(1) 喷头的工作压力和喷嘴压力。喷头的工作压力是指喷头前 20cm 处测取的静水压力，单位为 kPa。喷嘴压力是指喷嘴出口处的流速水头。两者差值大小，反映了喷头设计和制造水平，是评价喷头好坏的指标，两者的差值应小于 49kPa。

(2) 流量。指单位时间内喷出的水体积，单位为 (m^3/h 或 L/min)。喷头流量大小主要决定于工作压力和喷嘴直径。在喷嘴直径一定时，工作压力越大，流量越大，反之亦然。喷头的流量可用式 (3－1) 计算

$$Q=3600\mu A\sqrt{2gh_p} \tag{3-1}$$

式中 Q——喷头流量，m^3/h；

μ——流量系数；

A——喷嘴过水面积，m^2；

g——重力加速度，$g=9.81$，m/s^2；

h_p——喷头工作压力水头，m。

(3) 射程。射程是喷头的一个重要水力性能参数，指在无风时喷头的喷洒湿润半径，单位为 m。在测试时，以喷洒湿润边缘上喷灌强度等于平均喷灌强度 5%的点至圆心的水平距即为射程。它主要受喷头工作压力、旋转速度和风速的影响，在一定压力范围内。射程随压力增大而增大，随旋转速度和风速增大而减小。但超出一定压力范围后，压力增加则再不会增加射程而只会提高雾化程度。

二、管材与管件

管道是喷灌系统的重要组成部分，不但用量多，投资比重大，也是保证安全输水、进行正常喷灌的关键。

1. 管材

喷灌用管道按其使用方式可分为移动式管道和固定式管道，按照材料性质可分为金属管、硬脆性管和塑料管 3 类。

(1) 金属管。用作固定管道的有钢管、铸铁管。可埋于地下，也可在地面铺设。用做移动管道的有薄壁铝管和铝合金管、镀锌薄壁钢管等。

(2) 脆硬性管。自、预应力钢筋混凝土管可作为固定管道埋于地下，也可在地面铺设。石棉水泥管只可作为地埋固定管，不适宜在地面铺设。

(3) 塑料管。硬塑料管如聚氯乙烯管、聚乙烯管、改性聚丙烯管等，主要用于地下埋管。涂塑料软管如纤维塑软管和锦塑软管等，可作为移动管道使用。

2. 管件

不同管材配套不同的管件。塑料管件和水煤气管件规格和类型比较系列化，能够满足使用要求，在市场中一般能够购置齐全。钢制管件通常需要根据实际情况加以制造。

(1) 三通和四通。主要用于上一级管道和下一级管道的连接，对于单向分水的用三通，对于双向分水的用四通。

(2) 弯头。主要用于管道转弯或坡度改变处的管道连接。一般按转弯的中心角大小分

类，常用的有 90°、45°等。

（3）异径管。又称大小头。用于连接不同管径的直管段。

（4）堵头。用于封闭管道的末端。

3. 竖管和支架

竖管是连接喷头的短管，其长度可按照作物茎高不同或同一作物不同的生长阶段来确定，为了拆卸方便，竖管下部常安装可快速拆装的自闭阀（插座）。支架是为稳定竖管因喷头工作而产生的晃动而设置的，硬质支管上的竖管可用两脚支架固定，软质支管上的竖管则需用三脚支架固定。

三、附属设备

在喷灌管道系统中，除直管和管件外还有附属设备。附属设备可分为控制件和安全件。

1. 控制件

控制件的主要作用是根据灌溉需要来控制系统的流量和工作压力，常用的控制件有闸阀、球阀、喷灌专用阀等。

2. 安全件

安全件的主要作用是保护喷灌系统安全运行，防止出现事故的发生，常用的安全件有逆止阀、进排气阀和减压阀等。

（1）阀门。阀门是控制管道启闭和调节流量的附件。按其结构不同，可有闸阀、蝶阀、截止阀几种，采用螺纹或法兰连接，一般手动驱动。

给水栓是半固定喷灌和移动式喷灌系统的专用阀门，常用于连接固定管道和移动管道，控制水流的通断。

（2）逆止阀。逆止阀，也称止回阀。是一种根据阀门前后压力差而自动启闭的阀门，它使水流只能沿一个方向流动，当水流要反方向流动时则自动关闭。在管道式喷灌系统中常在水泵出口处安装逆止阀，以避免水泵突然停机时回水引起的水泵高速倒转。

（3）安全阀。安全阀用于减少管道内超过规定的压力值，它可以防护关闭水锤和充水水锤。喷灌系统常用的安全阀是 A49X—10 型开放式安全阀。

（4）空气阀。喷灌系统中的空气阀常为 KQ42X—10 型快速空气阀。它安装在系统的最高部位和管道隆起的顶部，可以在系统充水时将空气排出，并在管道内充满水后自动关闭。

（5）减压阀。减压阀的作用是管道系统中的水压力超过工作压力时，自动减低到所需压力。适用于喷灌系统的减压阀有薄膜式、弹簧薄膜式和波纹管式等。

任务三 喷灌质量控制参数

目标：（1）掌握喷灌强度制定。

（2）掌握喷灌均匀度。

（3）掌握喷灌雾化指标。

要点：（1）分析喷灌强度制定要求。

（2）掌握喷灌质量控制参数的确定。

喷灌系统运行时必须满足一定的技术要求，才能保证喷灌的质量。喷灌质量控制参数的指标有喷灌强度、喷灌均匀度以及喷灌雾化指标。进行喷灌时，要求雾化程度适中，喷洒均匀，喷灌强度适宜，以保证作物不受损伤，灌水量均匀，不破坏土壤结构。

一、喷灌强度

1. 设计喷灌强度

喷灌强度是指单位时间内喷洒在单位面积上的水量，或单位时间内喷洒在田面上的水深，一般用 mm/h 表示，喷灌强度可按式（3-2）计算：

$$\rho = K_W \frac{1000 q \eta_p}{A_{有效}} \tag{3-2}$$

式中 ρ——喷灌强度，mm/h；

K_W——风系数，取值方法见表 3-2；

q——喷头流量，m^3/h；

η_p——田间喷洒水利用系数，风速低于 3.4m/s 时，取 0.8～0.9，风速低于 3.4～5.4m/s 时，取 0.7～0.8；

$A_{有效}$——喷头有效控制面积，取值方法见表 3-3，m^2。

为了考虑风对喷灌强度的影响，引入了风系数，有风情况下，湿润面积也有所减小，因此导致喷灌强度加大。

表 3-2　　不同运行情况下的 K_W

运行情况		K_W
单喷头全圆喷洒		$1.15v^{0.314}$
单支管多喷头全圆喷洒	支管垂直于风向	$1.08v^{0.194}$
	支管平行于风向	$1.12v^{0.302}$
多支管多喷头同时喷洒		1.0

在单喷头全圆喷洒和单喷头扇形喷洒情况下，喷头有效控制面积分别为圆形和扇形，可根据圆面积和扇形面积公式计算，计算公式见表 3-3。

除了轻小型机组式喷灌系统可能采用单喷头喷洒方式外，一般都采用多个喷头同时喷洒，各喷头湿润面积有所重叠，因此多喷头同时喷洒时，喷头有效控制面积小于单喷头喷洒湿润面积，这时实际喷灌强度要大于单喷头单独喷洒时的喷灌强度。在这种情况下可以分单支管多喷头同时喷灌和多支管多喷头同时全圆喷洒两种情况计算喷头有效控制面积。单支管多喷头同时喷灌情况下喷头有效控制面积计算比较复杂，经推导后计算公式见表 3-3。多支管多喷头同时全圆喷洒时的喷头有效控制面积为支管上喷头间距与支管间距之积。

表 3-3　　不同运行情况下的喷头有效控制面积

运　行　情　况	有效控制面积 A
单喷头全圆喷洒	πR^2
单喷头扇形喷洒（扇形中心角为 α）	$\pi R^2 \frac{\alpha}{360^\circ}$
单支管多喷头同时全圆喷洒	$\frac{\pi R^2 [90^\circ - \arccos(a/2R)]}{360^\circ} + \frac{a\sqrt{4R^2-a^2}}{2}$
多支管多喷头同时全圆喷洒	ab

2. 允许喷灌强度

允许喷灌强度是在土壤含水量为田间持水量 60%～70%时，等于或略小于在一定喷水量（灌溉定额）所需喷洒历时末的土壤入渗速度的喷灌强度，是喷灌时允许地表在短历时内有少量洼积水但不致产生径流的最大喷灌强度。对于定喷式喷灌系统设计，喷灌设计强度不得大于土壤的允许喷灌强度，目的是为了保证喷洒到土壤表面上的水应能够及时渗入土壤中，而不致形成地面径流以保护土壤结构不被破坏。行喷式喷灌系统的设计喷灌强度可略大于土壤的允许喷灌强度。

不同类别土壤的允许喷灌强度可按表 3-4 确定。当地面坡度大于 5%时，允许喷灌强度应按表 3-5 进行折减。

表 3-4　　各类土壤的允许喷灌强度

土　壤　类　别	允许喷灌强度/(mm/h)
砂土	20
砂壤土	15
壤土	12
壤黏土	10
黏土	8

表 3-5　　坡地允许喷灌强度降低值

地面坡度/%	允许喷灌强度降低/%
5～8	20
9～12	40
13～20	60
>20	75

二、喷灌均匀度

喷灌均匀度是指喷灌面积上水量分布的均匀程度，它是衡量喷灌质量好坏的重要指标之一，喷灌水量分布越均匀，作物对灌溉水的吸收利用越充分。喷灌均匀度常用喷灌均匀系数表示，它与喷头结构、工作压力、喷头布置形式、喷头间距、喷头转速的均匀性、竖管的倾斜度、地面坡度和风速、风向等因素有关。不均匀系数需根据实测数据按式（3-3）进行计算：

$$C_u = 1 - \frac{\Delta h}{h} \tag{3-3}$$

式中　C_u——喷灌均匀系数；

h——各测点喷洒水深平均值，mm；

Δh——各测点喷洒水深平均离差，mm。

表 3-6　　喷头组合间距

设计风速/(m/s)	组合间距	
	垂直风向	平行风向
0.3～1.6	(1～1.1) R	1.3R
1.6～3.4	(0.8～1.0) R	(1.1～1.3) R
3.1～5.4	(0.6～0.8) R	(1～1.1) R

在设计风速下，定喷式喷灌系统喷灌均匀系数不应低于75%，行喷式喷灌系统不应低于85%。喷灌均匀度一般通过保证喷头工作压力、喷头的喷洒质量以及确定合理的喷头组合间距来实现。在喷灌系统设计中，一般只要按照规范规定的方法（表3-6）确定组合间距，一般即可满足均匀度要求。

喷头布置组合形式一般有矩形、正方形、等腰三角形和正三角形四种。采用等腰三角形和正三角形，可能导致田块边缘部分区域漏喷，因此在实际应用中，一般采用矩形或正方形布置形式。若有稳定风向且风向与支管垂直或平行，采用矩形布置；若风向多变或风向与支管成45°角，采用正方形布置，在这种情况下，支管上喷头间距和支管间距均采用垂直风向栏的数值。

三、喷灌雾化指标

喷灌雾化指标是表示喷洒水滴细小程度的技术指标。喷洒水流雾化不充分，其打击力度就大，会损伤作物，破坏土壤团粒结构，影响作物生长；喷洒水流雾化过度则会导致水流过细易被风吹走，蒸发损失严重，且耗能增大、射程减小。因此在喷灌系统规划设计中，初选喷头后，首先要进行雾化指标校核。

喷灌的雾化程度与喷头工作压力、喷嘴直径、喷嘴形状、喷洒水在喷射前的流态以及风速、风向等因素有关，通常用喷头进口处的工作压力值 P 与喷头主喷嘴直径 d 的比值作为喷灌雾化指标，即

$$W_h = \frac{100 h_p}{d} \tag{3-4}$$

式中　W_h——喷灌雾化指标；

h_p——喷头的工作压力，kPa；

d——喷头的喷嘴直径，mm。

W_h 值越大，表示雾化程度越高，水滴直径越小，打击强度也越小。对于主喷嘴为圆形且不带碎水装置的喷头，设计雾化指标见表3-7。

表 3-7　不同作物的适宜雾化指标

作物种类	W_h
蔬菜及花卉	4000～5000
粮食作物、经济作物及果树	3000～4000
牧草、饲料作物、草坪及绿化林木	2000～3000

任务四　管道式喷灌系统规划设计

目标：（1）掌握资料收集与分析方法。

（2）掌握管道系统总体布置。

（3）掌握灌溉制度的拟定。

（4）掌握水泵和动力设备选型。

（5）熟悉水锤压力计算。

要点：（1）分析规划设计资料。

（2）掌握灌溉制度、工作制度。

（3）掌握水泵、动力设备选型。

一、规划设计资料收集

进行喷灌工程的规划设计，需要有灌区的地形条件、作物资料、气象资料、土壤资料、水源资料、电力设施情况和社会经济条件等方面的基本资料。这些基本资料是规划设计的基础。只有基本资料可靠的、符合实际，才有可能做出正确的、合理的规划设计。因此，在进行喷灌工程的规划设计之前，必须通过认真的勘测，搜集这些资料。

（1）地形资料。地形图除了能反映灌区地形、地貌和地面坡度外，还应标明行政区划、灌区范围、作物种植布局以及现有水利设施等。这些基本情况是进行喷灌系统布置、系统总扬程计算及管道设计所必需的。

（2）作物资料。必须了解灌区内各种作物的种植比例、种植行向、生育阶段划分、需水临界期及其需水强度等。

（3）气象资料。包括气温、降水量、蒸发量、湿度、风向、风速、日照时数等气象资料，作为计算作物需水量和制定灌溉制度的依据。由于喷灌的水量分布受风的影响大，因此必须掌握灌溉季节的主风向、最大、最小和常见风速等资料，以便根据风向和风速，合理地选择和布置喷头、喷头组合、管道布置以及估计喷灌系统有效工作时间。

（4）土壤资料。一般应了解土壤质地、容重、土壤水分常数、土壤允许入渗速度、冻土层深度土壤温度、地形坡度和盐分含量等，以便用来确定作物的灌溉制度和选择喷头。

（5）水源资料。主要了解灌区附近可利用水源的可供水量与水质情况，具体包括河流、水库、塘堰、井泉的历年水量、水位以及水温和水质（含盐量、含沙量和污染情况）等。当同一水源向几个用水部门供水时，应调查了解各用水部门的用水情况，以确定水源对喷灌系统的供水能力。

(6) 电力设施情况。了解灌区电力供应情况和可取得电源的最近地点，以便规划设计时进行动力设备选择。为了估算工程投资与进行经济比较，也应了解设备、材料的供应情况与价格、电费与柴油价格等。

(7) 社会经济条件。了解灌区的行政区划、人口、劳力数量、人均收入、交通情况，特别是在市（县）、镇的近郊建立喷灌工程时，必须了解该市（县）、镇的建设规划，不应把喷灌工程规划在城镇建设近期发展区域内。

二、管道系统总体布置

1. 布置原则

管道系统应根据喷灌区地形、水源位置、耕作方向及主要风向和风速等条件提出几套布置方案，经技术经济比较后选定。管道系统的布置一般应遵循以下原则：

(1) 应符合喷灌工程规划的要求。

(2) 喷洒支管应尽量与耕作和作物种植方向一致。对于固定式喷灌系统，这样可以便于管道施工，并能减少竖管对机耕的影响；对于半固定式喷灌系统而言，这样便于支管拆装，减少移动支管时践踏作物，也便于田间耕作管理。

(3) 喷洒支管最好平行等高线布置，如果条件限制，至少也应尽量避免逆坡布置。采用这种布置方式有利于控制支管的水头损失，从而使支管上各喷头出水流量比较均匀。

(4) 在风向比较稳定的喷灌区，支管最好垂直于主风向布置，应尽量避免平行主风向布置。这样虽然需要适当减小支管上喷头间距，以补偿因风力造成的喷头横向射程的缩短，但是可增大支管间距，减少支管用量，总体上较为经济。在与上一原则有矛盾时，一般应优先满足上条原则。

(5) 喷洒支管与上一级管道的连接，应尽量平行或垂直连接，支管铺设应力求平顺减少折点。支管长度尽量一致，规格统一，以利于设计、施工和运行管理。

2. 管道布置的影响因素

由于影响管道布置的因素多，在许多实际规划设计灌区中，上述各条原则之间会出现矛盾。为此，应根据灌区的具体条件，分析影响管道系统布置的因素，通过技术、经济比选，确定灌区最优布置方案。影响管道布置的因素主要有下列5个：

(1) 地形条件。在地形起伏不平坦的灌区，支管平行等高线成水平铺设，便于支管、竖管和喷头施工。在地形起伏不定的地方，支管无法平行等高线布置时，应将配水干管或分干管布置在高处，使支管沿高处往低处布置。若不得使用上坡支管时，应使上坡支管尽量短。

(2) 地块形状。当灌区地块较大时，应对地块进行分区，分区时应使小地块形状尽量规整，以便于管道布置。支管在地块内的走向尽量一致，干管应尽量布置在分区边界。如果地块有坡度，则应将配水管道布置于高处。

(3) 耕作与种植方向。有些处于缓坡地带的灌区，其作物种植方向沿顺坡而下，此时若将支管平行等高线布置将会使耕作对系统产生较大干扰，此时可将配水干管沿等高线布置，支管顺坡布置。

（4）水源位置。当水源或地块位置可以选择时，将水源置于地块中央，这样可以节省干管，降低投资。当水源虽有选择余地但不能选在地块中央时，应先布置田间管网，然后再布置配水干管或者分干管，最后根据地形、地质条件布置输水干管。

（5）风向和风速。如果灌区内风速很小，则支管的布置可不考虑风向；如果风速达到或超过 2m/s，且存在主风向时，支管最好垂直主风向布置。

3. 管道布置的结构要求

（1）固定管道一般应埋设在地下，以减少占地和有利于耕作，埋深应大于最大耕作深度。在有冰冻期的地方，其埋设深度还应大于最大冻土层，以防管道被损坏。

（2）固定管道的坡度依地形、土质和管径而定。一般管径大、土质差时管坡应缓；反之可陡一些。从土壤稳定性和便于施工考虑，管坡不宜大于 1∶1。

（3）对于管径 D 较大且有一定坡度的管道或者位于转弯处的管道，为防止发生位移，应设置镇墩。在管道过长或基础较差时，应布置支墩。

（4）管道随地形变化而有起伏时，应在管道的最高处设置进排气阀，在管道的最低处应安装泄水阀，以便入冬前或维修时排空管内存水。

（5）在干、支管的首端应安装闸阀，必要时也可安装压力表，以便调节管道流量和压力，保证各处喷头在额定工作压力下运行。

（6）对于固定管道，为避免因温度变形和不均匀沉陷而造成损坏，一般应设置一定的柔性接头。

（7）竖管高度视作物高度而定，以植株不阻碍喷头喷洒为最低限度，一般比地面高 0.5～2m。

三、喷头选型与组合间距的确定

1. 喷头的选型

喷头的选择包括喷嘴直径、工作压力、喷头流量和射程的选择。选择喷头主要根据作物种类、土壤性质和当地设备供应情况而定，同时还要考虑喷洒方式对喷头的要求。一般大田作物宜选择中压喷头，部分蔬菜及其他幼嫩作物宜选择低压喷头。对黏性土壤要选用喷灌强度较小的喷头，砂性土壤可选用喷灌强度较大的喷头。在喷头选定之后，应对喷灌雾化指标进行校核，若其结果不在作物适宜的雾化指标范围内，则应调整性能参数，或改选其他喷头。

2. 喷头组合形式与组合间距的确定

喷头的组合形式也称布置形式，一般用相邻 4 个喷头平面位置组成的图形表示。喷头的基本布置形式有正方形、正三角形、矩形、等腰三角形等四种组合，见表 3-8。在确定喷头型号后，可以根据喷灌质量控制参数反推计算喷头组合间距。计算得到组合间距值后，还应作必要的调整，适应管道的长度规格。

在喷头选型、确定喷头组合形式和组合间距过程中，喷灌的雾化指标和均匀度已经满足要求，但还应校核设计喷灌强度是否满足要求。根据喷灌不同的作业方式，确定喷头有效控制面积，并利用式（3-2）计算喷灌强度，再根据土质类型及坡度，确定允许喷灌强度。若喷灌强度大于土壤允许喷灌强度，则应调整喷头性能参数或改选喷头，重新确定喷头组合间距，直到喷灌强度满足为止。

表 3-8　　**喷头的布置形式**

名称	喷头组合图	喷洒方式	喷头间距（L），支管间距（b）与喷头射程（R）的关系	有效控制面积（S）	适　用
正方形	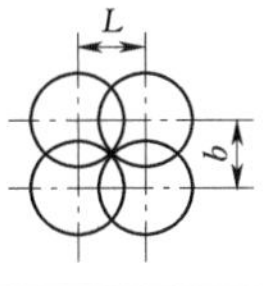	全圆	$L=b=1.42R$	$S=2R^2$	在风向改变频繁的地方效果较好
正三角形	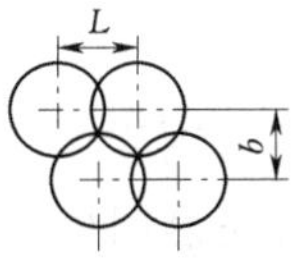	全圆	$L=1.73R$ $b=1.5R$	$S=2.6R^2$	在无风情况下喷灌均匀度最好
矩形	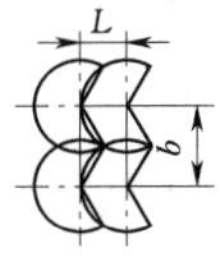	扇形	$L=R$ $b=1.73R$	$S=1.73R^2$	较前两种节省管材
等腰三角形	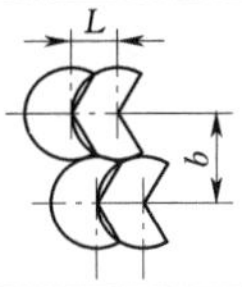	扇形	$L=R$ $b=1.87R$	$S=1.865R^2$	同上

四、灌溉制度的拟定

喷灌灌溉制度主要包括灌水定额、灌水周期和灌溉定额。

1. 设计灌水定额

设计灌水定额是指作物生育期内最大净灌水定额，可按式（3-5）计算：

$$m=1000\gamma h(\beta_1-\beta_2) \tag{3-5}$$

式中　m——设计净灌水定额，mm；

h——土壤计划湿润层深度（一般大田作物取 0.4～0.5m，蔬菜 0.2～0.3m，果树取 0.6～0.8m），m；

β_1——适宜土壤含水率上限（水占土壤重量百分比），可取（0.90～0.95）$\beta_{田}$；

β_2——适宜土壤含水率下限（水占土壤重量百分比），可取（0.65～0.70）$\beta_{田}$；

γ——土壤干密度，t/m³。

2. 设计灌水周期

设计灌水周期是指两次喷灌之间的最短间隔天数，用式（3-6）计算：

$$T=\frac{m}{E} \tag{3-6}$$

式中　T——设计灌水周期，计算值取整，d；

E——作物日蒸腾蒸发量，取设计代表年灌水高峰期平均值，mm/d。

生产实践中，大田作物的喷灌周期常用 5～10d，蔬菜 2～3d。在喷灌系统规划设计中，也可根据经验或灌水要求，先确定灌水周期，然后再根据灌水周期和日蒸腾蒸发量计算灌水定额。

3. 灌溉定额

灌溉定额按式（3－7）计算：

$$M=\sum_{i=1}^{n}m_i \tag{3-7}$$

式中 M——作物全生育期的灌溉定额，mm；

m_i——第 i 次灌水定额，mm；

n——全生育期灌水次数。

五、喷灌工作制度的拟定

在灌水周期内，为保证作物适时适量的获得所需要的水分，必须制定一个合理的喷灌工作制度。灌溉工作制度包括设计日喷灌时间、喷头在工作点上的喷洒时间、每日可喷洒的工作位置轮换次数、同时工作的喷头数以及轮灌方案。

1. 设计日喷灌时间

设计日喷灌时间是指系统要在轮灌周期内完成控制面积上的全部灌溉每天所需要的最少工作时间，可按式（3－8）计算：

$$t_d=\frac{mS}{1000QT\eta}$$

$$t_d=\frac{m_0A}{QT\eta} \tag{3-8}$$

式中 S——系统控制面积，m^3；

Q——系统流量，m^3/h；

T——设计灌水周期，d；

η——喷洒水利用系数；

m_0——设计灌水定额，m^3/hm^2；

A——系统控制面积，hm^2。

设计日喷灌时间可根据喷灌工程设计规范要求和实际条件进行选择，一般不小于12～16h，可参考表3－9取值。

表3－9 设计日灌水时间 单位：h

喷灌系统类型	固定管道式			半固定管道式	移动管道式
	农作物	园林	运动场		
设计日灌水时间	12～20	6～12	1～4	12～18	12～16

2. 喷头在工作点上的喷洒时间

喷头在工作点上喷洒的时间是指为了达到既定的灌水定额，喷头在每个工作点上所需要喷洒的时间。它与灌水定额、喷头参数和组合间距有关，可按式（3－9）计算：

$$t=\frac{mab}{1000q\eta} \tag{3-9}$$

式中 t——喷头在工作点上喷洒的时间，h；

a——支管上的喷头间距，m；

b——支管间距，m；

q——喷头设计流量，m^3/h；

η——喷洒水利用系数。

3. 每日可喷洒的工作位置轮换数

每日可喷洒的工作位置轮换数即一天轮灌组数，按式（3-10）计算：

$$n=\frac{t_d}{t} \tag{3-10}$$

式中　n——每日可喷洒的工作位置轮换数；

t_d——设计日喷灌作业时间，可参考表3-9取值，h；

t——喷头在工作点上喷洒的时间，h。如果拆装、移动和启闭支管占用喷灌的作业时间，则应在工作点喷洒时间上加上这段时间。

4. 同时工作的喷头数

同时工作的喷头数由式（3-11）确定：

$$n_p=\frac{N}{nT} \tag{3-11}$$

式中　n_p——每次同时工作的喷头数；

n——每日可喷洒的工作位置轮换数；

N——喷灌区喷头总数；

T——设计灌水周期，d。

5. 同时工作的支管数

可按式（3-12）计算：

$$n_z=\frac{n_p}{n_{zp}} \tag{3-12}$$

式中　n_z——同时工作的支管数；

n_p——每次同时工作的喷头数；

n_{zp}——每条支管上的喷头数。

如果计算出来的 n_z 不是整数，则应考虑减少同时工作的喷头数或适当调整支管的长度。

6. 确定轮灌分组及支管轮灌方案

为提高管道的利用率，节省设备投资，多采用有序轮灌的工作制度，确定轮灌方案时应考虑以下要点：

（1）轮灌的编组应该有一定规律，可操作性强，方便运行管理。

（2）各轮灌组的工作喷头总数应尽量接近，从而使系统的流量保持在较小的变动范围之内。

（3）轮灌编组时，应使地势较高或路程较远的组别喷头数略少，地势较低或路程较近的组别喷头略多，以利于加压水泵始终工作在高效区。

（4）制定轮灌顺序时，应将流量分散到各配水管道，避免流量集中于某一条干管配

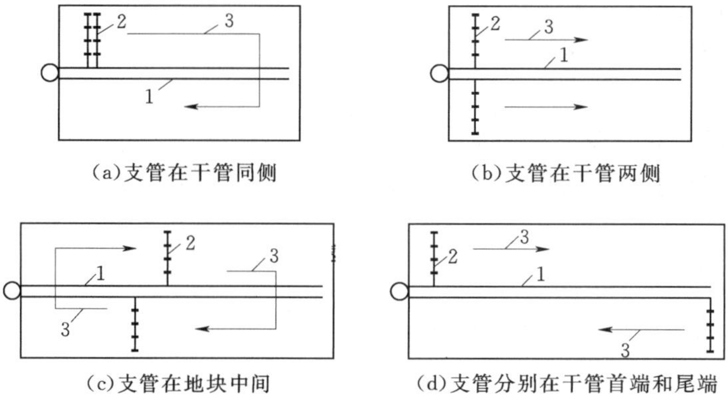

图 3-7 两根支管同时工作时的轮灌方式
1—干管；2—支管；3—移动方向

水，以提高管道设备的利用率。如系统需要两根支管同时工作，支管的轮灌方式（对半固定喷灌系统也为支管的移动方式）有 4 种方案：①两根支管在干管的同一侧，从地块的一端同时依次向前移动，如图 3-7（a）所示；②两根支管在干管的两侧，从地块的一端同时向前移动，如图 3-7（b）所示；③两根支管由地块中间向两端交叉移动，如图 3-7（c）所示；④两根支管从干管首、尾两端反向移动，如图 3-7（d）所示。前两种方式，干管全部长度上均要通过两根支管的流量，干管管径不变，不经济，后两种方案只有前半段干管通过全部流量，而后半段干管只需要通过一根支管的流量，这样后半段干管的可取较小管径，因此尽量选择后两种轮灌方案。

轮灌方案确定好后，干、支管的设计流量即可确定。支管设计流量为支管上各喷头的设计流量之和，干管设计流量依支管的轮灌方式而定。

六、管道设计

管道系统设计主要包括管材选择、管径确定、管道纵断面设计。管道系统设计主要包括各级管道的管材选择与管径的确定。竖管一般采用镀锌钢管，根据喷头流量大小及竖管高度等因素，选用 *DN*25 或 *DN*32 管径。下面主要讨论支管和干管的管材选择与管径的确定。

1. 管材的选择

可用于喷灌的干、支管材种类很多，按材料性质可以分为金属管、硬脆性管和塑料管 3 类。管材的选择应该根据喷灌区的具体情况，如地质、地形、气候、运输、供应以及使用环境和工作压力等条件，结合各种管材的特性及适用条件进行选择。对于地埋固定管道，可选用硬塑管、钢筋混凝土管或钢丝网水泥管等。用于喷灌地埋管道的塑料管，一般选用硬聚氯乙烯管（PVC—U 管）。对于口径 150mm 以上的地埋管道，硬聚氯乙烯管在性能价格比上的优势下降，应通过技术经济分析选择合适的管材。对于地面移动管道，则应优先采用带有快速接头的薄壁铝合金管。塑料管经常暴露在阳光下使用，易老化，缩短使用寿命，因此，地面移动管最好不宜采用塑料管。

2. 干管管径的确定

干管管径通常是在满足下一级管道流量和压力的前提下按综合年费用最小的原则选

择。随着管径的增大，管道的投资将随之增高，其折算年值也相应增加，而管道的年运行费随之降低（图 3－8）。管道的综合年费用为投资的折算年值和年运行费之和，且必定存在一个最小值，该最小值所对应的管径即经济管径。干管管径一般应采用经济管径，即根据最小费用法确定管径。图 3－8 就是用最小年费法确定经济管径的原理示意图。在实际应用当中，经济管径一般根据经济流速或经验公式确定。

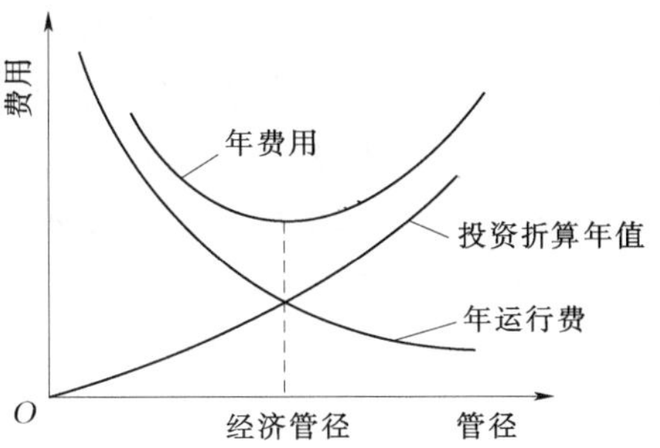

图 3－8　最小年费用法原理示意图

（1）根据经济流速确定干管管径。根据 $A_{经}=\frac{Q}{v_{经}}$ 和 $A_{经}=\frac{\pi D_{经}^2}{4}$ 可以得到

$$D_{经}=18.8\sqrt{\frac{Q}{v_{经}}} \qquad (3-13)$$

式中　$A_{经}$——经济断面，mm^2；

$D_{经}$——经济管径，mm；

Q——管道设计流量，m^3/h；

$v_{经}$——管道经济流速，一般塑料管经济流速为 1.0～1.8m/s，混凝土管经济流速为 0.5～1.5m/s。

（2）根据经验公式确定干管经济管径。

$$Q<120m^3/h 时, D_{经}=13\sqrt{Q} \qquad (3-14)$$

$$Q\geqslant 120m^3/h 时, D_{经}=11.5\sqrt{Q} \qquad (3-15)$$

式中　$D_{经}$——管道管径，mm；

Q——管道设计流量，m^3/h。

一般情况下，应根据经济流速来确定干管管径，对于规模不算太大的喷灌工程，常用经验公式估算管道的管径。但喷灌工程，系统年工作小时数少，而投资又比较大，这时在喷灌所需压力能得到满足的情况下，选用较小的管径是经济的。但为了保证管道的安全，钢管流速应控制在 2.5m/s 以下，塑料管流速应控制在 1.8m/s 以下。

3. 支管管径的确定

确定支管管径时，一般要求同一支管上各喷头实际喷水量的相对偏差不大于 10%。设支管上出水流量最大的喷头的流量为 q_{max}，出水流量最小的喷头流量为 q_{min}，相应的工作压力分别为 h_{max} 和 h_{min}，根据孔口出流公式有口 $q_{max}/q_{min}=\sqrt{h_{max}}/\sqrt{h_{min}}$，若 $q_{max}/q_{min}=1.1$，则有 $h_{max}/h_{min}=1.21$。因此，为设计方便，实际计算时一般根据同一支管上任意两个喷头的工作压力差不大于喷头设计工作压力的 20% 的要求确定管径。显然若支管沿线地面平坦，一般首末两端喷头间的工作压力差最大。若支管铺设在地形起伏的地面上，则其最大的工作压力差并不一定是首末喷头工作压力之差。考虑地形高差 ΔZ 时，上述规定可表示为

$$h_w+\Delta Z\leqslant 0.2h_p \qquad (3-16)$$

式中　h_w——同一支管上任意两个喷头间支管段水头损失，m；

ΔZ——与 h_w 对应的两喷头的进水口高程差，m。顺坡铺设支管时，ΔZ 的值为负，逆坡铺设支管时，ΔZ 的值为正；

h_p——喷头设计工作压力，m。

从式（3－16）可看出：逆坡铺设支管时，h_w 允许的值较小，即选用的支管管径应比在平地上大些；顺坡铺设支管时，因 ΔZ 的本身为负值，其实际允许的 h_w 的值要比 $0.2h_p$。大一些，因此选用的支管管径要比平地上小一些。为此，支管一般应顺坡布置，避免逆坡布置。

同一支管上任意两个喷头间支管段水头损失 h_w，即为这两个喷头间支管段的沿程水头损失 h_f 和局部水头损失 h_j 之和。沿程水头损失应按式（3－17）计算：

$$h_f = f\frac{LQ^m}{d^b} \tag{3-17}$$

式中　h_f——沿程水头损失，m；

f——摩阻系数；

L——管道长度，m；

Q——流量，m^3/h；

d——管内径，mm；

m——流量指数；

b——管径指数。

各种管材的 f、m 和 b 可按表 3－10 取值。

表 3－10　　　　f、m、b 取值表

管道种类		f	m	b
混凝土及钢筋混凝土管	$n=0.013$	1.312×10^6	2	5.33
	$n=0.014$	1.312×10^6	2	5.33
	$n=0.015$	1.312×10^6	2	5.33
旧钢管、旧铸铁管		1.312×10^5	2.9	5.1
石棉水泥管		1.312×10^5	1.85	4.89
硬塑料管		1.312×10^5	1.77	4.77
铝质管及铝合金管		1.312×10^5	1.74	4.74

在喷灌系统中，沿支管安装有许多喷头，使支管的流量自上而下逐渐减小。因此，计算沿程水头损失应分段计算。但为简化计算，常以进口最大流量计算沿程水头损失，然后乘以多口系数进行修正，便得多口管道实际沿程水头损失，即

$$h_f' = h_f F \tag{3-18}$$

$$F = \frac{N\left(\frac{1}{m+1}+\frac{1}{2N}+\frac{\sqrt{m-1}}{6N^2}\right)-1+X}{N-1+X} \tag{3-19}$$

式中　h_f'——多口出流支管沿程水头损失，m；

F——多口系数；

N——喷头数（孔口数）；

X——多口出流支管首孔位置系数，即自该段支管入口至第一个喷头的距离与喷头间距之比；

其他符号意义同前。

不同管材其多口系数不同，表 3－11 列出了常用管材的多口系数值。

表 3－11　　多口系数 *F* 值

N	m=1.74		m=1.77		m=1.9		m=2	
	X=1	X=0.5	X=1	X=0.5	X=1	X=0.5	X=1	X=0.5
2～3	0.600	0.496	0.596	0.492	0.582	0.474	0.572	0.461
4～5	0.485	0.420	0.481	0.416	0.466	0.398	0.455	0.386
6～7	0.446	0.399	0.442	0.395	0.426	0.378	0.415	0.366
8～11	0.420	0.388	0.416	0.383	0.400	0.366	0.389	0.354
12～20	0.397	0.378	0.394	0.374	0.378	0.357	0.366	0.345

管道局部水头损失按式（3－20）计算：

$$h_j=\xi\frac{v^2}{2g} \tag{3-20}$$

式中　h_j——局部水头损失，m；

ξ——局部阻力系数，可根据表 3－12 选定；

v——管道流速，m/s；

g——重力加速度，为 9.81m/s²。

表 3－12　　喷灌常用管件局部水头损失系数表

	突缩	渐扩	渐缩	偏心渐缩	90°弯头
管件形式	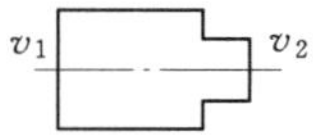		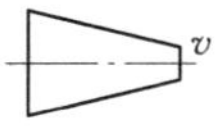	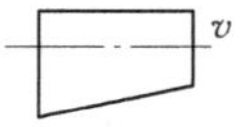	
损失系数	0.1～0.4	0.1	0.2	0.18	0.2～0.3 （焊接件加 50%）
	闭三通	全折流三通	直流分支三通	分流三通	导径三通＋突缩
管件形式	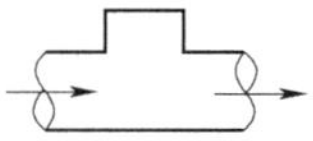	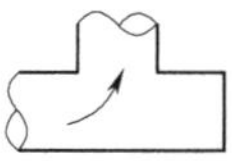	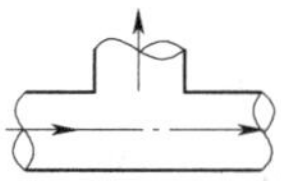	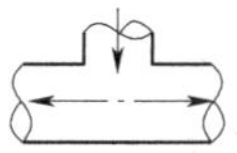	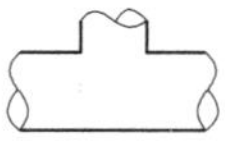
损失系数	0.1	1.5	0.1～1.5	1.5	等径三通＋突缩
	闸阀全开	水泵进口	滤网	逆止阀	四通
管件形式	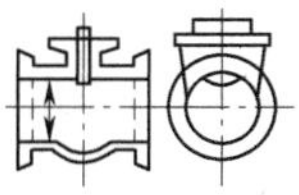			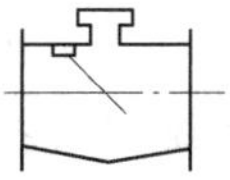	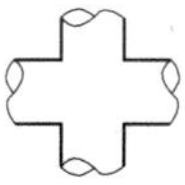
损失系数	d/mm: 80, 100, 150, 200～250 ξ: 0.4, 0.2, 0.1, 0.08	1.0	2～3	1.7	相当于两个三通

管道局部水头损失也可按沿程损失的10%～15%估算。若取管道局部水头损失为沿程损失的15%，则式（3-16）可表示为

$$1.15f\frac{LQ^m}{d^b}F+\Delta Z\leqslant 0.2h_p$$

由上式可解得

$$d\geqslant\sqrt[b]{\frac{1.15fLQ^mF}{0.2h_p-\Delta Z}} \tag{3-21}$$

由式（3-21）可得支管最小管径，再根据管径规格，确定支管实际采用的管径。

4. 管道纵断面设计

管道纵断面设计应在喷灌系统平面布置图绘制后进行，管道纵断面的主要内容是确定各级管道在立面上的位置以及各管道附件的位置。规划设计汇总应使管道在立面上尽量保持顺直，在管道沿线地面起伏较大时，可采用平坡或缓坡过渡管道的大起大伏。在管道隆起的部位应设置进、排气阀，低谷的部位则要设置泄水阀。在较大系统的首部和上坡管道的坡脚处，应设置安全阀。

对于地埋管道的坡度，设计时应考虑地形条件、土质好坏和管径大小。通常管道坡度不得超过1∶1，通常控制在1∶1.5～1∶3以下。地埋管道的埋深根据当地的气象条件、地面荷载和机耕要求而确定。一般地块中的地埋管道在最大耕深以下，公路下的管道埋深为0.7～1.2m，机耕道下的管道埋深为0.6～0.9m。若灌区存在冰冻期，管道埋深还必须在最小冻土层深度以下，如果管道采用浅埋或者露天方式，应采取可靠的防冻措施。

管道纵断面设计后应绘出管道纵断面图，管道纵断面图包括干管、分干管和支管的纵断面图，若支管过多，可选取少量有代表性支管绘出其纵断面。纵断面图应绘出地面线、管底高程线，并标出三通、四通、阀门、镇墩、进排气阀、安全阀等管道附件的位置。

七、水泵和动力设备选型

选择水泵和动力，首先要确定喷灌系统的设计流量和扬程。喷灌系统设计流量应为全部同时工作的喷头流量之和，即

$$Q=n_pq/\eta_G \tag{3-22}$$

式中 Q——喷灌系统设计流量，m^3/h；

η_G——管道系统水利用系数，一般取0.95～0.98；

其余符号意义同前。

选择最不利轮灌组及其最不利喷头，并以该最不利喷头为典型喷头。自典型喷头推算系统的设计扬程：

$$H=h_p+h_s+\sum h_f+\sum h_j+Z_d-Z_0 \tag{3-23}$$

式中 H——喷灌系统设计扬程，m；

h_p——典型喷头的工作压力，m；

h_s——典型喷头竖管高，m；

$\sum h_f$——水泵进水管到典型喷头进口处之间管道的沿程水头损失之和，m；

$\sum h_j$——水泵进水管到典型喷头进口处之间管道的局部水头损失之和，m；

Z_d——典型喷头处地面高程，m；

Z_0——水源水位。

确定了喷灌系统的设计流量和设计扬程，即可选择水泵，再根据水泵的配套功率选配动力设备。电动机运行管理比较方便，应尽量采用电动机，但在电源供应不足的地区，可考虑采用柴油机。

八、水锤压力计算

有压管道中，由于流速急剧变化而引起管道中水流压力急剧升高或降低的现象，称为水锤或水击。通常水泵有启动水锤、关闭阀门产出的水锤和停泵产生的水锤，其中后两种水锤危害较大。防止关闭阀门产生的水锤的措施是缓慢关闭阀门；防止停泵产生水锤的措施是在水泵出水管取消逆止阀。下面主要介绍为防止水关阀水锤需要控制的关阀时间。

均质管水锤波传播速度按式（3-24）计算：

$$a_w=\frac{1425}{\sqrt{1+\frac{KD}{Ee}}} \tag{3-24}$$

式中　a_w——水锤波传播速度，m/s；

K——水的体积弹性模数，GPa，常温时为2.025GPa；

E——管材的纵向弹性模量，GPa，各种管材的纵向弹性模量见表3-13；

D——管径，m；

e——管壁厚度，m。

表3-13　各种管材的纵向弹性模量

管材	PVC管	PE管	铝管	钢筋混凝土管	钢管	球墨铸铁管	铸铁管
E/GPa	2.8～3	1.4～2	69.58	20.58	206	151	108

水锤波在管路中往返一次所需的时间称为一个相长。水锤相长按式（3-25）计算：

$$\mu=\frac{2L}{a_w} \tag{3-25}$$

式中　μ——水锤相长，s；

L——管长，m。

当阀开关闭时间不大于一个水锤相长时，所产生的水锤为直接水锤，否则为间接水锤。间接水锤产生的水锤压力要比直接水锤产生的水锤压力小得多，不会造成严重危害，为此一般应将关阀时间应大于一个水锤相长。

在理论上，闸阀关闭时间越长，水锤压力越小，关闭时间为穷大时，水锤压力降为0，但是为了管理方便及安全起见，在设计时也应保证管道有足够的抗压等级。一般管道的压力等级应比管道设计工作压力高一个等级，例如在选择PVC—U管道时，管道工作压力为0.4MPa左右时，应选公称压力为0.63MPa管道，工作压力为0.63MPa左右时，应选公称压力为0.8MPa的管道。另外，为防止水锤对管道造成破坏，流速尽量不要超过允许流速。以塑料管为例，设计流速一般不要大于1.8m/s。

任务五 喷灌工程施工组织及安装

目标：（1）掌握施工要求及准备。

（2）掌握工程施工与安装。

要点：（1）分析喷灌工程施工组织要求及准备工作。

（2）掌握喷灌工程施工与安装的过程。

一、施工安装要求及准备

1. 施工要求

（1）深入现场，了解施工区情况，分析工作条件，编写施工计划。

（2）施工必须按批准的设计进行，需修改设计或变更工程材料时，应提前与设计单位协商研究，并经上级主管部门审批后实施。

（3）施工涉及工种较多，须加强协作，按工序有计划施工。

（4）全面了解专用设备结构特点及用途，严格按照技术要求安装。

（5）保证质量，按期完工。

2. 施工准备

（1）全面熟悉喷灌工程的设计文件。

（2）编制施工计划，包括施工人员组织、施工顺序、编制用工计划、编制材料、设备供应计划、明确进度、质量和安全措施。

（3）核查设备器材。

（4）施工与安装工具的准备。

二、工程施工与安装

1. 施工放线与土石方开挖

（1）施工放线。根据设计图纸标定的工程部位，按照由整体到局部、先控制后细部的原则放线。较大工程系统现场应设置施工测量控制网，并应保留到施工完毕。标定机组与设备安装位置，管线70m设计标桩，在分水、转弯、变位处加桩号。

（2）首部枢纽基础开挖。根据放线标桩、设计高程开挖土石方。

（3）管槽开挖。依照放线中心和设计槽底高程开挖，开挖槽口宽应大于40cm，挖深上管线应低于常用农机耕作极限值深度。

地形有较大变化处，如管材弯曲弯转时，管沟应尽可能平滑过渡，做到弯曲顺畅。

沟底有不易清除的块石等坚硬物体或地基为岩石，半岩石或砾石时，应铲除至设计标高以下0.15～0.2m，然后铺上砂土整平。

2. 首部枢纽的安装

由于泵房实际空间与设计安装结构不同，故在具体确定各部件所放位置后，再进行整体安装。

3. 管道安装、镇墩与阀门井施工

（1）管道安装。管道黏结连接应遵守下列规则：

1）黏结作业必须在无风沙条件下进行。

2）检查管材、管件质量，并准备如下工具：锯或切割机，锉，笔，尺，棉纱或干布，毛刷，润滑剂，拉紧器，塞尺。

3）黏结连接的管道，在施工中被切断时，需将插口处倒角。切断管材时，应保证断口平整且垂直管轴线。倒完角后，应将残屑清除干净。

4）管材或管件在黏结前，用棉纱或干布将承口内侧和插口外侧擦拭干净，使被黏结面保持清洁，无尘沙和水迹。当表面粘有油污时，需用棉纱蘸丙酮等清洁剂擦净。

5）工作暂停或休息时，一切管口均需用盖遮牢，以防不洁之物进入管内。水管装接完后尚未试压前，应将管身部分先行覆土以求保护。

（2）镇墩施工。

1）各级管道端点、弯头、三通及管道截面变化处均应设置混凝土镇墩，管道平面弯曲其角度大于10°的拐点两端2m以内应做混凝土镇墩；管道垂直弯曲角度大于5°的拐点两端5m以内及坡长大于30m的管道中点均应设置混凝土镇墩。

2）各镇墩处应夯实地基，特别是在斜坡外地基应可靠，以免镇墩下沉给管道产生附加重力而破坏管道。

3）各镇墩受力面不应小于900cm²，镇墩四周的土层必须加以夯实。

4）排气阀、放水阀等处必须做可卸式固定。

任务六 运 行 管 理

目标：（1）掌握喷灌系统的运行管理基本规定。

（2）掌握各分部项目的运行管理。

要点：熟悉喷灌系统运行管理的各项规定。

一、一般规定

（1）喷灌工程必须对每种设备按产品说明书规定和设计条件分别编制正确的操作规程和运行要求。

（2）喷灌工程应按设计工作压力要求运行。

（3）喷灌工程应在设计风速范围内作业。

（4）应认真做好运行记录，内容应包括：设备运行时间、系统工作压力和流量、能源消耗、故障排除、收费、值班人员及其他情况。

二、动力机的运行管理

（1）电动机启动前应进行检查，并应符合下列要求：

1）电气接线正确，仪表显示正位。

2）转子转动灵活，无摩擦声和其他杂音。

3）电源电压正常。

（2）电动机应空载（或轻载）启动，待电流表示值开始回降方可投入运行。

（3）电动机正常工作电流不应超过额定电流；如遇电动机温度骤升或其他异常情况，应立即停机排除故障。

（4）电动机外壳应接地良好。配电盘配线和室内线路应保持良好绝缘。电缆线的芯线不得裸露。

(5) 电动机运行除应符合本规程规定外，还应执行 DL 499—92《农村低压电力技术规程》的有关规定。

(6) 柴油机启动前应进行检查，并应符合下列要求：

1) 零部件完整，联结紧固。

2) 机油油位适中，冷却水和柴油充足，水路、油路畅通。

3) 用辅机启动的柴油机，辅机工作可靠。

(7) 柴油机的用油应符合要求，严禁使用未经过滤的机油和柴油。

(8) 柴油机经多次操作不能启动或启动后工作不正常，必须排除故障后再行启动。

(9) 对于水冷式柴油机，启动后应怠速预热，然后缓慢增加转速，宜在冷却水温度达到 60℃以上、机油温度达到 45℃时满负荷运转。

(10) 柴油机运转中，仪表显示应稳定在规定范围内，无杂音，不冒黑烟。

(11) 严禁取下柴油机空气滤清器启动和运行，严禁在超负荷情况下长时间运转。

(12) 柴油机事故停车时，除应查明事故原因和排除故障外，还应全面检查各零部件及其联结情况，待确认无损坏、联结紧固时，方可按柴油机启动步骤重新启动。

(13) 柴油机正常停车时，应先去掉负荷，并逐渐降低转速。对于水冷式柴油机，宜在水温下降到 70℃以下停车。当环境温度低于 5℃，停车后水温降低到 30～40℃时方可放净冷却水。

(14) 柴油机应定期检查调速器。若发生飞车，可松开减压拉杆或高压油管接头，或堵死空气滤清器，强行停车。

三、水泵的运行管理

(1) 水泵启动前应进行检查，并应符合下列要求：

1) 水泵各紧固件无松动。

2) 泵轴转动灵活，无杂音。

3) 填料压盖或机械密封弹簧的松紧度适宜。

4) 采用机油润滑的水泵，油质洁净，油位适中。

5) 采用真空泵充水的水泵，真空管道上的闸阀处于开启位置。

6) 水泵吸水管进口和长轴深井泵、潜水电泵进水节的淹没深和悬空高达到规定要求。

(2) 潜水电泵严禁用电缆吊装入水。

(3) 自吸离心泵第一次启动前，泵体内应注入循环水，水位应保持在叶轮轴心线以上。若启动 3min 不出水，必须停机检查。

(4) 长轴深井泵启动前，应注入适量的预润水，对用于静水位超过 50m 的长轴深井泵，应连续注入预润水，直至深井泵正常出水。相邻两次启动的时间间隔不得少于 5min。

(5) 离心泵应关阀启动，待转速达到额定值并稳定时，再缓慢开启闸阀。停机时应先缓慢关阀。

(6) 水泵在运行中，各种仪表读数应在规定范围内。填料处的滴水宜调整在 10～30 滴/min。轴承部位温度宜在 20～40℃，最高不得超过 75℃。运行中如出现较大振动或异常现象，必须停机检查。

四、调压罐的运行管理

（1）调压罐运行前应进行检查，并应符合下列要求：

1）传感器、电接点压力表等自控仪器完好，线路正常，压力预置值正确。

2）控制阀门启闭灵活，安全阀、排气阀动作可靠。

3）充气装置完好。

（2）运行中必须经常观察罐体各部位，不得有泄气、漏水现象。

五、施肥装置的运行管理

（1）施肥装置运行前应进行检查，并应符合下列要求：

1）各部件联结牢固，承压部位密封。

2）压力表灵敏，阀门启闭灵活，接口位置正确。

（2）应按需要量投肥，并按使用说明进行施肥作业。

（3）施肥后必须利用清水将系统内的肥液冲洗干净。

六、过滤器的运行管理

（1）过滤器运行前应进行检查，并应符合下列要求：

1）各部件齐全、紧固，仪表灵敏，阀门启闭灵活。

2）开泵后排净空气，检查过滤器，若有漏水现象应及时处理。

（2）对于旋流水沙分离器，在运行期间应定时进行冲洗排污。

（3）对于筛网、砂、叠片式过滤器，当前后压力表压差接近最大允许值时，必须冲洗排污。

（4）对于筛网和叠片式过滤器，如冲洗后压差仍接近最大允许值，应取出过滤元件进行人工清洗。

（5）对于砂过滤器，反冲洗时应避免滤砂冲出罐外，必要时应及时补充滤砂。

七、移动管道的运行管理

（1）管道使用前应逐节进行检查，管和管件应齐全、清洁、完好；止水像胶圈应洁净、具有弹性。

（2）管道的铺设应从进水口开始逐级进行。管接头的偏转角不应超过规定值。竖管应稳定直立。

（3）运行中管道不应漏水。

（4）支管移位应按轮灌次序进行。在前一组（或几组）支管运行时，应安装好后一组（或几组）支管。轮换时，支管阀门应先开后关。

（5）管道搬移前，应放掉管内积水，拆成单根。搬移时，严禁拖拉、滚动和抛掷。软管应盘卷搬移。

（6）在拆装、搬移金属管道时，严禁触及输电线路。

八、喷头的运行管理

（1）喷头安装前应进行检查，并应符合下列要求：

1）零件齐全，联结牢固，喷嘴规格无误。

2）流道通畅，转动灵活，换向可靠。

（2）喷头运转中应进行巡回监视，发现下列情况应及时处理：

1）进口连接部位和密封部位漏水。

2）不转或转速过快、过慢。

3）换向失灵。

4）喷嘴堵塞或脱落。

5）支架歪斜或倾倒。

（3）喷射水流严禁射向输电线路。

思 考 题

1. 喷灌的概念及特点是什么？

2. 喷灌系统的组成分为哪几个部分？

3. 喷头的作用是什么？如何进行喷头的选择？

4. 喷灌系统在运行时必须满足一定的技术要求才能保证喷灌的质量，喷灌质量控制的参数有哪些？

5. 喷灌系统的喷灌强度如何计算？

6. 什么是喷灌均匀度？

7. 喷灌系统规划设计的内容有哪些？

8. 管道系统总体布置的原则是什么？影响因素有哪些？

9. 喷灌灌溉制度包括哪些内容？如何进行确定？

10. 管道如何选择？

11. 喷灌工程的施工步骤是什么？

12. 如何进行喷灌工程的运行管理？

项目四　微灌工程技术

项目任务书

<table>
<tr><td colspan="2">项目名称</td><td>微灌工程技术</td><td>参考课时</td><td>12</td></tr>
<tr><td colspan="2" rowspan="6">学习型工作任务</td><td colspan="2">任务一　微灌工程概述</td><td>1</td></tr>
<tr><td colspan="2">任务二　微灌系统主要设备</td><td>1</td></tr>
<tr><td colspan="2">任务三　微灌工程规划设计</td><td>2</td></tr>
<tr><td colspan="2">任务四　滴灌工程设计示例</td><td>4</td></tr>
<tr><td colspan="2">任务五　微灌工程施工安装</td><td>2</td></tr>
<tr><td colspan="2">任务六　微灌工程运行管理</td><td>2</td></tr>
<tr><td colspan="2">项目任务</td><td colspan="3">学会微灌项目工程的规划设计、安装调试、施工及运行管理</td></tr>
<tr><td colspan="2">教学内容</td><td colspan="3">（1）微灌工程的组成和类型；（2）微灌工程规划设计；（3）微灌工程施工（4）微灌工程运行管理</td></tr>
<tr><td rowspan="3">教学目标</td><td>知识</td><td colspan="3">（1）了解微灌工程优缺点；（2）掌握微灌工程的组成、类型；（3）掌握微灌系统主要设备；（4）掌握微灌工程规划设计；（5）掌握微灌工程施工和管理</td></tr>
<tr><td>技能</td><td colspan="3">（1）会设计滴灌、微喷灌等微灌工程；（2）会微灌工程的施工和管理</td></tr>
<tr><td>态度</td><td colspan="3">（1）具有刻苦学习精神；（2）具有吃苦耐劳精神；（3）具有敬业精神；（4）具有团队协作精神；（5）诚实守信</td></tr>
<tr><td colspan="2">教学实施</td><td colspan="3">对某微灌工程实地考察参观，然后对微灌工程的设计、施工和管理分解讲解</td></tr>
<tr><td colspan="2">项目成果</td><td colspan="3">（1）课后实习；（2）滴灌或微喷灌工程的设计说明书</td></tr>
<tr><td colspan="2">技术规范</td><td colspan="3">GB/T 50485—2009《微灌工程技术规范》，GB 50288—99《灌溉与排水工程设计规范》</td></tr>
</table>

任务一　微灌工程概述

目标：（1）了解微灌工程的概念、特点。

（2）掌握微灌工程的组成和类型。

要点：微灌工程的组成和类型。

一、微灌的概念

微灌（micro irrigation）是按照作物生长所需的水和养分，利用专门设备加压或自然水头，再通过低压管道系统与安装在末级管道上的灌水器，将水和作物生长所需的养分以较小的流量，均匀、准确地直接输送到作物根部附近土壤的一种灌水方法。与传统的全面积湿润的地面灌和喷灌相比，微灌只以较小的流量湿润作物根区附近的部分土壤，因此，又称为局部灌溉技术。

二、微灌的组成

微灌系统由水源、首部枢纽、输配水管网和灌水器以及流量、压力控制部件和量测仪表等组成，如图 4－1 所示。

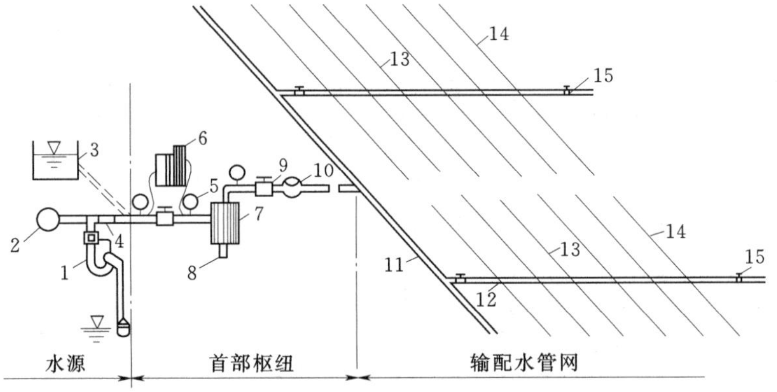

图 4－1 微灌系统示意图

1—水泵；2—供水管；3—蓄水池；4—逆止阀；5—压力表；6—施肥罐；
7—过滤器；8—排污管；9—阀门；10—水表；11—干管；
12—支管；13—毛管；14—灌水器；15—冲洗阀门

1. 水源工程

河流、湖泊、塘堰、沟渠、井泉等，只要水质符合微灌要求，均可作为微灌的水源。为了充分利用各种水源进行灌溉，往往需要修建引水、蓄水和提水工程，以及相应的输配电工程，这些通称为水源工程。

2. 首部枢纽

微灌工程的首部枢纽通常由水泵及动力机、控制阀门、水质净化装置、施肥装置、测量和保护设备等组成。首部枢纽担负着整个系统的驱动、检测和调控任务，是全系统的控制调度中心，其作用是从水源取水增压并将其处理成符合微灌要求的水流送到微灌系统中去。

3. 输配水管网

输配水管网的作用是将首部枢纽处理过的水按照要求输送分配到每个灌水单元和灌水器。输配水管网一般包括干、支管和毛管三级管道，毛管是微灌系统的最末一级管道，其上安装或连接灌水器。

4. 灌水器

灌水器是微灌设备中最关键的部件，是直接向作物施水的设备，其作用是消减压力，将水流变为水滴或细流或喷洒状施入土壤，包括滴头、滴灌带、滴灌管、微喷头、微喷带、渗灌管等，灌水器多数是用塑料制成的。

三、微灌系统的类型

微灌系统一般可根据配水管道在灌水季节中是否移动及灌水器不同来分类。

（1）根据配水管道在灌水季节中是否移动，每一类微灌系统又可分为固定式、半固定式和移动式。

1）固定式微灌系统。各个组成部分在整个灌水季节都是固定不动的，干管、支管一般埋在地下，根据条件，毛管有的埋在地下，有的放在地表或悬挂在离地面一定高度的支架上。固定式微灌系统常用于经济价值较高的经济作物。

2）半固定式微灌系统。首部枢纽及干、支管是固定的，毛管连同其上的灌水器是可以移动的。根据设计要求，一条毛管可以在多个位置工作。

3）移动式微灌系统。各组成部分都可移动，在灌溉周期内按计划移动安装在灌区内不同的位置进行灌溉。移动式微灌系统提高了微灌设备的利用率，降低了单位面积微灌的投资，但操作管理比较麻烦，适合在经济条件较差的地区使用。

（2）根据灌水器的不同，微灌系统可分为滴灌系统、微喷灌系统、涌灌系统以及渗灌系统等。

1）滴灌。滴灌是利用塑料管道将水通过直径约10mm毛管上的灌水器（滴头或滴灌带等）送到作物根部进行局部灌溉的灌水方式，如图4－2和图4－3所示。

图4－2 滴灌

图4－3 大棚滴灌

由于滴头的流量很小，而且只湿润滴头所在位置的土壤，所以它是目前干旱缺水地区最有效的一种节水灌溉方式，水的利用率可达95%。滴灌较喷灌具有更高的节水增产效果，同时可以结合施肥，提高肥效一倍以上，其不足之处是滴头易结垢和堵塞，因此应对水源进行严格的过滤处理。

滴灌适用于果树、蔬菜、经济作物以及温室大棚灌溉，在干旱缺水的地方也可用于大田作物灌溉，有条件的地区应积极发展滴灌。

2）微喷灌。微喷灌又称微型喷洒灌溉，是利用管道输水，通过微喷头将水喷洒在土壤或作物表面的局部灌水方式，如图4－4～图4－8所示。

图4－4 微喷灌（果园）

图4－5 微喷灌（温室蔬菜）

图 4-6 微喷灌（大棚花卉）

图 4-7 微喷灌（草坪）

图 4-8 微喷灌（育秧）

图 4-9 小管出流灌

微喷灌是介于喷灌与滴灌之间的一种灌水方式，与喷灌相比，微喷灌的工作压力较小，可节约能源、节省设备投资，又可结合灌溉为作物施肥，提高肥效；与滴灌相比，微喷灌的湿润面积较大，流量和孔口较大，不易堵塞。所以，微喷灌是扬喷灌和滴灌之所长、避其所短的一种理想的灌溉方式。其主要适用于果园、经济作物、苗圃、草坪、温室和花卉等的灌溉。

3）涌灌。涌灌又称涌泉灌溉、小管出流，是指在末级毛管上安装灌水器（涌水器），以小股水流或泉水的形式施到土壤表面的一种灌水形式，如图 4-9 所示。

图 4-10 渗灌

灌水流量较大（但一般也不大于 220L/h），远远超过土壤的渗吸速度，因此通常需要筑沟埂形成小水洼来控制水量的分布。适用于地形平坦的地区，其特点是工作压力低，与低压管道输水的地面灌溉相近，出流孔口较大，不易堵塞。

4）渗灌。渗灌，即地下灌溉，是利用地下管道将灌溉水输入田间埋于地下一定深度的渗水管道或鼠洞内，借助土壤毛细管作用湿润土壤的灌水方法，如图 4-10 所示。

渗灌的优点是减少了地表的水分蒸发，最节约用水量，还可以节省劳动力，增产，提高产品的品质。但是渗灌的主要问题是渗水的小孔容易发生堵塞，很难克服。

四、特点

微灌可以非常方便地将水灌到每一株植物附近的土壤，经常维持较低的水应力满足作物生长要求。微灌还具有以下诸多优点。

1. 省水

微灌按作物需水要求适时适量地灌水，仅湿润根区附近的土壤，因而显著减少了灌溉水损失。微灌一般比地面灌溉省水 1/3～1/2，比喷灌省水 15%～25%。

2. 省工

微灌是管网供水，操作方便，劳动效率高，而且便于自动控制，因而可明显节省劳力；同时微灌是局部灌溉，大部分地表保持干燥，减少了杂草的生长，也就减少了用于除草的劳力和除草剂费用；肥料和药剂可通过微灌系统与灌溉水一起直接施到根系附近的土壤中，不需人工作业。

3. 节能

微灌灌水器的工作压力一般为 50～150kPa，比喷灌低得多，又因微灌比地面灌省水，对提水灌溉来说意味着减少了能耗（结合天源新能源的光伏提水系统，节水效果更佳，还可以在偏远无市电区域进行提水灌溉）。

4. 灌水均匀

微灌系统能够做到有效地控制每个灌水器的出水流量，因而灌水均匀度高，一般可达85%以上。

5. 增产

微灌能适时适量地向作物根区供水供肥，为作物根系活动层土壤创造良好的水、热、气、养分环境，因而可实现高产稳产，提高产品质量。

6. 对土壤和地形的适应性强

微灌采用压力管道将水输送到每棵作物的根部附近，可以在任何复杂的地形条件下有效工作。

但是，微灌系统投资一般要远高于地面灌；灌水器出口很小，易被水中的矿物质或有机物质堵塞，如果使用维护不当，会使整个系统无法正常工作，甚至报废。

任务二 微灌系统主要设备

目标：（1）认识微灌系统的首部枢纽、管道和附件、灌水器等主要设备。

（2）能根据实际情况选用不同的设备。

要点：施肥器、过滤器和灌水器的选择。

一、首部枢纽

首部枢纽一般由取水阀、止回阀、进排气阀、计量装置、施肥器、过滤器等部分组成，如图 4-11 所示是一种简单的首部枢纽图。

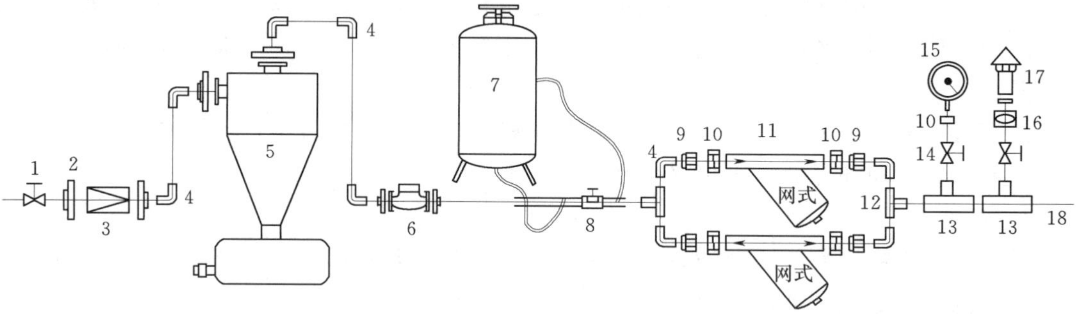

图 4－11 首部枢纽图

1—闸阀；2—法兰盘；3—止回阀；4—弯头；5—离心过滤器；6—螺翼水表；7—压差式施肥罐；8—施肥阀；9—活接头；10—内丝接头；11—筛网过滤器；12—正三通；13—异径三通；14—球阀；15—压力表；16—外丝接头；17—进排气阀；18—干管

1. 取水阀

取水阀起打开取水和关闭断水作用，常用的取水阀类型有闸阀、蝶阀、球阀等，材质有铸铁、钢质、塑料等。微灌工程中常用的取水阀有以下几种：

（1）闸阀。闸阀具有开启和关闭力小，对水流的阻力小，并且水流可以两个方向流动等优点，但结构比较复杂。50mm 以上的阀门多用法兰连接，50mm 以下的阀门用螺纹连接。闸阀外形如图 4－12 所示。

（2）蝶阀。蝶阀具有结构简单、体积小、重量轻、材料耗用省，安装尺寸小，开关迅速、90°往复回转，驱动力矩小等特点，用于截断、接通、调节管路中的水流，具有良好的流体控制特性和关闭密封性能。蝶阀外形如图 4－13 所示。

（3）球阀。球阀在微灌系统中应用广泛，主要用在支管进口处。球阀构造简单，体积小，对水流的阻力也小，缺点是如果开启动作太快会在管道中产生水锤。因此在微灌系统的主干管上不宜采用球阀，但可在干、支管末端装上球阀作冲洗之用，其冲洗排污效果好。球阀外形如图 4－14 所示。

图 4－12 闸阀

图 4－13 蝶阀

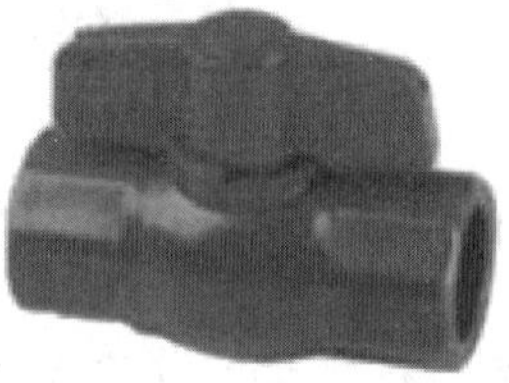

图 4－14 球阀

2. 止回阀

止回阀也叫逆止阀或单向阀，水流只能沿一个方向流动。当切断水流时，用于防止含有肥料的水倒流进水源，还可防止水流倒流引起水泵叶轮倒转，进而保护水泵。止回阀外形如图 4-15 所示。

3. 进排气阀

进排气阀也叫空气阀，一般安装在微灌系统的最高处，用于放出管网中积累的空气，防止管道发生震动破坏，或在系统需要泄水时，起到进气作用。进排气阀外形如图 4-16 所示。

图 4-15　止回阀

图 4-16　进排气阀

4. 量测装置

(1) 水表。微灌工程中常用水表来计量管道输水流量大小和计算灌溉用水量的多少。水表一般安装在首部枢纽中过滤器之后的干管上。设计时，根据微灌系统的设计流量大小、选择大于或接近额定流量的水表为宜，绝不能单纯以输水管径大小来选定水表口径，否则，容易造成水表的水头损失过大。

微灌工程中常用的水表有旋翼式水表和螺翼式水表两种。这两种水表的外形、工作水温、允许最大工作压力基本相同，不同之处主要在于：在同样口径的工作压力条件下，螺翼式水表通过的流量比旋翼式水表大 1/3 左右，且水头损失和水表体积都比旋翼式小。水表外形如图 4-17 所示。

(2) 压力表。微灌系统中经常使用弹簧管压力表测量管路中的水压力。压力表内有一根椭圆形截面的弹簧管，管的一端固定在插座上并与外部接头相通，另一端封闭并与连杆和扇形齿轮连接，可以自由移动。当被测液体进入弹簧内时，在压力作用下弹簧管的自由端产生位移，这位移使指针偏移，指针在度盘上的指示读数就是被测液体的压力值。测正压力的表称为压力表，测负压力的表称为真空表。压力表外形如图 4-18 所示。

图 4-17　水表

图 4-18　压力表

5. 施肥器

微灌系统中常用的施肥装置有压差式施肥罐、文丘里施肥器、比例自动施肥泵等。

(1) 压差式施肥罐。压差式施肥罐由储液罐、进水管、出水管、调压阀等几部分组成，如图 4-19 所示。

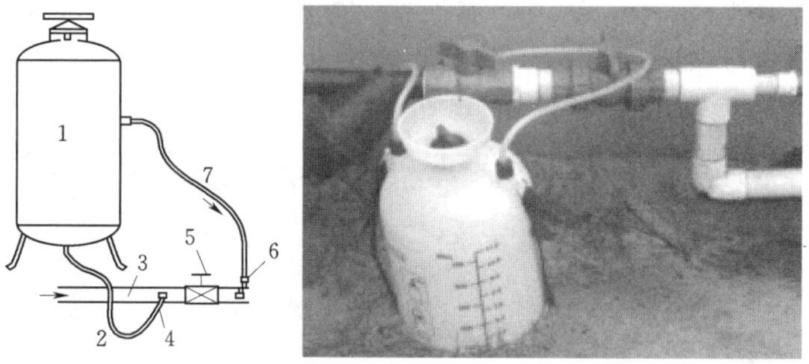

图 4-19　压差式施肥罐

1—储液罐；2—进水管；3—输水管；4—阀门；5—调压阀门；
6—供肥管阀门；7—供肥管

压差式施肥罐施肥工作原理与操作过程是待微灌系统正常运行后，首先把可溶性肥料或肥料溶液装入储液罐内，然后把罐口封好，关紧罐盖。接通供肥管并打开其上的阀门，再接通进水管并打开其上的阀门，此时肥料罐的压力与灌溉输水管道的压力相等。为此关小微灌输水管道上的施肥调压阀门，使其产生局部阻力水头损失，使阀后输水管道内压力变小，阀前管道内压力大于阀后管道压力，形成一定压差（根据施肥量要求调整该阀），使罐中肥料通过输肥管进入阀后输水管道中，又造成化肥罐压力降低，因而阀前管道中的灌溉水即由供水管进入化肥罐内，而罐中肥料溶液又通过输液管进入微灌管网及所控制的每个灌水器，如此循环运行，化肥罐内肥料浓度降至接近零时，即需重新添加肥料或肥溶液，继续施肥。

压差式施肥罐的优点：加工制造简单，成本较低，不需外加动力设备。缺点：溶液浓度变化大，无法实时控制。罐体容积有限，添加肥料次数频繁且较麻烦，输水管道因设有调压阀而调压造成一定的水头损失。

(2) 文丘里施肥器。文丘里施肥器可与开敞式肥料罐配套组成一套施肥装置。其构造简单，造价低廉，使用方便，主要适用于小型微灌系统。文丘里施肥器的缺点是如果直接装在骨干管道上注入肥料，则水头损失较大，这个缺点可以通过在管路中并联一个文丘里器来克服。文丘里施肥器构造如图 4-20 所示。

(3) 比例施肥泵。比例施肥泵的特点：不用电驱动，以水压作动力，肥料的溶液剂量与进入设备的水量严格成比例，无论流经管路的流量和压力变化如何，注入的溶液剂量总是与流经水管的水量成比例，外部可灵活调节比例。比例施肥泵外形如图 4-21 所示。

6. 过滤器

微灌技术要求灌溉水中不含造成灌水器堵塞的污物和杂质，而实际上任何水源，如湖泊、库塘、河流和沟溪水中，都有不同程度含有污物和杂质，即使是水质良好的井水，也会含有一定数量的砂粒和可能产生化学沉淀的物质。因此对灌溉水进行严格的过滤是微

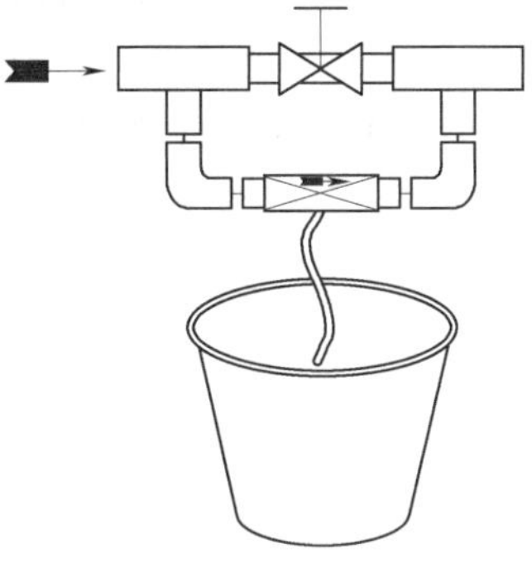

图 4-20 文丘里施肥罐

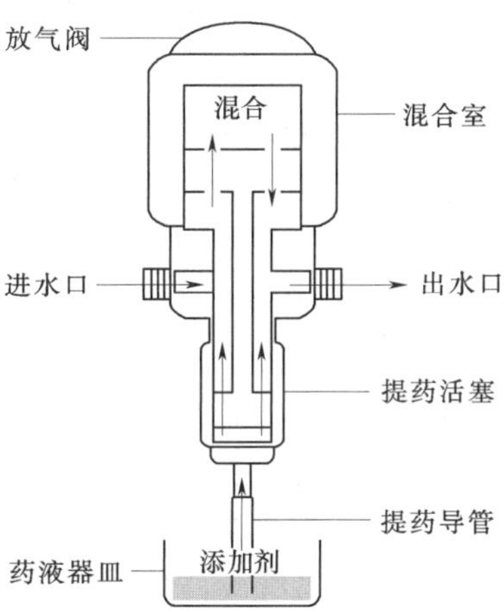

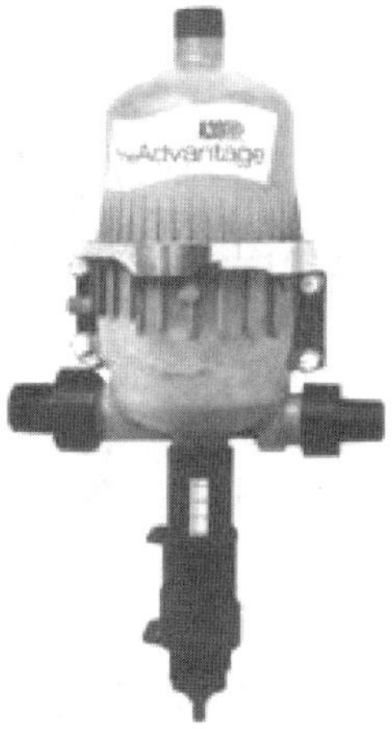

图 4-21 比例施肥罐

灌工程中首要的步骤，是保证微灌系统正常运行、延长灌水器使用寿命和保证灌水质量的关键措施。

微灌系统中常用的过滤设备有砂石过滤器、离心过滤器、筛网过滤器、叠片式过滤器等。在选配过滤设备时，主要根据灌溉水源的类型、水中污物种类、杂质含量等，同时考虑所采用的灌水器的种类、型号及流道端面大小等来综合确定。

（1）砂石过滤器。砂石过滤器主要用于水库、塘坝、沟渠、河湖及其他开放水源，可分离水中的水藻、漂浮物、有机杂质及淤泥。砂石过滤器外形如图 4-22 所示。

图 4-22 砂石过滤器

1）过滤原理。砂石过滤器是通过均质颗粒层进行过滤的，其过滤精度视砂粒大小而定。过滤过程为：水从壳体上部的进水口流入，通过在介质层孔隙中的运动向下渗透，杂质被隔离在介质上部。过滤后的净水经过过滤器里面的过滤元件进入出水口流出，即完成水的过滤过程。选用时，可以单独使用，也可和其他过滤器组合使用。

2）使用中应注意事项：要严格按设计流量使用，因过大的流量可造成砂床流道效应，导致过滤精度下降；过滤器的清洗通过反冲洗装置进行，砂床表面的最污染层，应用干净砂粒代替，视水质情况而定，一年处理1～4次。砂石过滤器的选型参考表4-1。

表4-1　砂石过滤器选型参数表

规格型号	连接接口	流量/(m^3/h)	外形尺寸/(mm×mm×mm)	重量/kg
50mm	50螺纹	5～17	600×800×1520	120
80mm	80法兰	10～35	950×2200×2100	250
100mm	100法兰	30～70	1900×2200×2100	480
150mm	150法兰	50～100	2600×2200×2100	780
200mm	200法兰	80～140	3300×2200×2100	1150

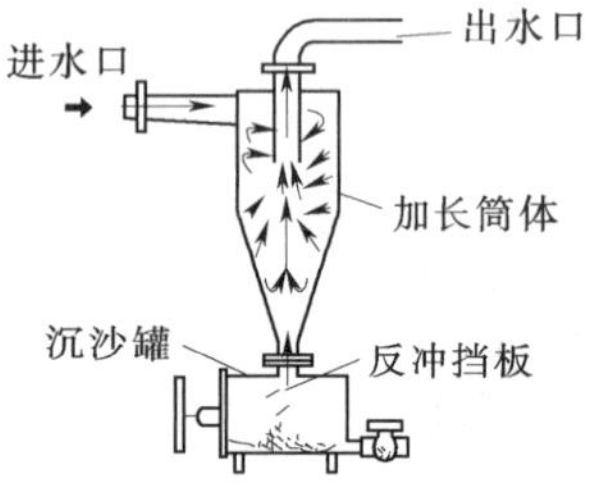

图4-23　离心过滤器

（2）离心过滤器。离心过滤器主要用于含沙水流的初级过滤，可分离水中的沙子和石块。在满足过滤要求的条件下，分离效果：60～150目砂石98%～92%。离心过滤器外形如图4-23所示。

1）过滤原理：此类过滤器基于重力及离心力的工作原理，清除重于水的固体颗粒。水由进水管切向进入离心过滤器体内，旋转产生离心力，推动泥沙及密度较高的固体颗粒沿管壁移动，形成旋流，使沙子和石块进入集沙罐，净水则顺流沿出水口流出，即完成水沙分离。过滤器需定期进行排沙清理，时间按当地水质情况而定。

2）使用中注意事项：离心过滤器在开泵和停泵的工作瞬间，由于水流失稳，影响过滤效果，因此，常与网式过滤器同时使用效果更佳；在进水口前应安装一段与进水口等径的直通管，长度是进水口直径的10～15倍，以保证进水水流平稳。离心过滤器选型可参考表4-2。

表4-2　离心过滤器选型参数表

规格型号	连接接口	流量/(m^3/h)	外形尺寸/(mm×mm×mm)	重量/kg
25mm	25螺纹	1～8	420×250×550	9
50mm	50螺纹	5～20	500×300×830	21
80mm	80法兰	10～40	800×500×1320	51
100mm	100法兰	30～70	950×600×1700	90
125mm	125法兰	60～120	1350×1000×2400	180
150mm	150法兰	80～160	1400×1000×2600	225

（3）筛网过滤器。筛网过滤器是一种简单而有效的过滤设备，造价也较为便宜，在国内外的微灌系统中使用最为广泛。筛网过滤器外形如图 4－24 所示。

筛网过滤器的种类繁多。如果按安装方式分，有立式与卧式两种；按制造材料分类，有塑料和金属两种；按清洗方式分类又有人工清洗和自动清洗两种；按封闭与否分类则有封闭式和开敞式两种。筛网过滤器主要由进水口，滤网、出水口和排污冲洗口等几部分组成，安装时，应注意水流方向与过滤器的安装方向一致。

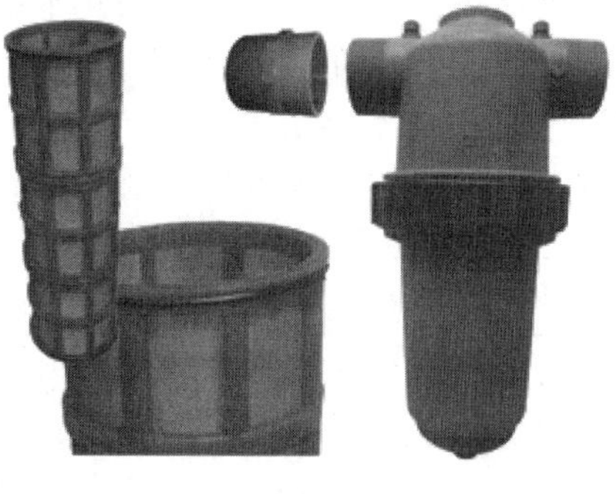

图 4－24 滤网过滤器

筛网过滤器主要用于过滤灌溉水中的粉粒、砂和水垢等污物，尽管它也能用来过滤含有少量有机污物的灌溉水，但有机物含量稍高时过滤效果很差，尤其是当压力较大时，大量的有机污物会“挤”透过滤网而进入管道，造成微灌系统与灌水器的堵塞。筛网过滤器选型可参考表 4－3。

表 4－3 筛网过滤器选型参数表

规格	最大过流量 /(m^3/h)	最大承压 /kPa
25mm（1 英寸）	5	800
32mm（11/4 英寸）	10	800
40mm（11/2 英寸）	10	800
50mm（2 英寸）	20	800
80mm（3 英寸）	50	800

图 4－25 叠片过滤器

（4）叠片过滤器。叠片过滤器的外形与筛网过滤器基本相同，主要不同在于过滤芯不同，叠片过滤器是由数量众多的片状滤片叠在一起组成，每片滤片上有流道，水从两个滤片之间的“缝隙”穿过，污物挡在滤片外周，从而达到过滤作用。叠片过滤器外形如图 4－25 所示。

二、管道及附件

微灌系统绝大多数使用塑料管道，常用的有聚氯乙烯（PVC）、聚丙烯（PP）和聚乙烯（PE）管。在首部枢纽、穿路、高架等特殊情况也使用一些其他管道，如镀锌钢管等。

1. 聚氯乙烯（PVC）塑料管

根据我国塑料工业的发展，水利部颁布了行业标准 SL/T 96.1—94《喷灌用塑料管基本参数及技术条件——硬聚氯乙烯管》，将聚氯乙烯（PVC）管材的使用压力分为 0.25MPa、0.40MPa、0.63MPa、1.00MPa、1.25MPa 级。聚氯乙烯（PVC）管外形如图 4－26 所示。

聚氯乙烯管的管道连接主要有专用黏结剂连接和止水圈承插连接两种，一般情况下，管径小于 90mm 的用黏结剂连接，大于 90mm 的用止水圈承插连接。

图 4-26　聚氯乙烯（PVC）管

聚氯乙烯管的管件依次是阀门、三通、90°弯头、45°弯头、直通、变径直通、堵头、内丝接头、法兰盘、活接头、伸缩节、专用黏结剂等，如图 4-27 所示。

2. 聚丙烯（PP）管

聚丙烯管是采用共聚聚丙烯，经挤出工艺生产的管材。行业标准为 SL/T 96.2—94《喷灌用塑料管基本参数及技术条件——聚丙烯管》。压力等级为 0.25MPa、0.4MPa、0.63MPa 和 1.00MPa 级。聚丙烯管及管件外形如图 4-28 所示。

(a)阀门　(b)三通　(c)90°弯头　(d)45°弯头

(e)直通　(f)变径直通　(g)堵头　(h)内丝接头

(i)法兰盘　(g)活接头　(k)伸缩节　(l)专用黏结剂

图 4-27　聚氯乙烯（PVC）管管件

图 4-28　聚丙烯管

3. 聚乙烯（PE）管

聚乙烯管是聚乙烯树脂，经挤出工艺生产的管材。依据树脂的密度，聚乙烯管可分为低密度聚乙烯管、中密度聚乙烯管和高密度聚乙烯管。

低密度聚乙烯管具有加工方便和可缠绕运输，易于打孔和连接，因而在微灌系统中广泛应用于支管、毛管，用量往往很大。微灌系统毛管一般置于地面，对聚乙烯管材的抗老化、抗晒、抗磨性能提出了很高的要求。

对于聚乙烯管，目前采用 SL/T 96.2—94《喷灌用塑料管基本参数及技术条件——低密度聚乙烯管》，工作压力等级分为 0.25MPa 和 0.40MPa。

目前国内主流市场上的低密度聚乙烯管分内径和外径两大类，低密度聚乙烯管外形如图 4-29 所示。

图 4-29 聚乙烯（PE）管

三、灌水器

灌水器的种类繁多，各有特点，适用条件也各有差异。按结构和出流形式不同，灌水器主要有滴头、滴灌带、微喷头、微喷带、涌水器、渗灌管等。

1. 滴头

通过流道或孔口将毛管中的压力水流变成滴状或细流状的装置称为滴头。滴头的作用是消除经毛管输送来的有压水流中的能量，使其以稳定的速度一滴一滴地滴入土壤。滴头常用塑料压注而成，工作压力约为 100kPa，流道最小孔径为 0.3～1.0mm，流量为 0.6～1.2L/h。

（1）种类。

1）按滴头的出水压力不同，滴头分为非压力补偿式滴头和压力补偿式滴头两种。

非压力补偿式滴头：利用滴头内的固定水流流道消能，其流量随压力的提高而增大。

压力补偿式滴头：流量不随压力而变化。在水流压力的作用下，滴头内的弹性体（片）使流道（或孔口）形状改变或过水断面面积发生变化，当压力减小时，增大过水断面积，压力增大时，减小过水断面积，从而使滴头出流量保持稳定，压力补偿滴头同时还具有自清洗功能。压力补偿式滴头及滴箭如图 4-30 和图 4-31 所示。

图 4-30 压力补偿式滴头

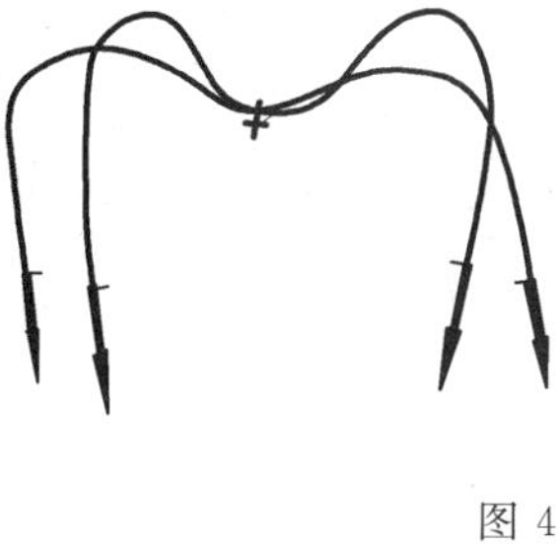

图 4-31 压力补偿式滴箭

压力补偿式滴头的部分性能见表 4-4。

表 4-4　　压力补偿式滴头性能

优　　点	适应性	流量/(L/h)	压力补偿范围/kPa
保持恒流，灌水均匀；自动清洗；抗堵塞；灵活方便，滴头可预先安装在毛管上，也可在施工现场安装	压力补偿式滴头适用于各种地形及作物，适用于滴头间距变化的情况，适用于系统压力不稳定时，适用于大面积控制情况	2	80～400
		4	
		8	
		4	70～350
		4	100～300

2）按结构来分，滴头分为流道型滴头、孔口型滴头、涡流型滴头三种。

流道型滴头：靠水流与流道壁之间的摩阻消能来调节出水量的大小。

孔口型滴头：靠孔口出流造成的局部摩阻消能和调节出水量的大小。

涡流型滴头：靠水流进入灌水器的涡流室内形成涡流来消能和调节出水量的大小。

（2）滴头名称和代号表示。滴头名称和代号表示方法如图 4-32 所示。

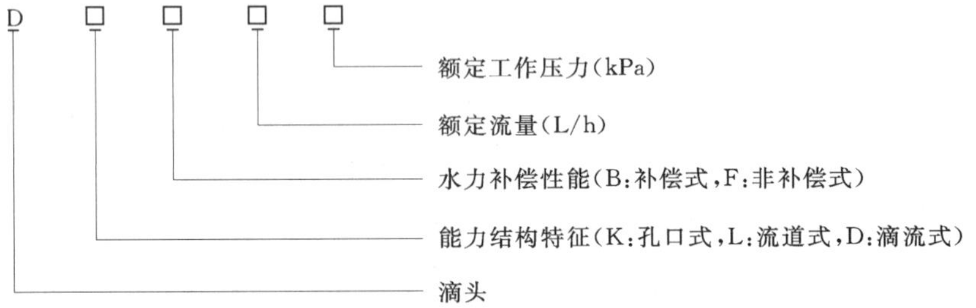

图 4-32　滴头名称和代号表示方法

2. *滴灌带（管）*

滴头与毛管制造成一个整体，兼具配水和滴水功能的带（管）称为滴灌带（管）。

按滴灌带（管）的出水压力不同，滴灌带（管）分为非压力补偿式和压力补偿型式两种。按滴灌带（管）的结构可分为内镶贴片式滴灌管和内镶圆柱式滴灌管两种。内镶式滴灌带（管）是在毛管制造过程中，将预先制造好的滴头镶嵌在毛管内的滴灌带（管），如图 4-33 所示。

图 4-33　滴灌带（管）

滴灌带的名称和代号表示方法如图 4-34 所示。滴灌带（管）参数见表 4-5。

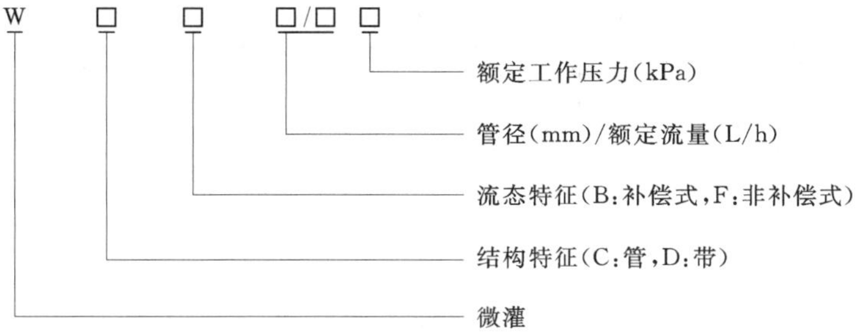

图 4-34　滴灌带名称和代号表示方法

表 4-5　　**滴灌带（管）参数**

外径/mm	壁厚/mm	滴孔间距/m	流量/(L/h)	工作压力/kPa
16	0.3	0.3	2.7	30～120
地埋 16	0.4	0.3	2.7	30～150

3. 微喷头

微喷头是将压力水流以细小水滴喷洒在土壤表面，湿润土壤满足作物需求的灌水器。单个微喷头的喷水量一般不超过 250L/h，射程一般小于 7m。微喷头组装结构如图 4-35 所示。

按应用场合微喷头可分为倒挂微喷头和地插微喷头两种。按照结构和工作原理，微喷头分为单侧轮微喷头、双侧轮微喷头、折射式微喷头、旋转式微喷头等。微喷头外形如图 4-36 所示。

全圆均匀喷洒的各种微喷头性能参数见表 4-6。

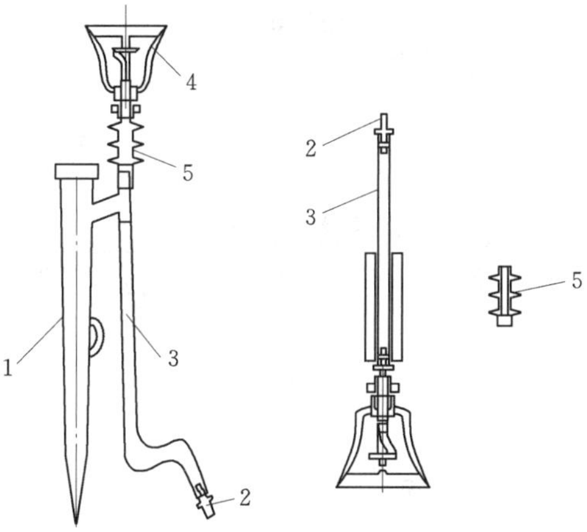

图 4-35　微喷头组装结构示意图

1—插杆；2—接头；3—微管；4—喷头；5—重力管

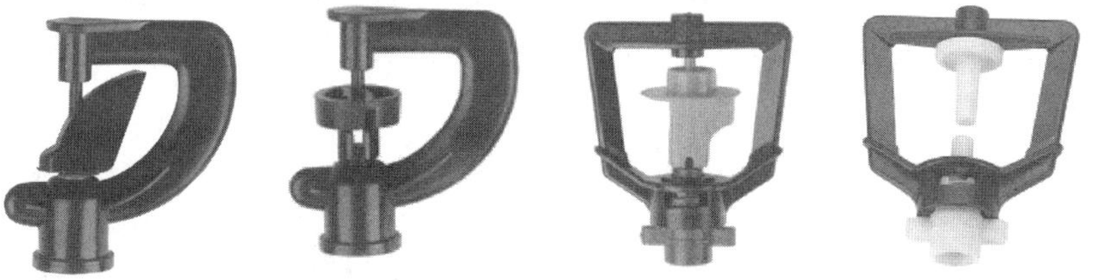

(a)单侧轮微喷头　(b)双侧轮微喷头　(c)旋转式微喷头　(d)折射式微喷头

图 4-36　微喷头外形图

4. 微喷带

微喷带又称多孔管、喷水带，是在可压扁的塑料软管上采用机械或激光直接加工出水小孔，进行微喷灌的设备，微喷带的工作水头 100～200kPa。微喷带外形如图 4-37 所示。

表 4-6　**全圆均匀喷洒的各种微喷头性能参数**

编号	产品名称	喷嘴直径/mm	流量/(L/h)	工作压力/kPa	喷洒半径/m
2020A	双桥折射微喷头	1.2	75～91	200～350	0.75～1.0
2240	十字雾化喷头	1.0	4～7.5	250～400	1.2～3.0
2110	单嘴旋转微喷头	1.4	102～135	150～350	3.0～3.5

图 4-37　微喷带外形图

图 4-38　小管灌水器外形图

5. 小管灌水器

小管灌水器是由 ϕ4 的小塑料管和接头连接插入毛管壁而成，如图 4-38 所示。它的工作水头低，孔口大，不容易被堵塞。在使用中，为增加毛管的铺设长度，减少毛管首末端流量的不均匀性，通常在小塑料管上安装稳流器，以保证每个灌水器流量的均匀性。这种稳流器在一定的压力范围内，出流量保持不变。

6. 渗灌管

渗灌管是用大约 2/3 比例的废旧橡胶（多为旧轮胎）和 1/3 比例的 PE 塑料混合制成可以沿管壁向外渗水的多孔管。使用中常将渗灌管埋入地下，是非常省水的灌溉技术，如图 4-39 所示。

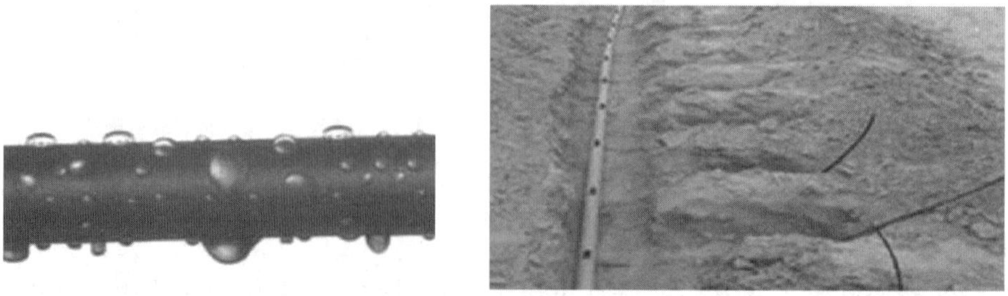

图 4-39　渗灌管外形图

任务三　微灌工程规划设计

目标：（1）了解微灌工程的内容。

（2）掌握微灌工程的设计步骤和方法。

要点：微灌工程的设计步骤和方法。

一、微灌工程规划设计的内容

（1）勘测和收集资料，包括水源、气象、地形、土壤、作物、灌溉试验、能源与设备、社会经济状况与发展规划等。

（2）论证工程的必要性和可行性。规划要符合当地农业区划和农田水利规划的要求，并与农村发展规划相协调。

（3）根据当地水资源状况和农业生产、乡镇企业、人畜饮水等用水的要求，确定工程的规模。

（4）根据水源、气象、地形、土壤、作物种植、社会经济状况和管理水平等条件，因地制宜地选用滴灌、微喷灌、涌泉灌等微灌方式，合理布置水源工程、微灌枢纽布置和输配水网络。

（5）提出工程概算。选择灌溉典型地段进行计算，用扩大技术经济指标估算出整个工程的投资、设备、用工和用材种类、数量以及工程效益。

对于大面积的灌溉工程，应根据上述内容进行全面规划，而对于小面积的试验或应用工程根据实际情况对其中部分内容规划即可。

二、微灌系统的布置

1. 毛管和灌水器布置

毛管和灌水器的布置方式取决于作物种类、生长阶段和所选灌水器的类型。下面分别介绍滴灌系统及微灌系统毛管和灌水器的一般布置形式。

（1）滴灌系统毛管和灌水器的布置。

1）单行毛管直线布置。如图 4-40（a）所示，毛管顺作物方向布置，一行作物布置一条毛管，滴头安装在毛管上。这种布置方式适用于幼树和窄行密植作物（如蔬菜），也可用滴灌管（带）代替毛管和滴头。

2）单行毛管环状布置。如图 4-40（b）所示，当滴灌成龄果树时，可沿一行树布置一条输水毛管，围绕每一棵树布置一条环状灌水管，其上安装 4～6 个单出水口滴头。这种布置形式由于增加了环状管，使毛管长度大大增加，增加了工程费用。

3）双行毛管平行布置。如图 4-40（c）所示，当滴灌高大作物时，可采用双行毛管平行布置的形式，沿树行两侧各布置一条毛管，每株作物两边各安装 2～3 个滴头。这种布置形式使用的毛管数量较多。

4）单行毛管带微管布置。如图 4-40（d）所示，每一行树布置一条毛管，用微管与毛管相连，在微管上安装滴头，可以大大减少毛管的用量，而微管的价格又很低，故能减少工程费用。

（2）微喷灌系统毛管和灌水器的布置。微喷头的结构和性能不同，毛管和灌水器的布置也不同。根据微喷头喷洒直径和作物的种类，一条毛管可控制一行作物，也可控制若干行作物。图 4－41 所示是常见的几种布置形式。

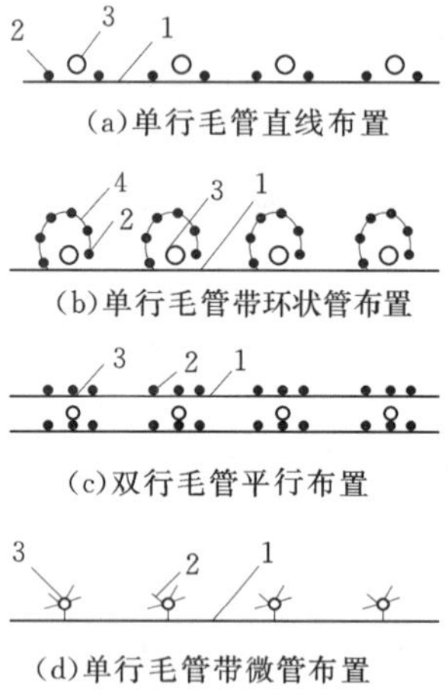

图 4－40 滴灌毛管和灌水器的布置形式

1—毛管；2—灌水器；3—果树；4—绕树环状管

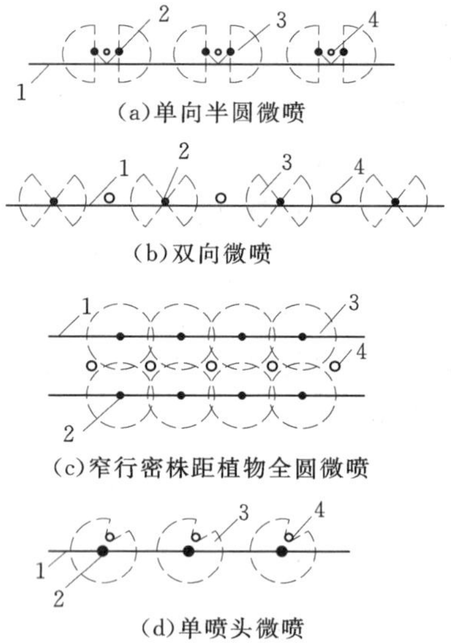

图 4－41 微喷灌毛管和灌水器的布置形式

1—毛管；2—微喷头；3—土壤湿润带；4—果树

2. 干、支管布置

干支管的布置取决于地形、水源、作物分布和毛管的布置。其布置应达到管理方便，工程费用少的要求。在山丘地区，干管多沿山脊布置，或沿等高线布置。支管则垂直于等高线，向两边的毛管配水。在平地，干、支管应尽量双向控制，两侧布置下级管道，以节省管材和投资。

3. 首部枢纽布置

首部枢纽是整个灌溉系统操作控制的中心，其位置的选择主要是以投资省、便于管理为原则。一般首部枢纽与水源相结合，如果水源较远，首部枢纽可布置在灌区旁边，有条件时尽可能布置在灌区中心，以减少输水干管的长度。

三、规划设计参数的确定

1. 作物需水量计算

作物需水量包括作物蒸腾量和棵间土壤蒸发量。估算作物需水量的方法很多，可参见《灌溉与排水工程技术》等资料。

2. 设计耗水强度

设计耗水强度是指在设计条件下微灌作物的耗水强度。它是确定微灌系统最大输水能力的依据，设计耗水强度越大，系统的输水能力越高，但系统的投资也就越高，反之亦然。因此，在确定设计耗水强度时既要考虑作物对水分的需要，又要考虑经济上合理可行。规范 GB/T 50485—2009《微灌工程技术规范》规定：应取设计年灌溉季节月平均耗水强度峰值作为设计耗水强度，以 mm/d 计，无资料时可按表 4-7 适当选取。

表 4-7　　作物耗水强度表

作物	滴灌/(mm/d)	微喷灌/(mm/d)
蔬菜（保护地）	2～4	—
蔬菜（露天地）	4～7	5～8
粮、棉、油等作物	4～7	5～8
葡萄、瓜类	3～6	4～7
果树	3～5	4～6
冷季型草		5～8
暖季型草		3～5

3. 设计土壤湿润比

微灌的土壤湿润比，是指被湿润土体占计划湿润层总土体的百分比。通常以底面以下 20～30cm 处湿润面积占总灌溉面积的百分比来表示。土壤湿润比取决于作物、灌水器流量、灌水量、灌水器间距和所灌溉土壤的特性等。

一般对于宽行作物及果树土壤湿润比取 20%～30%，对于蔬菜和密植作物取 70%～90%，南方微喷灌可大于 60%。规范 GB/T 50485—2009《微灌工程技术规范》规定的微灌设计土壤湿润比见表 4-8，设计时可参考选用。

表 4-8　　微灌设计土壤湿润比　　%

作物	滴灌、涌泉灌	微喷灌
果树、乔木	25～40	40～60
葡萄、瓜类	30～50	40～70
草、灌木	—	100
蔬菜	60～90	70～100
粮、棉、油等作物	60～90	—

4. 设计灌水均匀度

为保证微灌的灌水质量，灌水均匀度应达到一定的要求。在田间，影响灌水均匀度的因素很多，如灌水器工作压力的变化，灌水器的制造偏差，堵塞情况，水温变化，地形变化等。目前在设计微灌工程时能考虑的只有水力（水压变化）和制造偏差两种因素对均匀度的影响。

微灌灌水均匀度可以用克里斯琴森均匀系数来表示，即

$$C_u = 1 - \Delta q / q \tag{4-1}$$

其中

$$\Delta q = \frac{\sum_{i=1}^{N} |q_i - q_a|}{N} \tag{4-2}$$

上二式中　C_u——均匀系数；

q_a——灌水器的平均流量；

Δq——每个灌水器的流量与平均流量之差的绝对值的平均值；

q_i——每个灌水器的流量；

N——灌水器的数量。

(1) 只考虑水压力因素影响时设计的均匀度。考虑水压力影响因素，微灌均匀度系数 C_u 与灌水器的流量偏差率 q_v 存在一定的近似关系，关系见表 4-9。

表 4-9　C_u 与 q_v 的关系

C_u/%	98	95	92
q_v/%	10	20	30

另外，在平地或均匀坡条件下微灌的流量偏差率与工作水头偏差率的关系为

$$h_v=\frac{1}{x}q_v\left(1+0.15\frac{1-x}{x}q_v\right) \tag{4-3}$$

其中

$$q_v=\frac{q_{max}-q_{min}}{q_a}\text{ 及 }h_v=\frac{h_{max}-h_{min}}{h_a} \tag{4-4}$$

上二式中　h_v——工作水头偏差率；

q_v——流量偏差率；

x——灌水器的流态指数；

h_{max}——灌水器的最大工作水头，m；

h_{min}——灌水器的最小工作水头，m；

h_a——灌水器的平均工作水头，m；

q_{max}——相应于 h_{max} 时的灌水器的流量，L/h；

q_{min}——相应于 h_{min} 时的灌水器的流量，L/h；

q_a——灌水器的平均流量，L/h。

若选定了灌水器，已知流态指数 x，并确定了均匀系数 C_u，则可用式（4-4）求出允许的压力偏差率 H_v，从而可以确定毛管的设计工作压力变化范围。

(2) 设计灌水均匀度的确定。在设计微灌工程时，选定的灌水均匀度越高，灌水质量越高，水的利用率也就越高，系统的投资也越大。因此，设计灌水均匀度应根据作物对水分的敏感程度、经济价值、水源条件、地形、气候等因素综合考虑确定。

建议采用的设计均匀度为：当只考虑水压力因素时，取 $C_u=0.95\sim0.98$，或 $q_v=10\%\sim20\%$；当考虑水力和灌水器制造偏差两个因素时，取 $C_u=0.90\sim0.95$。

5. 灌溉水利用系数的确定

只要设计合理、设备可靠、精心管理，微灌工程不会产生输水损失、地面径流和深层渗漏。微灌的主要水量损失是由灌水不均匀和某些不可避免的损失所造成。微灌水利用系数一般采用 0.9～0.95。GB/T 50485—2009《微灌工程技术规范》规定：对于滴灌，灌溉水利用系数应不低于 0.9，微喷、涌泉灌应不低于 0.85。

四、微灌系统的设计

1. 灌溉设计保证率

GB/T 50485—2009《微灌工程技术规范》规定，微灌工程设计保证率应根据自然条件和经济条件确定，不应低于85%。

2. 微灌制度的确定

设计灌溉制度是指作物全生育期（对于果树等多年生作物则为全年）中设计条件下的每一次灌水量（灌水定额）、灌水时间间隔（或灌水周期）、一次灌水延续时间、灌水次数和灌水总量（灌溉定额），它是确定灌溉工程规模的依据，也可以作为灌溉管理的参考数据，但在具体灌溉管理时应根据作物生育期内土壤的水分状况而定。

不同的灌溉方法有不同的设计灌溉制度，但对喷灌、微喷灌、滴灌等来说，其原则和计算方法是一样的。由于在整个生育期内的灌溉是一个实时调整的问题，设计中常常只计算一个理想的灌溉过程。

（1）设计灌水定额 $m_{净}$。设计灌水定额可用下式计算：

$$m_{净}=1000\gamma Z\rho_w(\beta_{max}-\beta_{min}) \tag{4-5}$$

式中　β_{max}——作物允许土壤含水率上限，以占干土重的百分数为计，%；

β_{min}——作物允许土壤含水率下限，以占干土重的百分数计，%；

Z——土壤计划湿润层深度（根据各地的经验，各种作物的适宜土壤湿润层深度：蔬菜为0.2～0.3m，大田作物为0.3～0.6m，果树为1～1.5m），m；

γ——土壤的干密度，t/m³；

ρ_w——土壤湿润比（ρ_w 取决于作物种类、生育阶段及土壤类型等因素），%。

ρ_w 可以用下式计算：

$$\rho_w=\frac{N_pS_eW}{S_PS_R}\times 100\% \tag{4-6}$$

式中　N_p——每棵作物滴头数，个；

S_e——滴头沿毛管上的间距，m；

W——湿润带宽度（也等于单个滴头的湿润直径），m；

S_P——作物株距，m；

S_R——作物行距，m。

表4-10列出了各类土壤干密度和两种水分常数，可供设计时参考。

表4-10　不同土壤干密度和水分常数

土　壤	干密度/(t/m³)	水分常数			
		重量比/%		体积比/%	
		凋萎系数	田间持水率	凋萎系数	田间持水率
紧砂土	1.45～1.60		16～22		26～32
砂壤土	1.36～1.54	4～6	22～30	2～3	32～42
轻壤土	1.40～1.52	4～9	22～28	2～3	30～36
中壤土	1.40～1.55	6～10	22～28	3～5	30～35
重壤土	1.38～1.54	6～13	22～28	3～4	32～42

续表

土 壤	干密度 /(t/m³)	水 分 常 数			
		重量比/%		体积比/%	
		凋萎系数	田间持水率	凋萎系数	田间持水率
轻黏土	1.35～1.44	15	28～32		40～45
中黏土	1.30～1.45	12～17	25～35		35～45
重黏土	1.32～1.40		30～35		40～50

(2) 设计灌水周期的确定。设计灌水周期是指在设计灌水定额和设计日耗水量的条件下，能满足作物需要，两次灌水之间的最长时间间隔。这只是表明系统的能力，而不能完全限定灌溉管理时所采用的灌水周期，有时为了简化设计，可采用1天。设计灌水周期可按下式计算：

$$T=m_{净}/E_a \tag{4-7}$$

式中 T——设计灌水周期，d；

$m_{净}$——设计净灌水定额，mm；

E_a——设计时选用的作物耗水强度，mm/d。

(3) 一次灌水延续时间的确定。单行毛管直线布置，灌水器间距均匀情况下，一次灌水延续时间由下式确定。对于灌水器间距非均匀安装的情况下，可取 S_e 为灌水器的间距的平均值。

$$t=\frac{m_{净}\ S_eS_l}{\eta q} \tag{4-8}$$

式中 t——一次灌水延续时间，h；

S_e——灌水器的间距，m；

S_l——毛管间距，m；

$m_{净}$——设计净灌水定额，mm；

η——田间水利用系数，η=0.9～0.95；

q——灌水器流量，L/h。

对于果树，每棵树装有 n 个灌水器时，则

$$t=\frac{m_{净}\ S_rS_t}{n\eta q} \tag{4-9}$$

式中 S_r、S_t——果树的株距和行距，m；

其余符号意义同前。

(4) 灌水次数与灌溉定额。使用微灌技术，作物全生育期（或全年）的灌水次数比传统的地面灌溉要多。根据我国使用的经验，北方果树通常一年灌水15～30次；在水源不足的山区也可能一年只灌3～5次。灌水总量为生育期或一年内（对于多年生作物）各次灌水量的总和。

3. 微灌系统工作制度的确定

微灌系统的工作制度通常分为全系统续灌和分组轮灌两种情况。不同的工作制度要求的流量不同，因而工程费用也不同。在确定工作制度时，应根据作物种类，水源条件和经

济条件等因素综合作出合理地选择。

(1) 续灌。续灌是对系统内全部管道同时供水，对设计灌溉面积内所有作物同时灌水的一种工作制度。它的优点是灌溉供水时间短，有利于其他农事活动的安排。缺点是干管流量大，管径粗，增加工程的投资和运行费用；设备的利用率低；在水源流量小的地区，可能缩小灌溉面积。一般只有在小系统，例如几十亩的果园才采用续灌的工作制度。

(2) 分组轮灌。较大的微灌系统为了减小工程投资，提高设备利用率，增加灌溉面积，通常采用轮灌的工作制度。一般是将支管分成若干组由干管轮流向各组支管供水，而支管内部同时向毛管供水。

1) 划分轮灌组的原则。

①轮灌组控制的面积应尽可能相等或接近，以使水泵工作稳定，效率提高；②轮灌组的划分应照顾农业生产责任制和田间管理的要求。例如，一个轮灌组包括若干片责任地，尽可能减少农户之间的用水矛盾，并使灌水与其他农业措施如施肥、修剪等得到较好的配合；③为了便于运行操作和管理，通常一个轮灌组管辖的范围宜集中连片，轮灌顺序可通过协商自上而下进行。有时，为了减少输水干管的流量，也采用插花操作的方法划分轮灌组。

2) 确定轮灌组数。按作物需水要求，全系统划分的轮灌组数目如下：

$$N \leqslant CT/t \tag{4-10}$$

式中 N——允许的轮灌组最大数目，取整数；

C——一天运行的小时数，一般为 12～20h，对于固定式系统不低于 16h；

T——灌水时间间隔（周期），d；

t——一次灌水持续时间，h。

实践表明，轮灌组过多，会造成各农户间的用水矛盾，按上式计算的 N 值为允许的最多轮灌组数，设计时应根据具体情况灵活确定合理的轮灌组数目。

3) 轮灌组的划分方法。通常在支管的进口安装闸阀和流量调节装置，使支管所辖的面积成为一个灌水单元，称为灌水小区。一个轮灌组可包括一条或若干条支管，即包括一个或若干个灌水小区。

4. 水力计算

微灌管道水力计算，是在已知所选灌水器的工作压力和流量以及微灌工作制度情况下，确定各级管道通过的流量，通过计算输水水头损失，来确定各级管道合理的内径。

(1) 管道流量的计算。

1) 毛管流量的确定。一条毛管的进口流量为灌水器或出水口流量之和，即

$$Q_{毛} = \sum_{i=1}^{N} q_i \tag{4-11}$$

当毛管上灌水器流量相同时

$$Q_{毛} = N q_d \tag{4-12}$$

上二式中 $Q_{毛}$——毛管进口流量，L/h；

N——毛管上灌水器或出水口的数量；

q_i——第 i 个灌水器或出水口的流量，L/h。

q_d——单个灌水器的设计流量，L/h。

2）支管流量计算。通常支管双向给毛管配水，如图 4-42 所示，支管上有 N 排毛管，由上而下编号为 1、2、…、$N-1$、N，每段编号相应于下端毛管的编号，任一支管段 n 的流量为

$$Q_{支n}=\sum_{i=1}^{N}(Q_{毛Li}+Q_{毛Ri}) \tag{4-13}$$

式中　$Q_{支n}$——支管第 n 段的流量，L/h；

$Q_{毛Li}$、$Q_{毛Ri}$——第 i 排左侧毛管和右侧毛管进口流量，L/h；

n——支管分段号。

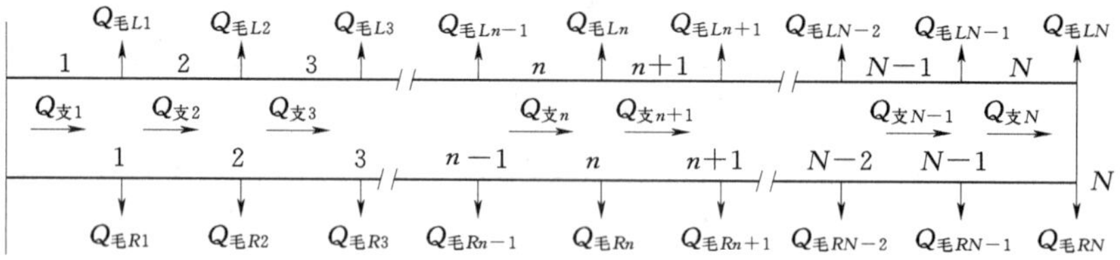

图 4-42　支管配水示意图

当毛管流量相等时，即

$$Q_{支}=2NQ_{毛} \tag{4-14}$$

3）干管流量推算。

干管流量是由干管同时供水的各条支管流量的总和，即

$$Q_{干}=\sum_{i=1}^{N}Q_{支i} \tag{4-15}$$

式中　$Q_{干}$——干管流量，L/h；

$Q_{支i}$——各支管的流量，L/h。

（2）各级管道管径的选择。为了计算各级管道的水头损失，必须首先确定各级管道的管径。管径必须在满足微灌的均匀度和工作制度前提下确定。

1）允许水头偏差的计算。一般在进行微灌水利计算时，把每条支管上同时运行的毛管所控制的面积看作是一个微灌小区，为保证整个小区内灌水的均匀性，对小区内任意两个灌水器的水力学特性有如下要求：

a. 微灌系统灌水小区灌水器流量的平均值应等于灌水器设计流量。

b. 灌水小区的流量或水头偏差率不大于设计允许值，即

$$q_v\leqslant[q_v] \tag{4-16}$$

$$h_v\leqslant[h_v] \tag{4-17}$$

上二式中　h_v——工作水头偏差率；

$[q_v]$——设计允许流量偏差率，一般取 0.05～0.10；

$[h_v]$——设计允许流量偏差率，此值可通过下式计算

$$[h_v]=\frac{1}{x}[q_v]\left(1+0.15\frac{1-x}{x}[q_v]\right) \tag{4-18}$$

式中　x——灌水器流态指数。

c. 采用补偿式灌水器时，灌水小区内设计允许的水头偏差应为该灌水器允许的工作水头范围；采用其他灌水器时，应按下式计算：

$$\Delta h=[h_v]h_d \tag{4-19}$$

式中　Δh——灌水小区允许水头偏差，m；

h_d——灌水器设计工作水头，m。

2）允许水头偏差的分配。允许水头偏差的分配有平坦地形和山区坡地是不同的。

平坦地形，毛管进口不设调压装置时：美国 J. Keller 和 D. Curmidin 则认为在平坦地形时支、毛管经济的水头损失分配比例应为 0.45 和 0.5。中小型微灌工程在设计时，如缺乏资料，可按此法进行分配。

坡地毛管进口设置调压装置时：山区坡地毛管布置，一般均在毛管进口安装水阻管、压力调节器等，以使各毛管进口压力值相等，此时小区设计允许的水头偏差应全部分配给毛管，即

$$\Delta h=[h_v]h_d \tag{4-20}$$

3）毛管管径的确定。按毛管的允许水头损失值，初估毛管的内径，计算公式如下：

$$d_{毛}=\sqrt[b]{\frac{KFfQ_{毛}^{m}L}{[\Delta h]_{毛}}} \tag{4-21}$$

式中　$d_{毛}$——初选毛管内径，mm；

K——考虑到毛管上管件或灌水器产生的局部水头损失而加大的系数，一般取 1.1～1.2；

F——多口系数，$F=\frac{1}{m+1}\left(\frac{N+0.48}{N}\right)^{m+1}$；

N——多孔管的总孔数；

f——摩阻系数；

$Q_{毛}$——毛管流量，L/h；

L——毛管长度；

m——流量系数；

b——管径指数。

毛管的直径一般大于 8mm，式中各种管材的 f、m、b 值可按表 4-11 选用。

表 4-11　各种塑料管材的 *f*、*m*、*b* 值

管材			f	m	b
硬塑料管			0.464	1.77	4.77
聚乙烯管	$D>8$mm		0.505	1.75	4.75
	$D\leqslant 8$mm	$Re>2320$	0.595	1.69	4.69
		$Re\leqslant 2320$	1.75	1	4

注　1. Re 为雷诺系数。

2. 微灌用聚乙烯管的 f 值相应于水温 10℃，其他温度时应修正。

4）支管管径的确定。支管管径的确定也可分为平坦地形与山区坡地两种情况。

平坦地形，毛管进口不设调压装置时，支管管径的初选：按照上述分配跟支管的允许水头差，用下式初估支管管径 $d_{支}$。

按毛管的允许水头损失之，初估毛管的内径，计算公式如下：

$$d_{支}=\sqrt[b]{\frac{KFfQ_{支}^{m}L}{0.45[h_v]h_d}} \qquad (4-22)$$

式中　L——支管长度，m；

K——考虑到支管上管件或灌水器产生的局部水头损失而加大的系数，一般取1.05～1.1；

其余符号意义同前，f、m、b 值仍从表4-10中选取。

坡地毛管进口设置调压装置时，支管管径的初选：由于此时设计允许的水头偏差均分配给了毛管，支管应按经济的水力比降来初选其管径 $d_{支}$：

$$d_{支}=\sqrt[b]{\frac{KFfQ_{支}^{m}L}{100i_{支}}} \qquad (4-23)$$

式中　$i_{支}$——支管的经济水力比降，一般为0.01～0.03。

另外，支管的管径也可按管道经济流速确定：

$$d_{支}=1000\sqrt{\frac{4Q_{支}}{3600\pi v}} \qquad (4-24)$$

式中　$Q_{支}$——毛管流量，m^3/h；

v——塑料管经济流速，m/s，一般取1.2～1.8。

5）干管管径的确定。干管管径可按毛管进口安装调压装置时支管管径的确定方法计算确定。

上述3级管道管径都计算出来后，还应根据塑料管的规格，最后确定各级管道的管径。必要时还需根据管道的规格进一步调整管网的布局。

微灌系统使用的管材与管件，必须选择其公称压力符合微灌系统设计要求的产品，并且地面铺设的管道应不透光、抗老化、施工方便、连接牢固可靠。

一般情况下，直径50mm以上的各级管道和管件可选用聚氯乙烯产品，直径在50mm以下各级管道和管件应选用微灌用聚乙烯产品。

（3）管网水头损失计算。

1）沿程水头损失。沿程水头损失采用勃拉林斯公式计算沿程水头损失，计算公式如下：

$$h_f=f\frac{LQ^m}{d^b} \qquad (4-25)$$

式中　h_f——沿程水头损失，m；

f——摩阻系数；

L——毛管长度；

m——流量系数；

b——管径指数；

Q——流量，L/h。

f、m、b 值仍从表 4-11 中选取。

当支、毛管出流孔口较多时，分段计算将很繁琐，一般可视为等间距、等流量分流管。为简化计算，常以进口最大流量计算沿程水头损失，然后乘以多口系数进行修正，便得多口管道实际沿程水头损失，即

$$h'_f = h_f F \tag{4-26}$$

$$F = \frac{N\left(\dfrac{1}{m+1} + \dfrac{1}{2N} + \dfrac{\sqrt{m-1}}{6N^2}\right) - 1 + X}{N - 1 + X} \tag{4-27}$$

式中　h'_f——多口出流支管沿程水头损失，m；

F——多口系数；

N——多孔管的总孔数；

X——多口出流支管首孔位置系数，即自该段支管入口至第一个喷头的距离与喷头间距之比；

m——流量系数。

不同管材其多口系数不同，表 4-12 列出了常用管材的多口系数值。

表 4-12　　多口系数 F 值

N	$m=1.74$		$m=1.77$		$m=1.9$		$m=2$	
	$X=1$	$X=0.5$	$X=1$	$X=0.5$	$X=1$	$X=0.5$	$X=1$	$X=0.5$
2～3	0.600	0.496	0.596	0.492	0.582	0.474	0.572	0.461
4～5	0.485	0.420	0.481	0.416	0.466	0.398	0.455	0.386
6～7	0.446	0.399	0.442	0.395	0.426	0.378	0.415	0.366
8～11	0.420	0.388	0.416	0.383	0.400	0.366	0.389	0.354
12～20	0.397	0.378	0.394	0.374	0.378	0.357	0.366	0.345

2）局部水头损失。管道局部水头损失的计算公式为

$$h_j = \sum \xi \frac{v^2}{2g} \tag{4-28}$$

式中　h_j——局部水头损失，m；

ξ——局部阻力系数，可根据表 4-13 选定；

v——管道流速，m/s；

g——重力加速度，9.81m/s^2。

当参数缺乏时，局部水头损失也可按沿程水头损失的一定比例估算。支管为 0.05～0.1；毛管为 0.1～0.2。表 4-13 为不同进口、接头、三通形式等的局部水头损失系数。

表 4-13　　局部水头损失系数

类　　型	直角状进口	喇叭状进口	滤网	滤网带底阀	90°弯头（焊接）
图示	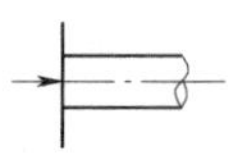	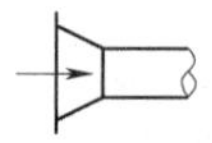		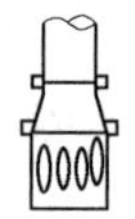	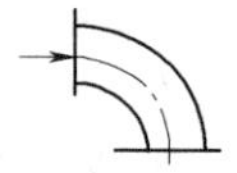
局部水头损失系数	0.5	0.2	2～3	5～8	0.2～0.3（加 50%）
类型	45°弯头（焊接）	渐细接头	渐粗接头	逆止阀	闸阀全开
图示		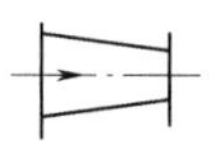	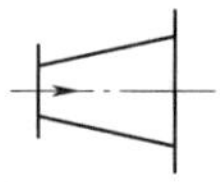	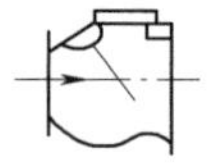	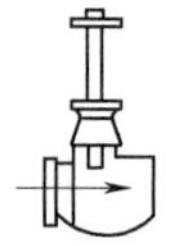
局部水头损失系数	0.1～0.15（加 50%）	0.1	0.25	1.7	0.1～0.5
类型	直流三通	折流三通	分流三通	直流分支三通	出口
图示	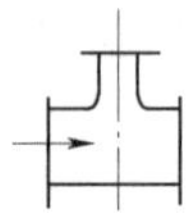	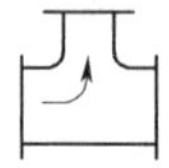	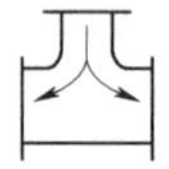	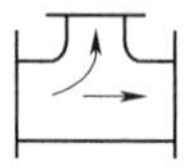	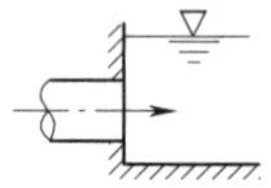
局部水头损失系数	0.1	1.5	1.5	0.1～1.5	0.1

（4）毛管极限孔数的确定。设计采用的毛管分流孔数不得大于极限孔数。毛管的极限孔数应按下式计算：

$$N_m = \mathrm{INT}\left(\frac{5.446[\Delta h_2]d^{4.75}}{kSq_d^{1.75}}\right)^{0.364} \tag{4-29}$$

式中　N_m——毛管极限分流孔数；

INT——将括号内实数舍去小数点取整数；

$[\Delta h_2]$——毛管的允许水头偏差，m；

d——毛管内径，mm；

k——水头损失扩大系数，为毛管总水头损失与沿程水头损失的比值，一般取 1.1～1.2；

S——毛管上分流孔的间距，m；

q_d——毛管上单孔或灌水器的设计流量，L/h。

5. 水泵选型计算

微灌系统的水泵选型配套，主要依据系统的设计扬程，流量和水源取水方式而定。

（1）系统设计扬程的确定。由最不利轮灌组推求的总水头就是系统的设计扬程。设计扬程的计算式为

$$H_{设} = H + h_1 + \sum h_{f泵} + \sum h_{j泵} \tag{4-30}$$

式中　$H_{设}$——配套机泵的设计扬程，m；

H——灌溉系统设计水头，m；

h_1——水源设计水位与系统进口管轴线间的高差，m；

$\sum h_{f泵}$——设计水位至系统进口管段的沿程水头损失之和，m；

$\sum h_{j泵}$——设计水位至系统进口管段的局部水头损失之和，m。

（2）系统设计流量。系统设计流量为最不利条件下，系统同时运行的支管入口流量之和，即

$$Q_{设} = \sum_{i=1}^{n} Q_{支i} \tag{4-31}$$

式中　$Q_{设}$——系统设计流量，L/h 或 m^3/h；

n——同时运行的支管数；

$Q_{支i}$——不同支管入口流量，L/h 或 m^3/h。

（3）机泵选型配套。根据系统设计扬程和流量可以选择相应的水泵型号，一般所选择的水泵参数应略大于系统的设计扬程和流量，然后再由该水泵的性能曲线校核其他轮灌组要求的流量和压力是否满足。

一般水源设计水位或最低水位与水泵安装高度间的高差超过 8.0m 时，宜选用潜水泵，反之，选用离心泵等。应根据水泵的要求，选配适宜的动力机，防止出现“大马拉小车”或“小马拉大车”的情况。在电力有保证的情况下，动力机应首选电动机。

任务四　滴灌工程设计示例

目标：掌握滴灌工程的设计步骤和方法。

要点：微灌工程的设计步骤和方法。

一、基本情况

某基地种植葡萄面积 118 亩，过去采用大水漫灌方式进行灌溉，灌水定额大，水肥损失严重，为此拟采用先进的滴灌灌水方法。

该地块地势平坦，地形规整，葡萄南北向种植，株距 0.8m、行距 2m。地面以下 1m 土层为壤土，土壤干容重 1.4t/m^3，田间持水率 24%。

地块西边距离地边 50m 处有水井一眼（具体见平面布置图），机井涌水量为 32m^3/h，静水位埋深 60m，动水位 80m，井口高程与地面齐平。机井水质据周边村庄引水工程检验结果分析，水质满足 GB 5084—2005《农田灌溉水质标准》，但含沙量稍高，整体看来，可作为滴灌工程水源。

380V 三相电源已经引至水源处。

二、滴灌系统参数的确定

（1）灌溉保证率不低于 85%。

（2）灌溉水利用系数 95%。

（3）设计土壤湿润比 ρ_w 不小于 40%。

（4）设计作物耗水强度 E_a=5.0mm/d。

（5）设计灌溉均匀度 C_u 不低于 80%。

（6）设计湿润层深0.6m。

三、选择灌水器，确定毛管布置方式

1. 选择灌水器

根据工程使用材料情况比较，本工程采用以色列某公司生产的压力补偿式滴灌管，产品性能如下：滴灌毛管外径16mm，滴灌毛管进口压力0.1MPa，滴头间距0.5m，滴头流量 $q=2.75$L/h，水平最大铺设长度90m。

2. 确定毛管布置方式

因葡萄种植方向为南北向，并且成行成列，非常规整，因此，毛管布置采用每行葡萄铺设一条滴灌管，根据地块实际长度和产品的最大水平铺设长度确定毛管的长度为80m，毛管直接铺设在葡萄根部附近。

3. 计算湿润比

按下式计算：

$$\rho_w=\frac{N_P S_e W}{S_P S_R}\times 100\% \tag{4-32}$$

式中 N_P——每棵作物滴头数，个；

S_e——滴头沿毛管上的间距，m；

W——湿润带宽度（也等于单个滴头的湿润直径），m；

S_P——作物株距，m；

S_R——作物行距，m。

则 $N_P=0.8\div 0.5=1.6$，$S_e=0.5$，$W=0.9$，$S_P=0.8$，$S_R=2$，代入公式得 $\rho_w=45\%$。

由此可见：满足设计土壤湿润比不小于40%的要求。

四、管网系统布置

根据工程范围内的地形图，干管沿区内生产路布置，自水井向西至最末端；分干管沿葡萄种植行与干管垂直布置，直至地块中点；支管沿垂直分干（垂直葡萄行方向）左右两侧等距离至轮灌区边界；毛管沿葡萄种植方向布置。具体见图4-43所示的滴灌系统平面布置图。

五、灌溉制度、工作制度及灌水均匀度

1. 灌溉制度

（1）设计净灌水定额。

$$m_{净}=1000\gamma Z\rho_w(\beta_{max}-\beta_{min})$$

式中 β_{max}——作物允许土壤含水率上限，以占干土重的百分数计，%；

β_{min}——作物允许土壤含水率下限，以占干土重的百分数计，%；

Z——土壤计划湿润层深度，m；

γ——土壤的密度，t/m³。

ρ_w——土壤湿润比（ρ_w 取决于作物种类、生育阶段及土壤类型等因素），%。

$\gamma=1.4$t/m³，$Z=0.6$m，$\beta_{max}=24\%\times 90\%$，$\beta_{min}=24\%\times 65\%$，$\rho_w=45\%$，则 $m_{净}=1000\times 1.4\times 0.6\times 45\%\times 24\%\times(90\%-65\%)=22.68$(mm)。

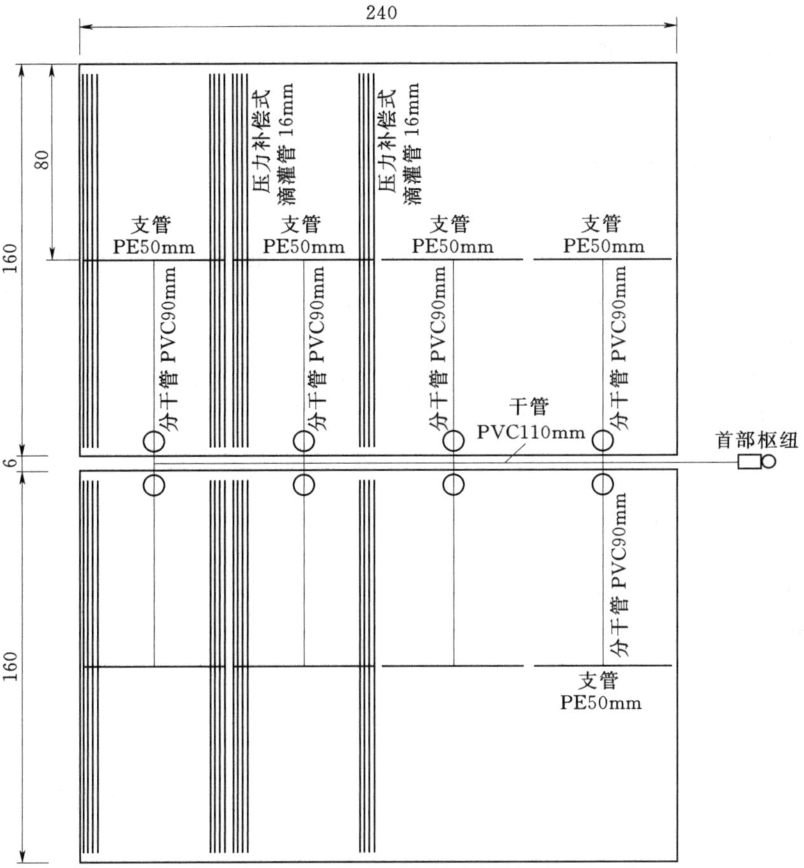

图 4-43　平面布置图

（2）设计毛灌水定额。

$$m_{毛}=m_{净}/\eta=22.68/0.95=23.87\ (\mathrm{mm})$$

（3）设计灌水周期。

$$T=m_{净}/E_a=22.68/5=4.53d，取\ T=4d$$

（4）一次灌水延续时间 t。

$$t=\frac{m_{净}\ S_eS_l}{\eta q}$$

式中　t——次灌水延续时间，h；

S_e——灌水器的间距，m；

S_l——毛管间距，m；

$m_{净}$——设计净灌水定额，mm；

η——田间水利用系数；

q——灌水器流量，L/h。

则 $t=22.68\times0.5\times2/(0.95\times2.75)=8.68(\mathrm{h})$。

2. 系统工作制度

本系统拟采用轮灌方式进行灌溉，日工作时间 18h，则最大允许轮灌组数目为

$$N=CT/t$$

式中 N——允许的轮灌组最大数目，取整数；

C——天运行的小时数，h；

T——灌水时间间隔（周期），d；

t——次灌水持续时间，h。

$C=18\text{h}$，$t=8.68\text{h}$，$T=4\text{d}$，则 $N=18\times4/8.68=8.29$（个）。

根据实际资料，本工程设计分为 8 个轮灌区，每个轮灌区毛管数为 30 条（双向，即 $N_1=30$），每根毛管长＝80×2＝160（m），则滴头数 $N_2=L/Se=160/0.5=320$ 个，故每个轮灌组的流量为

$$Q=N_1N_{2q}/(1000\eta)=30\times320\times2.75/(1000\times0.95)=27.79(\text{m}^3/\text{h})$$

小于水井供水流量 $32\text{m}^3/\text{h}$，满足要求。

3. 灌水均匀度

由于采用了压力补偿式滴头，允许水头变化范围为 10～40m，可满足灌水均匀度 80%的要求。

六、流量计算及管径确定

1. 各级管道流量计算

（1）每条毛管流量：

$$\sum q=320\times2.75/0.95=926.3(\text{L/h})$$

（2）每条支管的流量：

$$Q_i=15\sum q=15\times926.3=13894.5(\text{L/h})=13.89(\text{m}^3/\text{h})$$

（3）干管的流量：

$$Q=2Q_i=2\times13.89=27.78(\text{m}^3/\text{h})$$

2. 管径的确定

根据输送流量、经济流速（<2m/s）等，选取各级管道直径如下：

干管：流量为 $27.78\text{m}^3/\text{h}$，选取 110mmPVC 管道（承压 0.63MPa，壁厚 3.2mm），流速为 0.915m/s。

干支管：流量为 $27.78\text{m}^3/\text{h}$，选取 90mmPVC 管道（承压 0.63MPa，壁厚 2.7mm），流速为 1.373m/s。

支管：最大流量为 $13.89\text{m}^3/\text{h}$，选取 50mmPE 管道（承压 0.4MPa，内径 50mm），属于多孔出流管。

毛管：为 16mm 压力补偿式滴灌管。

七、系统扬程的确定

1. 毛管水头损失计算

由于采用了补偿式滴头，允许水头变化在 10～40m 范围内，根据厂家提供的铺设长度要求，不再进行毛管损失计算，毛管进口处要求水头为 10m 水柱高。

2. 支管水头损失计算

支管选用 50mmPE 管（内径 50mm），负担 30 条毛管的供水任务，双向铺设，支管单向承担 15 个出水口。

根据下式计算支管沿程水头损失：

$$h_f=f\frac{LQ^m}{d^b}F$$

式中　f——系数；

Q——流量，L/h；

d——管内径，mm；

L——管长，m；

F——多口系数。

查表得 $f=0.505$，$m=1.75$，$b=4.75$，$F=0.378$；局部水头损失取沿程水头损失的11%，即 $h_j=0.11h_f$，则支管水头损失为

$$h_{支}=h_f+h_j=0.867+0.095=0.962(\text{m})$$

支管进口压力为

$$H_{支}=10+0.962=10.962(\text{m})$$

3. 干支管、干管水头损失计算

沿程水头损失 h_f 计算公式和支管计算一样，查表：$f=0.464$，$m=1.77$，$b=4.77$；局部水头损失按沿程水头损失的 11%考虑，即 $h_j=0.11h_f$。

干支管流量 $Q=27.78\text{m}^3/\text{h}=27780\text{L/h}$，选取 90mmPVC 管道（承压 0.63MPa，壁厚 2.7mm），$d=90-5.4=84.6\text{mm}$，$L=86\text{m}$，则

$$h_f=0.464\times86\times27780^{1.77}/84.6^{4.77}=1.874(\text{m})$$

干支管水头损失为

$$h_{干支}=h_f+h_j=1.874+0.206=2.08(\text{m})$$

干支管入口处的进口压力为

$$H_{干支}=H_{支}+h_{干支}=10.962+2.08=13.042(\text{m})$$

干管流量 $Q=27.78\ \text{m}^3/\text{h}$，$=27780\text{L/h}$，选取 110mmPVC 管道（承压 0.63MPa，壁厚 3.2mm），$d=110-6.4=103.6\text{mm}$，$L=260\text{m}$，则

$$h_f=0.464\times260\times27780^{1.77}/103.6^{4.77}=1.928(\text{m})$$

$$h_j=0.11h_f=0.1928\text{m}$$

干管水头损失为

$$h_{干}=h_f+h_j=2.121\text{m}$$

干管入口处的进口压力为

$$H_{干}=H_{干支}+h_{干}=13.042+2.121=15.163(\text{m})$$

4. 系统扬程确定

首部枢纽由离心＋筛网组合过滤器、闸阀、水表、施肥装置、弯头等组成，过滤器水头损失可由产品说明书查得：$h_{滤}=10\text{m}$；其他管件局部水头损失取 2m。因此 $h_{滤首}=10+2=12\text{m}$。

泵管选用 DN80 镀锌管道，$L=87\text{m}$，则

$$h_{井}=1.1\times0.861\times87\times27780^{1.74}/80^{4.77}=3.718(\text{m})$$

系统扬程为

$$H=H_{干}+h_{滤首}+h_{井}+H_{井}=15.163+12+3.718+80=110.881(m)$$

八、首部枢纽设计

1. 水泵选型

根据 $Q=27.78m^3/h$、$H=110.881m$，查阅水泵型号表，选取井用潜水泵型号为：175QJ32—120/10，电机功率 $N=18.5kW$。

2. 过滤器

根据水源水质状况，水中含有少量的沙，选用 3 英寸离心过滤器 1 台，2 台 3 英寸筛网过滤器（过滤等级为 200 目）并联，进行组合过滤。

3. 施肥系统

选用压差式施肥罐进行施肥。

4. 其他附件

止回阀、闸阀、螺翼水表、进排气阀、压力表等。

九、工程预算

该工程的预算见表 4-14。

表 4-14　葡萄滴灌工程材料预算清单

序号	设备	型号	数量	单位	单价/元	复价/元	备注
	首部枢纽					31263	
1	水泵	175QJ32—120/10	1	台	7200.0	7200.0	带 3m 电缆
2	镀锌钢管	*DN*80	88	m	46.0	4048.0	
3	钢法兰盘	*DN*80	2	个	45.0	90.0	
4	铸铁闸阀	*DN*80	1	个	388.8	388.8	
5	止回阀	*DN*80	1	个	288.0	288.0	
6	PVC 法兰盘	90mm	12	个	56.0	672.0	
7	离心过滤器	LX-*DN*80	1	套	7800.0	7800.0	
8	螺翼水表	*DN*80	1	个	570.0	570.0	水平式
9	压差式施肥罐		1	套	4200.0	4200.0	
10	施肥阀	DN80	1	个	480.0	480.0	
11	PVC 活接头	90mm	4	个	85.0	340.0	
12	PVC 内丝接头	90mm×3″	4	个	32.0	128.0	
13	筛网过滤器	120 目 3″	2	个	1500.0	3000.0	塑料材质
14	PVC 正三通	90mm	2	个	40.8	81.6	
15	PVC 异径三通	90mm×50mm	2	个	31.0	62.0	
16	PVC 异径直通	50mm×32mm	1	个	6.2	6.2	
17	PVC 平口球阀	32mm	1	个	13.7	13.7	
18	PVC 异径直通	32mm×20mm	1	个	1.0	1.0	
19	PVC 内丝接头	20mm×1/2″	1	个	1.0	1.0	
20	压力表	0.63MPa	1	个	38.0	38.0	
21	进排气阀	40mm	1	个	56.0	56.0	
22	PVC 外丝接头	50mm×11/2″	1	个	4.5	4.5	
23	PVC 平口球阀	50mm	1	个	25.0	25.0	

续表

序号	设备	型号	数量	单位	单价/元	复价/元	备注
24	PVC异径直通	110mm×90mm	1	个	25.6	25.6	
25	PVC90°弯头	90mm	16	个	33.0	528.0	
26	PVC管	110mm/0.63MPa	4	m	33.8	135.2	带承插口
27	PVC管	90mm/0.63MPa	12	m	23.4	280.2	带承插口
28	辅材		1	批	800.0	800.0	
地下管网						32104	
1	PVC管	110mm/0.63MPa	264	m	33.8	8923.2	带承插口
2	PVC直通	110mm	6	个	28.9	173.4	
3	PVC伸缩节	110mm	1	个	45.0	45.0	
4	PVC90°弯头	110mm	2	个	56.0	112.0	
5	PVC堵头	110mm	1	个	21.6	21.6	
6	PVC异径三通	110mm×90mm	8	个	74.8	598.4	
7	PVC法兰盘	90mm	16	个	56.0	896.0	
8	铸铁闸阀	*DN*80	8	个	388.8	3110.4	
9	PVC管	90mm/0.63MPa	688	m	23.4	16064.8	带承插口
10	PVC堵头	90mm	8	个	14.5	116.0	
11	PVC异径三通	90mm×63mm	8	个	35.6	284.8	
12	PVC管	63mm/0.63MPa	16	m	11.7	187.2	
13	PVC平口球阀	63mm	2	个	35.7	71.4	泄水阀
14	辅材		1	批	1500.0	1500.0	
地上管网及灌水器						69626	
1	PVC90°弯头	63mm	8	个	10.1	80.8	
2	PVC内丝接头	63mm×2″	8	个	6.9	55.2	
3	PE螺软变接头	50mm	8	个	12.0	96.0	
4	PE正三通	50mm	8	个	8.9	71.2	
5	PE管（防老化）	50mm/0.4MPa	480	m	9.4	4531.2	内径管
6	PE直通	50mm	4	个	6.4	25.6	
7	PE堵头	50mm	16	个	4.0	64.0	
8	卡箍		16	个	1.0	16.0	
9	旁通接头	滴灌管专用	496	个	1.9	942.4	
10	滴灌管	2.75L/h，0.5m	38600	m	1.6	61760.0	
11	滴灌管堵头	16mm	480	个	0.8	384.0	
12	辅材		1	批	1600.0	1600.0	
其他附件						3910	
1	PVC胶水	1kg	30	瓶	78.0	2340.0	
2	打孔器	旁通专用	5	个	120.0	600.0	
3	螺栓螺母	M16	180	套	5.0	900.0	
4	生料带		20	盘	3.5	70.0	
材料费总计						136903	

注 此清单不含土建、运费及安装等费用，材料单价随市场价格波动，只供参考。

任务五　微灌工程施工安装

目标： 掌握微灌工程的施工安装方法。

要点： 微灌工程的施工安装方法。

一、施工要求

（1）施工前深入规划灌区，全面踏勘、调查了解施工区域情况，认真分析工作条件，编写施工计划。大工程还应按照要求制定施工组织设计。

（2）施工安装必须按批准的设计进行，需要修改设计或变更工程材料时，应提前与设计部门协商研究，较大的工程必要时还需经有关部门审批。

（3）微灌工程施工涉及工种较多，必须加强各工种间协作，按照工序有组织有计划地施工。

（4）全面了解专用设备结构特点及用途，严格依照技术要求安装。因地制宜地采用先进可行的施工技术，在保证施工质量前题下提高工效，按期完成工程建设。

（5）开工前应先了解施工准备工作情况，检查施工现场条件，对影响安全之处必须采取可行措施，同时加强安全教育，确保施工安全。

二、施工前的准备工作

（1）全面了解和熟悉微灌工程的设计文件，包括灌区地形、供水、首部枢纽、管网系统等全部设计图及对灌水器的选择方案；同时核对有关设计技术参数，对不理解或达不到施工工艺部分，应在开工前向设计部门提出，以统一认识，合理地修订设计。

（2）根据工程规模编制相应的简明施工计划，指导各工种有条不紊地进行施工。计划内容应包括以下几方面：

1）建立施工组织，确定分管技术、后勤的工作人员，明确各自职责。

2）拟定放样、定线各项施工顺序。

3）依照各工种工作特点，编拟工种劳力组合及全部工程所需劳力计划。

4）编制工程材料、设备供应计划。

5）明确施工的进度、检查质量的方法和有关措施。

6）组织领导和安全措施等。

（3）核查设备器材：开工前必须逐项查对设计文件中所提出的各种设备、工程材料，主要是首都控制枢纽、供水配水管网，灌水器的规格、质量、数量及组装构件是否成套。大工程还应检查水泥、钢材、砂石备料等，发现问题及时采取措施解决，以便顺利施工，确保工程的质量。

（4）施工与设备安装工具准备：微灌工程施工包括土建和专用设备安装两大部分。土建工程施工应视工程规模、施工难易、工程量等准备施工设备。为了提高工作效率和质量，大型系统除一般工具外，有条件地区应提供平整、开沟、牵引管道、混凝土拌和等施工机械。小工程只需准备施工用铁镐、铁锹、运输、夯实等工具。

三、施工与安装

1. 施工放线与土石方开挖

（1）放线。根据设计图上标定工程部位，按照由整体到局部、先首部控制后尾部原则放线。为了便于控制、监测工程标准，较大工程系统应在施工现场设置施工测量控制网。放线起点先从首部枢纽开始，划出枢纽控制室轮廓线，标定干管（或主管）出水口位置、设计标高，由此点起用经纬仪对干、支管进行放线。

（2）蓄水池、首部枢纽基础开挖。根据放线标桩、设计高程开挖土石方。

为了保证工程质量和安全施工，在动工前应先具体了解工作段地质、土壤状态。挖方较深土质松散地段，可加宽开挖线，必须保证边坡稳定。

枢纽房基础一般需挖至底板以下，中型动力机泵（3 英寸泵、10kW 电机以上设备）基座必须浇筑在未搅动的原状土上。清基开挖基槽应四周留有余地，便于施工作业。

蓄水池施工前应先清基，在大于设计池底面积内打深孔，预测有无隐患，了解地质结构。挖基中做好施工记录，针对具体条件采用相应技术措施，把水池修建在可靠地基上。

（3）管槽开挖。依照放线中心和设计槽底高程开挖。平坦地区布干、支管，管槽开口宽 30cm 左右，地形复杂挖方较深工段，应视地质条件适当加宽开挖面，以达到边坡稳定，防止滑塌。管槽深一般为 60cm 左右，寒冷地区应视当地具体情况加深至冻土层以下，防止冻胀影响管道。

管槽底部应当一次整平，清除石块、瓦砾、树根等硬质杂物。开挖土料堆放一侧，虚土不得堆得过高，以防塌入沟内造成返工浪费。为了便于排除管内积水，一般管槽应有1‰～3‰坡降；按照设计高程开挖土料，不得超挖；管槽通过岩石、砖砾等硬物易顶伤管道地段，可将沟底超挖 10～15cm，清除石块，再用砂和细土回填整平夯实至设计高程。沿管槽计划修阀门池、镇墩处必须照设计标准一次做完土石方，四周留有余地，夯实、整平底部，方便下道工序施工作业。

2. 首部安装

我国当前微灌工程首部枢纽设备一般有水泵、电机、蓄水调节池、控制阀门、调压阀、化肥罐、压力表、过滤器和量测仪表等组成。当水源位置高，有自压条件的地方，通过压力管道将水直接引入枢纽房。在高于供水设施水面处装上开敞式化肥罐并与系统连接，这样就构成一个较完整的自压微灌枢纽。为了达到坚实耐用，确保正常运行，必须严守技术操作规定，精心安装。安装时应做到以下 6 点：

（1）全面熟悉枢纽设计图上各系统组装结构，了解设备性能，按具体要求施工。

（2）详细核查各种设备。由整体到零部件全面核对数量、规格、质量、达到系统完整。发现毛刺阻水、口径变形、密封不严等构件，必须全面检修或由生产厂更换才可安装。

（3）微灌系统是有压输水，各种设备必须安装严紧，胶垫孔口应与管口对准，防止遮口挡水。法兰盘螺丝应平衡紧固，螺纹连接口需加铅油上紧，达到整个系统均不漏水。

（4）压力表连接管应采用螺纹形缓冲管加上仪表阀门再与水管连接，以防水锤损坏仪表。

（5）电机水泵组装必须达到同一轴线，用螺栓平稳紧固于混凝土基座上，同时按照电机安装说明接通地线，确保运行安全。

(6) 在易积水处应加排水通道和阀门，以便冬季排除余水，防止冻坏设备。

3. 管道安装

微灌系统输、配水管网大都采用塑料制品。大型微灌工程输水管道亦有采用水泥制品管或金属管。这类管道安装与一般工程规定相同，可参照有关标准中的规定进行施工，这里只重点阐述几种塑料管道的施工安装方式。

微灌工程上用的塑料管一般有聚氯乙烯或聚乙烯硬管，支、毛管用聚乙烯半软管。干、支管理于地下；毛管除移动式灌水系统铺设在作物行间外，为了防止老化和损坏，大多数也设置于地下。

对于塑料管，施工前应选择符合微灌系统设计的管道，检查质量和内径尺寸。为了保证工程质量，有破裂迹象，口径不正，管壁薄厚不匀、管端老化等管道不能使用。

塑料管连接方法较多，除正常用配套管件连接外，还有承插连接、开水煮浴法连接、热熔对口黏结等多种连接形式。

对于管道铺设，根据设计标准，由枢纽起沿主、干管管槽向下游逐根连接，夏天施工应在清早或傍晚进行，以免在烈日下施工时塑料管受热膨胀，晚间变凉管道收缩而导致接头脱落、松动、移位，造成漏水。

连接管道时，可每距 8m 左右在绕开接头部位处先回填少量细土，压稳管位，以便施工。

铺设聚乙烯半软管，应将管道以圆盘形沿管槽慢慢滚动把管子放在沟内，禁止扭折或随地拖拉，以防磨损管道。为了防止泥土进入管内，施工前应将管子两端暂时封闭。或将上端管口先与输水接口连接紧，再由上向下铺放管道。

微灌系统主、干管道多用硬质聚氯乙烯塑料管（PVC），PVC 管对温度变化反映比较灵敏，热应力易引起热胀冷缩变化，宜采取安装伸缩节方法予以补偿，以免导致管道与设备附件拉脱、移位。为此温差变化较大的地区连接管长超过 60m 时宜安装伸缩节。

对于小管径半软管，管道铺放时不应拉得过紧，可以放松让其呈自由弯曲状设置于管槽内，以补偿温度差引起的变化影响管路。总之，无论哪种管道，施工时都应选择天凉温差变化不大时向管沟覆土，尽量减少温度对管道施工质量的影响。

附件安装包括调压控水阀，螺纹接头、分水三通、活动接头，通气阀等部件，根据设计要求在便于施工作业条件下铺设管道时一次组装，达到位置准确，连接牢靠，不漏水。3 英寸以上阀门应设置在砖砌底座上，斜坡上施工可用卡箍固定，2 英寸以下阀门装置时底部可悬空，一般距阀门底 10cm 左右。采用螺纹口连接阀门，一般应安装活接头，便于检修时装卸。阀门上口应加钢筋混凝土盖板，板上预留钢筋提手，方便起闭和检修，冬季加盖亦可防冻。

4. 毛管安装

(1) 毛管布置数量多、较集中。一般施工顺序是先主、干管再支、毛管。以便全面控制，分区试水。支管与干管组装完成后再照垂直于支管方向铺设毛管。移动式毛管必须沿等高线或梯地设置在地面上，固定式系统大多数把毛管埋没在果树行间，为了避免冻害和机耕影响，毛管理深约 40cm 或埋在冻土深度线以下。

（2）按照设计标准将毛管沿果树宽行向或等高线方向顺序摆放整齐、铺放时必须将两端暂时封闭，严防泥土、砂粒等杂物进入管道而引起灌水器堵塞。

（3）安装旁通和毛管。沿着已布置好的支管，按照设计规格，用小于旁通插头1mm左右的钻头在支管上由上而下打孔，打孔时钻头必须垂直于支管，不能钻斜孔，防止由旁通插管处漏水。

为了预防打孔和安装旁通时，泥土、砂粒进入支管，采取打一个孔即装一个旁通。为使旁通与支管紧密连接，防止漏水，安装旁通时先给旁通插管周围涂黏合胶，或者装上薄橡皮垫片，然后将旁通安在支管上，随即用细铁丝或专用管卡扎牢固，同时往旁通接头段上装根毛管，让其竖直通向地面，上端封闭以防泥土灌入管内。一条支管装完旁通和毛管连接段后便将支管放入管槽内，放水冲洗、试压后即可覆土填管槽。

5. 灌水器安装

（1）微管安装。按设计长度准确地剪取微管。按照规定间距用平头打孔锥在毛管上垂直打孔，只能打通一面管壁，严防锥通毛管两壁造成漏水。为防止微管管口变形，需用锋利剪刀剪断微管，微管一端宜剪成斜面以便插入毛管，微管插入深度为毛管管径的1/4为宜，各条微管插深应当一样，另一端安装滴头，并用插杆将滴头固定在所需位置上。对成年果树灌水时，一般将微管以辐射状布置于果树周围，或者将微管以缓弯曲形式均匀布设；移动式微灌密植作物时，应将微管绕缠于毛管上，绕管时严禁弯折，必须以缓弯形绕管，再用塑料细线绑扎在毛管上。

（2）管上式滴头安装。用直径小于孔口滴头接口外径约1mm锥子（又称打孔器）在毛管上按设计距离打孔，随即装上滴头。

（3）管间式滴头安装。这种滴头连接于两段毛管之间，先将毛管剪成段，然后与滴头连续接起来就成一条滴水毛管。滴头安装时应注意将有进水口一端向上游，滴头接头应全部插入毛管中，与之紧密连接，以防漏水和脱落。天气较凉时安装滴头比较困难，可将已剪的毛管头部放在热水中浸热变软后随即取出与滴头插接。

（4）微灌管（带）安装。一般是把微灌管（带）与旁通连接即可。

灌水器形式有多种，安装方法同中有异，可参照安装说明书进行安装，总的要求是插接处不漏水，灌水器稳固，便于维修保养。

6. 冲洗与试运行

冲洗与试运行的目的是为了尽量避免泥土、砂粒和钻孔时塑料粉末等污物随水进入管道而堵塞灌水器，影响灌水质量，这也是考核微灌设备制造和施工安装质量的一种综合性检测方式。为此，在工程建成后未投入使用前，应对全系统进行水冲洗，水压试验和试运行，经测试符合设计标准时才允许交付生产单位正式使用。

（1）冲洗与试压。对已安装好的微灌系统，应当集中时间抓紧冲洗、试水检测。一般是先冲洗后试压，冲洗时待最远处管内全部出清水，杂物彻底清除后方可堵上堵头。若工程较大首部流量不够时，可分区冲洗。发现质量问题必须及时解决，使工程尽快交付使用。

（2）试运行。当全系统所有设备冲洗干净、试水正常后就可进行系统试运行。试运行时可使各级管道和滴头及相应附属装备都处于工作状态，连续运转4h以上，选择有代表性的2～3条毛管用仪表检测技术性能，对运行水压、滴水量、均匀性等进行全面观测，并将结果进行计算评价。待全系统运转正常、基本指标都达到设计规定值，认为符合质量要求，整个系统才可交付使用。

(3) 回填。全系统经冲洗试压和初次试运行，证明工程质量符合要求，才能将各级沟槽回填。

7. 竣工验收

竣工验收工作是全面检查和评价微灌工程质量的关键工作，可考核工程建设是否符合设计标准和实际条件，能否正常运行并交付生产单位应用。竣工验收是整个工序中一个重要环节，不论大小工程都应进行。

(1) 验收前应由业务主管部门负责协调和组织设计单位、施工单位、使用单位或用户代表参加的工程验收小组，进行各项验收工作。

(2) 对全部工程进行全面了解，由水源直到田间灌水器进行逐一检查施工安装质量。

(3) 为了具体了解所建工程实际运行状态，在进行图纸对照检查的同时，可实地抽样检测，例如对机泵设备进行2～3次启动试验运转，注意观察是否安全可靠，方便操作，机体是否稳定和声音是否正常等，抽查调压阀门、池管端与阀门安装质量，是否有漏水现象，同时分上、中、下游抽几条毛管在有代表性部位实测灌水器的出水量和系统的灌水均匀度。

(4) 按照上述工作程序和内容全面进行验收，同时由竣工验收小组对验收结果进行整理分析和总结，编写竣工验收报告。

为便于查阅，全套文件及资料应由设计、施工、使用单位各保存一套，做好技术归档工作，以备查阅。

任务六　微灌工程运行管理

目标： 掌握微灌工程各部分的运行管理。

要点： 微灌工程的运行管理方法。

一、一般规定

(1) 微灌工程必须对每种设备按产品说明书规定和设计条件分别编制正确的操作规程和运行要求。

(2) 微灌工程应按设计工作压力要求运行。

(3) 微喷灌工程应在设计风速范围内作业。

(4) 应认真做好运行记录，内容应包括：设备运行时间、系统工作压力和流量、能源消耗、故障排除、收费、值班人员及其他情况。

二、首部枢纽的运行管理

(1) 水泵应严格按照其操作手册的规定进行操作与维护。

(2) 每次工作前要对过滤器进行清洗。

(3) 在运行过程中若过滤器进出口压力差超过正常压力差的25%～30%，要对过滤器进行反冲洗或清洗。

（4）必须严格按过滤器的设计流量与压力进行操作，不得超压、超流量运行。

（5）施肥罐中注入的固体颗料不得超过施肥罐容积的2/3。

（6）定期对施肥罐进行清洗。

（7）系统运行过程中，应认真做好记录。

三、水泵管理

（1）水泵在启动前应进行一次详细的检查，主要检查以下几点：①检查水泵与电机的联轴器或皮带轮是否同心或对正；②检查润滑油位是否合适，油质是否洁净；③检查各部分的螺丝有无松动现象；④需要灌水的水泵，启动前要灌清水，不可在无水状态下启动；⑤离心泵启动前应关闭出水管路上的闸阀，以降低启动电流。

（2）水泵在运行中的检查和维护主要做到以下几点：①检查各种测量仪表的读数是否在规定值的范围内，水表读数是否与水泵流量一致；②检查水泵和管道各部分有无漏水和进气的情况，应保证吸水管不漏气。

四、过滤器的运行管理

1. 网式过滤器的工作原理及使用须知

网式过滤器在结构上比较简单，当水中悬浮颗粒的尺寸大于过滤网的孔径尺寸时，就会被截流，但当网上积聚了一定量的污物后，过滤器进出口之间会发生压力差，当进出口压力差超过原压差0.02MPa时，就应对网芯进行清洗。清洗方法如下：

（1）将网芯抽出清洗，同时用清水冲洗两端的保护密封圈，也可用软毛刷刷洗，但不能用硬物刷洗。

（2）当网芯内外清洗干净后，再将过滤网金属壳内的污物用清水洗净，由排污口排出。

（3）按要求重新装配好过滤器。由于过滤器的网芯很薄，所以在清洗时不要用力过大，以免弄破。一旦网芯破损，不可继续使用，必须立即更换。

2. 离心式过滤器的使用须知

工作原理：由水泵供水经水管切向进入离心体内，旋转产生离心力，推动旋流，促使泥沙进入集沙罐，清水则顺流进入出水口。由此完成了第一级的水沙分离，清水经出口、弯管、阀门进入网式过滤器，再进行后面的过滤。

使用要求如下：

（1）离心式过滤器通常用做较差水质情况下的前端过滤，因此会产生较多的沉淀泥沙，它下面的集沙罐设有排沙口，使用时要不断地进行排沙。

（2）排沙时首先关闭出水阀，打开排污阀，启动水泵进行排水、排沙直到井内出清水为止。然后停止水泵，关闭排污阀，打开出水阀，启动水泵，滴灌系统可以工作。正常工作时要视水质情况，经常检查集沙罐，避免罐中沙量太多使离心式过滤器不能正常工作。

（3）在进入冬季之前，为防止整个系统冻裂，要打工各级设备所有阀门，把存水排入干净。

3. 过滤器运行前的准备

（1）开启水泵前认真检查过滤器各部位是否正常，各个阀门此时都应处于关闭状态，确认无误再启动水泵。

（2）在系统运行之前，打开网式过滤器，检查网芯内有无沙粒和破损，确认其网面无破损后装入壳内，不得与任何坚硬物质碰撞。

（3）水泵开启应使其动转3～5min，使系统中空气由排气阀排出，待完全排空后，打开压力表旋塞，检查系统压力是否在额定的排气压力范围内，当压力表针不再上下摆动、设备无噪声时，可视为正常，过滤器可进入工作状态。

4．过滤器运行操作程序

（1）打开通向各个沙石过滤器之间的控制阀门，与前一阀门处于同一开启位置，不要完全打开，以保证沙床稳定，提高过滤器的使用精度。

（2）缓慢开启沙石过滤器后过的控制阀门，与前一阀门处于同一开启程度，让水流平稳通过，使沙床稳定压实，检查过滤器两压力表之间的压力差是否正常。确认无误后，将第一道阀门缓缓打开，开启第二道阀门将流量控制在设计流量的60%～80%，一切正常后方可按设计流量进行。

（3）过滤器工作完毕后，应缓慢关闭沙石过滤器后过的控制阀门，再关水泵以保持沙床的稳定，也可在灌溉完毕后进行反复的反冲洗，每组中的两罐交替进行直到过滤器冲洗干净，以备下次再用。如果过滤介质需要更换或部分更换也应在此时进行。沙石过滤器冲洗干净后，在没有上冻的情况下应充满干净水。

5．注意事项

（1）过滤器要按设计水处理能力运行，以保证过滤器的使用性。

（2）过滤器安装前，应按过滤器的外形尺寸做好基础处理：以保证地面平整、坚实，作混凝土基础并留有排沙及冲洗水流道。

（3）应有熟知操作规程的人负责过滤器的操作，以保证过滤器设备的正常运行。

（4）在露天安装的过滤器，在冬季不工作时必须排掉过滤器内的所有积水，以防止冻裂，压力表等仪表装置应卸掉并妥善保管。

（5）沙石过滤器安装好后，有条件的应先将过滤介质冲洗干净后再装入过滤器内，其冲洗标准以在容器内冲洗后无混浊水为准。无此条件者先将介质装入过滤器，但使用前应关闭出水阀门，对介质进行反冲洗，每组两罐交替进行，每次反冲洗以无混浊水排出为准。

（6）在正常使用过程中，如网式过滤器两端压力差超过0.03MPa，应抽出网式过滤器的网芯清洗污物。重新装好网芯封盖。安装封盖时不可压得过紧，由此可延长橡胶使用寿命。

（7）过滤器在运行中出现意外事故时，应立即关泵检查，对异常声响应检查原因。使其正常后再进行工作。

五、施肥装置的使用管理

1．施肥装置的结构及原理

（1）压差式施肥装置。本装置是由专用施肥阀、施肥罐和连接管组成，是根据压力差的原理进行施肥的。首先将稀释过的无机肥装入罐内，调节施肥专用阀，使之形成一定的压力差，打开施肥专用阀旁的两个小阀门，将罐内的肥料压入灌溉系统中进行施肥。

注意事项如下：使用时应缓慢启闭施肥阀旁的小阀门。每次施完肥后应将两个小阀门关闭，并将罐体冲洗干净，不得将肥料留在罐内，以免造成腐蚀，影响使用寿命。在施肥装置后应加网式过滤设备，以免将未完全溶解的肥料带入系统中，造成灌溉设施的堵塞。施肥装置与水源之间一定要安装逆止阀，离止农药污染水源；施肥完毕应继续灌溉 10～20min，用清水冲净管道内的肥料（药）。

（2）文丘里施肥器，是由阀门、文丘里、三通、弯头连接而成的，体积小，结构简单。施肥时，适当关小球阀让水从施肥器中流过，施肥器开始施肥。

（3）注射泵。微灌系统常使用活塞泵或隔膜泵向管道中注入肥料或农药。根据驱动水泵的动力来源又可分为水驱动和机械驱动两种形式。

1）活塞施肥泵的动力来源是机械驱动。泵进口通过软管插入肥料桶中，泵出口与管道相连。

2）水动施肥泵，又名注肥器，是依靠水压驱动力的。它直接安装在供水管道上，不用电驱动，以水压作动力，通过软管与肥料桶连接，施肥时按设定的比例自动吸入肥料。

2. 施肥装置的操作程序

（1）打开施肥罐，将所需滴施的肥（药）倒入施肥罐中。

（2）打开进水阀门，进水至罐容量的 1/2 后停止进水，并将施肥罐上盖拧紧。

（3）滴施肥（药）时，先开施肥罐出水阀门，再打开其进水阀门，稍后缓慢关闭两阀门之间（干管上）的闸阀，使其前后压力表差比原来压力增加约 0.05MPa，通过增加的压力差将罐中肥料带入系统管网之中。

（4）滴肥（药）20～40min 即可完毕。具体情况根据经验以及罐体容积大小和肥（药）量的多少判定。

（5）滴施完一个轮罐组后须将两侧阀门关闭，先关进水阀，后关出水阀。将罐底球阀打开，把水放尽，再进行下一轮灌组。

3. 操作过程中的注意事项

（1）罐体内肥料必须充分溶解后，才能进行滴施，否则影响滴施效果，引起罐体堵塞。

（2）滴施肥（药）应在每个轮灌小区滴水 1/3 时间后才可滴施，并且在滴水结束前半小时必须停止施肥（药）。

（3）滴施肥（药）结束，更换下一个轮换组前，应有半个小时的管网冲洗时间，即进行半小时滴纯水冲洗，以免肥料在管内沉积。

六、管网的运行管理

（1）系统在第一次运行前，需进行调试。可通过调整球阀的开启度来进行调压，使系统各支管进口压力大致相同。调试完后，在球阀开启的相应位置上做好标记，以保证在以后的运行中，其开启度能维持在该水平。

（2）系统每次工作前要先进行冲洗，在运行过程中，要检查系统水质情况，视水质情况对系统随时进行冲洗。

（3）定期对管网进行巡视，检查管网有无泄漏情况、各区毛管滴水是否均匀，如有漏水和滴水不均匀现象，要立即处理。

（4）系统运行时，必须严格控制压力表读数，应将系统控制在设计压力范围内，以保证系统能安全、有效地运行。

（5）进行分区轮灌时，每次开启一个轮灌组，当一个轮灌组结束后，应先开启下一个轮灌组再关闭上一个轮灌组，严禁先关后开。

（6）每年灌溉季节应对管、地埋管进行检查，灌溉季节结束后，应对损坏处进行维修，冲净泥沙，排干存水。管网系统常见故障与排除方法见表4-15。

表4-15　　管网系统常见故障与排除方法表

常见故障	可能产生的原因	排除方法
压力不平衡 （1）第一条支管与最后一条支管压差＞0.04MPa；（2）毛管首端与末端压差＞0.02MPa；（3）首部枢纽进口与出口压力差大，系统压力降低，全部滴头流量差小	（1）出地管闸阀的开启位置欠妥；（2）支（毛）管或连接部位漏水；（3）过滤器堵塞，机泵功率不够；（4）系统管网级数设计欠妥	通过调整出地管闸阀开关位置至平衡，检查管网并处理反冲洗过滤器，清洗过滤网，排污及检修机泵或电源电压，增加面积时考虑调整设计，每次滴水前调整各条支管的压力
滴头流量不均匀，个别滴头流量减小	（1）系统压力过小；（2）水质不符合要求，泥沙过大，毛管堵塞；（3）毛管过长，滴头堵塞，管道漏水	调整系统压力，滴水前或结束时冲洗管网，排除堵塞杂质，分段检查，更新管道
毛管漏水	毛管有砂眼，迷宫磨损变形	酌情更换部分毛管，播种机铺设毛管导向轮应90°，且导向轮环转动灵活，各部分与毛管接触处应顺畅无阻
毛管边缝滋水或毛管爆裂	（1）压力过大，超压运行；（2）毛管制造时部分边缝粘不牢	调整压力，使毛管首端小于0.1MPa更换毛管
系统地面有积水	（1）毛管或支管件部分漏水；（2）毛管流量选择与土质不匹配	检查管网，更换受损部件测定土壤入渗强度，分析原因。缩短灌水延续时间

七、微灌灌水器的运行管理

（1）灌水前应对灌水器及其连接进行检查和补换。

（2）灌水时应认真查看，对堵塞和损坏的灌水器应及时处理和更换必要时应打开毛管尾端放水冲洗。

（3）灌溉季节后，应对微喷头、滴头和滴灌管（带）等进行检查，修复或更换损坏和已被堵塞的灌水器。

（4）灌溉季节后，应打开滴灌管（带）末端进行冲洗，必要时应进行酸洗。移动式滴灌管（带）宜卷盘收回室内保管。

思　考　题

1. 什么是微灌？特点是什么？
2. 微灌系统由哪几部分组成？
3. 微灌系统可分为哪几类？
4. 微灌灌水器可分为几类？
5. 微灌工程规划设计一般包括哪些基本内容？
6. 微灌工程设计参数一般包括哪些内容？如何确定？

7. 什么是微灌的土壤湿润比？

8. 滴灌时毛管和灌水器如何布置？

9. 微喷灌时毛管和灌水器如何布置？

10. 什么是微灌系统的灌溉制度？包括哪些内容？如何确定？

11. 微灌系统工作制度有哪些？

项目五　低压管道输水灌溉工程技术

项目任务书

<table>
<tr><td colspan="2">项目名称</td><td>低压管道输水灌溉工程技术</td><td>参考课时</td><td>12</td></tr>
<tr><td colspan="2" rowspan="5">学习型工作任务</td><td colspan="2">任务一　低压管道输水灌溉工程布置原则</td><td>2</td></tr>
<tr><td colspan="2">任务二　低压管道输水灌溉工程设计内容</td><td>3</td></tr>
<tr><td colspan="2">任务三　低压管道输水灌溉工程设计参数的确定方法</td><td>3</td></tr>
<tr><td colspan="2">任务四　低压管道灌溉工程施工与运行管理</td><td>2</td></tr>
<tr><td colspan="2">任务五　低压管道灌溉工程规划设计示例</td><td>2</td></tr>
<tr><td colspan="2">项目任务</td><td colspan="3">学会低压管道输水灌溉工程相关设计及计算，熟悉低压管道灌溉工程施工与管理，独立完成低压管道灌溉工程规划设计</td></tr>
<tr><td colspan="2">教学内容</td><td colspan="3">（1）熟悉低压管道布置原则；（2）掌握低压管道输水灌溉工程设计内容；（3）掌握低压管道输水灌溉工程设计参数的确定方法；（4）低压管道灌溉工程规划设计</td></tr>
<tr><td rowspan="3">教学目标</td><td>知识</td><td colspan="3">（1）熟悉资料分析方法；（2）掌握工程布置原则；（3）掌握工程设计参数确定方法；（4）熟悉工程布置形式；（5）掌握工程运行管理方法</td></tr>
<tr><td>技能</td><td colspan="3">低压管道灌溉工程规划设计</td></tr>
<tr><td>态度</td><td colspan="3">（1）具有刻苦学习精神；（2）具有吃苦耐劳精神；（3）具有敬业精神；（4）具有团队协作精神；（5）诚实守信</td></tr>
<tr><td colspan="2">教学实施</td><td colspan="3">通过了解低压管道输水灌溉工程设计与布置，学会工程规划设计</td></tr>
<tr><td colspan="2">项目成果</td><td colspan="3">低压管道灌溉工程规划设计书</td></tr>
<tr><td colspan="2">技术规范</td><td colspan="3">SL/T 153—95《低压管道输水灌溉工程》</td></tr>
</table>

任务一　低压管道输水灌溉工程布置原则

目标： 掌握低压管道输水灌溉工程布置，熟悉其布置原则。

要点：（1）管道输水概念与特点。

（2）低压管道输水灌溉工程布置原则。

管道输水灌溉是以管道代替明渠输水灌溉的一种工程形式，水直接由管道分水口分水进入田间沟输水进入田间沟、畦。管道输水有多种使用范围，大中型灌区可以采用明渠水与管道有压输水相结合，有专门为喷灌供水的压力输水管道，还有为田间沟畦灌的低压管道输水。本章主要介绍工作压力低于0.2MPa，自成独立灌溉系统的低压管道输水。管道输水灌溉的特点是出水口流量大，且不会发生堵塞，仍属地面灌溉技术。

低压管输水灌溉（简称低压管灌）是以低压管道代替明渠输水灌溉的一种工程形式，如图5-1所示。采用低压管道输水，可以大大减少输水过程中的渗漏和蒸发损失，使输水效率达95%以上，比土渠、砌石渠道、混凝土板衬砌渠道分别多节水约30%、15%和7%。对于井灌区，由于减少了水的输送损失，使从井中抽取的水量大大减少，因而可减少能耗25%以上。另外，以管代渠，可以减少输水渠道占地，使土地利用率提高2%～3%，且具有管理方便、输水速度快、省工省时、便于机耕和养护等许多优点。因此，对于地下水资源严重超采的北方地区，井灌区应大力推行低压管道输水技术，特别是新建井灌区，要力争实现输水管道化；近几年南方经济条件的渠灌区也在大力推广低压管灌。由于低压管道输水灌溉技术的一次性投资较低（与喷灌和微灌相比），要求设备简单，管理方便，农民易于掌握，故特别适合我国农村当前的经济状况和土地经营管理模式，深受广大农民的欢迎。

(a)低压输水管道

(b)低压输水灌溉

图5-1　低压输水灌溉工程

一、管道输水特点

1. 节水节能

管道输水可减少渗漏损失和蒸发损失，与土垄沟相比，管道输水损失可减少5%，水的利用率比土渠提高了30%～40%，比混凝土等衬砌方式节水5%～15%。对机井灌区，节水就意味着降低能耗。

2. 省地、省工

用土渠输水，田间渠道用地一般占灌溉面积的1%～2%，有的多达3%～5%，而管道输水只占灌溉面积的0.5%，提高了土地利用率。同时管道输水速度快，避免了跑水漏水现象，缩短了灌水周期，节省了巡渠和清淤维修用工。

3. 投资小、效益高

管灌投资较低，一般每亩在100～300元。同等水源条件下，由于能适时适量灌溉，满足作物生长期需水要求，因而起到增产增收作用。

4. 适应性强

压力管道输水，可以越沟、爬坡和跨路，不受地形限制，施工安装方便，便于群众掌握，便于推广。配上田间地面移动软管，可解决零散地块浇水问题，适合当前农业生产责任制形式。

二、低压管道输水灌溉工程布置原则

根据SL/T 153—95《低压管道输水灌溉工程技术规范（井灌区部分）》，低压管道输水灌溉工程有如下布置原则。

1. 工程规划原则

(1) 应准确占有规划区自然地理、水文气象、水文地质、表层土壤、工程现状、农业生产、社会经济以及地形等资料。

(2) 规划应在当地农业区划和地下水资源评价的基础上进行；应与农田水利基本建设总体规划相适应，做到因地制宜、统筹兼顾、全面规划、分期实施。

(3) 规划中应进行多方案的技术经济比较，达到投资省、效益高、节水、节能、省地及便于管理的目标。

(4) 在进行多方案的技术经济比较时，宜以年费用最小为主要依据选定规划方案。

(5) 水源水质应符合 GB 5084《农田灌溉用水水质标准》的规定。

2. 设计原则

(1) 管道系统布置应与排水、道路、林带等规划紧密结合，统筹安排。

(2) 合理确定支管间距与出水口间距，适应田间灌水要求。

(3) 系统运行可靠，维护管理方便。

(4) 节省投资与运行管理费用。因地制宜地选择管材，管线顺直，进行必要的方案比较。

3. 低压管道输水管网布置原则

(1) 管理设施、井、路、管道统一规划，合理布局，全面配套，统一管理，尽快发挥工程效益。

(2) 依据地形、地块、道路等情况布置管道系统，要求线路最短，控制面积最大，便于机耕，管理方便。

(3) 管道尽可能双向分水，节省管材，沿路边及地块等高线布置。

(4) 为方便浇地、节水，长畦要改短。

(5) 按照村队地片，分区管理，并能独立使用的原则。

任务二　低压管道输水灌溉工程设计内容

目标：(1) 低压管道输水灌溉工程设计内容。

(2) 根据某灌区的基本资料，运用所学知识分析工程设计内容。

要点：(1) 管道输水系统的分类。

(2) 低压管道灌溉工程规划。

一、管道输水灌溉系统的组成

管道输水灌溉系统由水源与取水工程部分、输水配水管网系统和田间灌水系统 3 部分组成，如图 5-2 所示。

1. 水源与取水工程

管道输水灌溉系统的水源有井、泉、沟、渠道、塘坝、河湖和水库等。水质应符合 GB 5084《农田灌溉用水标准》，且不含有大量杂草、泥沙等杂物。

井灌区的取水工程应根据用水量和扬程大小，选择适宜的水泵和配套动力机、压力表

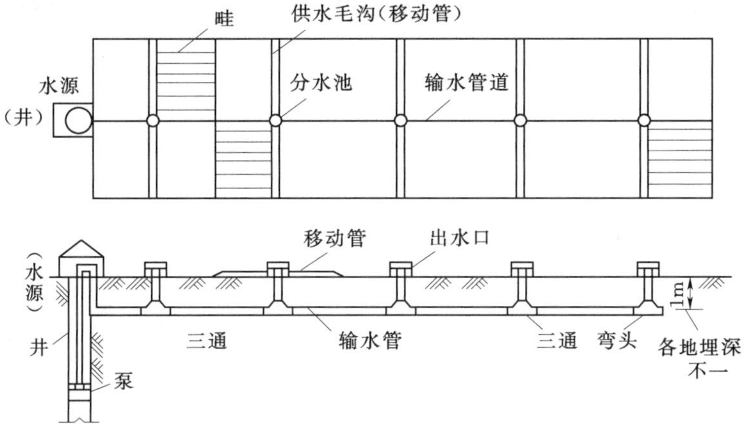

图 5-2　灌溉管道系统组成图

及水表，并建有管理房。自压灌区或大中型提水灌区的取水工程还应改进水闸、分水闸、拦污栅及泵房等配套建筑物。

2. 输水配水管网系统

输配水管网系统是指管道输水灌溉系统中的各级管道、分水设施、保护装置和其他附属设施。在面积较大灌区，管网可由干管、分干管、支管和分支管等多级管道组成。

3. 田间灌水系统

田间灌水系统指出水口以下的田间部分，它仍属地面灌水，因而应采取地面节水灌溉技术，达到灌水均匀并减小灌水定额的目的。

二、管道输水系统的分类

管道输水系统按其压力获取方式、管网形式、管网可移动程度的不同等可分为以下类型。

1. 按压力获取方式分类

按压力获取方式不同可分为机压输水系统和自压输水系统。

(1) 机压（水泵提水）输水系统。它又分为水泵直送式和蓄水池式。当水源水位不能满足自压输水要求时，要利用水泵加压将水输送到所需要的高度或蓄水池中，通过分水口或管道输水至田间。目前，井灌区大部分采用直送式。

(2) 自压输水系统。当水源较高时，可利用地形自然落差所提供的水头作为管道输水所需要的工作压力。在丘陵地区的自流灌区多采用这种形式。

2. 按管网形式分类

按管网形式不同可分为树状网和环状网两种类型。

(1) 树状网。管网呈树枝状，水流通过“树干”流向“树枝”，即从干管流向支管、分支管，只有分流而无汇流，如图 5-3 (a) 所示。

(2) 环状网。管网通过节点将各管道连接成闭合环状网。根据给水栓位置和控制阀启闭情况，水流可作正逆方向流动，如图 5-3 (b) 所示。

目前国内低压管道输水灌溉系统多采用树状网，环状网在一些试点地区也有应用。

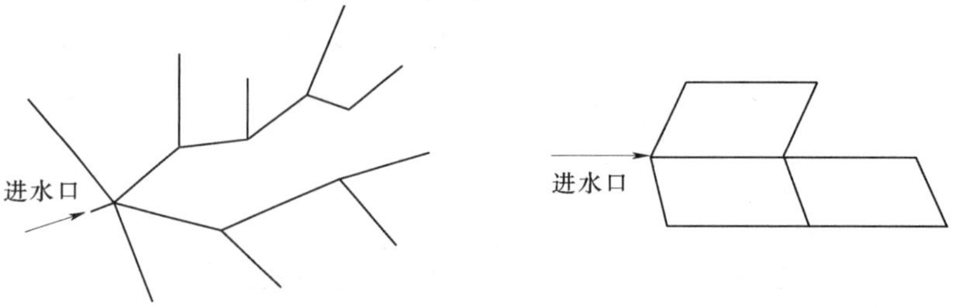

(a)树状管网　　(b)环状管网

图5-3　管网系统示意图

3. 按固定方式分类

低压管道输水灌溉系统按固定方式可分为移动式、半固定式和固定式。

(1) 移动式。除水源外，管道及分水设备都可移动，机泵有的固定，有的也可移动，管道多采用软管，简便易行，一次性投资低，多在井灌区临时抗旱时应用。但是劳动强度大，管道易破损。

(2) 半固定式。其管道灌溉系统的一部分固定，另一部分移动。一般是水源固定，干管或支管为固定地埋管，由分水口连接移动软管输水进入田间。这种形式工程投资介于移动式和固定式之间，比移动式劳动强度低，但比固定式管理难度大，经济条件一般的地区，宜采用半固定式系统。

(3) 固定式。管道灌溉系统中的水源和各级管道及分水设施均埋入地下，固定不动。给水栓或分水口直接分水进入田间沟、畦，没有软管连接。田间毛渠较短，固定管道密度大，标准高。这类系统一次性投资大，但运行管理方便，灌水均匀。有条件的地方应逐渐推行这种形式。

三、低压管道灌溉工程管材及附件

管材是低压管道输水灌溉系统的重要组成部分，其投资比重一般约占工程总投资的70%～80%，直接影响到管灌工程的质量和造价。

1. 技术要求

(1) 能承受设计要求的工作压力。管材允许工作压力应为管道最大正常工作压力的1.4倍。当管道可能产生较大水击压力时，管材的允许工作压力应不小于水击时的最大压力。

(2) 管壁要均匀一致，壁厚误差应不大于5%。

(3) 地埋暗管在农业机具和车辆等外荷载的作用下管材的径向变形率不得大于5%。

(4) 满足运输和施工的要求，能承受一定的局部沉陷应力。

(5) 管材内壁光滑，内外壁无可见裂缝，耐土壤化学侵蚀，耐老化，使用寿命满足设计年限要求。

(6) 管材与管材、管材与管件连接方便，连接处应满足工作压力、抗弯折、抗渗漏、强度、刚度及安全等方面的要求。

(7) 移动管道要轻便，易快速拆卸，耐碰撞，耐摩擦，不易被扎破及抗老化性能好等。

(8) 当输送的水流有特殊要求时，还应考虑对管材的特殊需要。如灌溉与饮水结合的管道，要符合输送饮用水的要求。

2. 选择方法

在满足设计要求的前提下综合考虑以下几个因素进行管材选择：①管材管件的价格；②施工费用，包括运输费用、当地劳动力价值、施工辅助材料及施工设备费用；③工程的使用年限；④工程维修费用等。

在经济条件较好的地区，固定管道可选择价格相对较高但施工、安装方便及运行可靠的硬 PVC 管；移动管道可选择涂塑软管。在经济条件较差的地区，可选择价格低廉的管材。如固定管可选素混凝土管、水泥砂土管等地方管材；移动管道可选择塑料薄膜软管。

在水泥、砂石料可就地取材的地方，选择就地生产的素混凝土管较经济。在缺乏或远离砂石料的地方，选择塑料管则可能是经济的。另外，选择管材还要考虑应用条件及施工环境的特殊要求。在管道有可能出现较大不均匀沉陷的地方，不宜选择刚性连接的素混凝土管，可选择柔性较好的塑料硬管；在丘陵和砾石较多的山前平原。管沟开挖回填较难控制，可选择外刚度较高的双壁波纹 PVC 管，不宜选择薄壁 PVC 管；在跨沟、过路的地方，可选择钢管、铸铁管；在矿渣、炉渣堆积的工矿区附近，可利用矿渣、炉渣就地生产水泥预制管，这样，既发展了节水灌溉，又有利于环境保护；对将来可能发展喷灌的地区，应选择承压能力较高的管材，便于发展喷灌时利用；对于山区果园灌溉，将来可能发展微灌的地方，可部分选择 PE 管材。

总之，管材选择要遵循经济实用、因地制宜、就地取材、减少运输、方便施工的原则。同时还应考虑生产厂家的生产能力和信誉，以避免不必要的纠纷。

3. 井灌区管材的选择

目前井灌区低压管道输水工程所用管材，主要有塑料管、预制素混凝土管以及现场连续浇筑混凝土管等。

(1) 塑料管。硬塑料管具有性能质量稳定、重量轻、易搬运、内壁光滑、耐腐蚀、能适应一定的不均匀沉陷、施工安装方便等优点，埋在地下寿命至少 20 年以上，是一种值得提倡采用的管材。井灌区低压管道输水灌溉工程常用的硬塑料管有普通聚氯乙烯 (PVC) 管、聚乙烯 (PE) 管、聚丙烯 (PP) 管、双壁波纹管和加筋聚氯乙烯管等。硬管道输水灌溉工程中，可优先选用 PE 管材。另外，PE 管材由于耐低温性能优于硬聚氯乙烯 (PVC-U)，且质地较软，因此在高寒地区低压输水中应用较多。

聚丙烯管材是以聚丙烯树脂为基料，加入其他材料，经挤出成型而制成的性能良好的共聚改性管材。这种管材的性能、适用条件与高密度聚乙烯混合炭黑 (HDPE) 管类似。

(2) 水泥类预制管。水泥类预制管种类很多，用于井灌区的主要为素水泥预制管材，它是用立式制管机作为主要制管工具，以砂、土、石屑、炉渣等作为主要配料挤压而成的。常用的有水泥砂管、水泥砂土管、水泥土管、水泥石屑管、水泥炉渣管等，其规格见技术标准参见水利部标准 SL/T 98—1994《灌溉用低压输水混凝土管技术条件》。这类管材水泥用量少，在有原材料来源的地方，可就地生产，因此造价低廉，但施工安装中管道接头多，施工速度慢，劳动强度大，安装技术要求高，接头处质量不易保证，容易漏水。

（3）现场连续浇筑混凝土管。现场连续浇筑混凝土管是在施工现场挖好的沟里直接浇成型的混凝土管。这种方法无接头处理工序，无运输、搬运损坏等问题，但非专业施工压现场浇筑时，其质量难以控制。

塑料管各地都有成品出售，一般每节长4～6m，根据需要也可适当加长。产品规格可参考有关资料。

目前，国内生产的可用于管道输水灌溉的PVC管材种类较多，应根据当地条件选择。使用压力和口径较大时，选用加筋PVC管通常比普通PVC管更经济。当压力较低时，导致管道破坏的因素往往不是内水压力，而是外刚度不足，此时选用双壁波纹管较适宜。施工条件好，管沟挖填能严格控制，亦可选用薄壁PVC管。在地形复杂、施工条件较差的丘陵区，应选用压力稍高、外刚度较大的管材。

聚乙烯（PE）管材由于不含有毒的氯，更适于输送饮用水。

4. 渠灌区大口径管材的选择

渠灌区由于具有控制面积大、输水流量大、输配水系统层次多、地形复杂、线路长、管网水压力分布复杂等特点，因此在管材选择上要充分考虑其特点。其中，中小口径的管材选择与井灌区基本一致；大口径管材和管件国内目前主要以各类预制管为主，如自应力钢筋混凝土管和预应力钢筋混凝土管、石棉水泥管、素混凝土管、钢丝网水泥管等；部分使用塑料管，如双壁波纹管、大口径双壁螺旋塑料管、HDPE螺旋管等。

（1）自应力钢筋混凝土管和预应力钢筋混凝土管具有良好的抗渗性和耐久性，连接形式采用橡胶圈密封的承插子母口，施工安装比较简单。因受其材料力学性能和制造工艺的限制，自应力钢筋混凝土管适用于较小的管径（最大800mm），预应力钢筋混凝土管适用于较大的管径（最大2000mm）。有关两种管材的规格及技术指标参见GB 4084—83《承插式自应力钢筋混凝土输水管》和GB 5695—85《预应力混凝土输水管》。

（2）石棉水泥管以石棉和水泥为原料经制管机制成。与其他水泥混凝土管相比，石棉水泥管具有重量轻、耐腐蚀、承压能力高、便于搬运和铺设、内外壁光滑、切削钻孔加工容易、施工简单等优点，但抗冲击、抗碰撞能力差，价格稍高。目前生产的石棉水泥管承压能力较强，管径一般小于500mm，主要用于喷灌系统。因此，在渠灌区可利用其具有较高的承压能力的优点，用于输水压力较高的管段。同时，应与生产厂家协商，通过改变配方，适当降低承压能力，从而使价格降低。

（3）大口径素混凝土管主要特点是价格低廉、承压低，因此在渠灌区输水压力低、地形平坦的管段以及平原河网提水灌区可优先选用。钢丝网水泥管在管体中因加入了钢丝网骨架，其承压能力比素混凝土管要高，或相同压力下壁厚减薄，管体重量比素混凝土管小，因此在渠灌区具有一定的应用价值。

（4）硬聚氯乙烯双壁波纹管材按压力等级分为无压、0.20MPa、0.40MPa三个级别，在管道输水灌溉系统主要采用0.20MPa和0.40MPa两个系列，目前最大管径可达1000mm。

（5）大口径双壁螺旋塑料管以高密度聚乙烯树脂为主要原料，经挤出缠绕成型。根据使用要求，其性能特点为，满足低压输水并具备足够的刚度以适应埋地运行。在国内，大口径双壁螺旋塑料管的规格已形成系列，最大管径可达600mm，完全可以满足渠灌区输水的需要。

（6）大口径肋式卷绕管是用聚氯乙烯或高密度聚乙烯混合炭黑采用热压法形成带T形肋的板材，然后在卷管机上制成螺旋管，通过快速锁定机械连接方式和机械焊接，并用黏合剂加固成形的塑料螺旋管。按板带（材）的不同宽度，可卷制成不同直径的管材。宽度较小的，适用于卷制小口径的管材；宽度较大的，适用于卷制较大口径的管材。

此外，渠灌区也可考虑采用夹砂玻璃钢管、钢管和铸铁管，但需进行详细的技术经济论证。

5. 地面移动管道的选择

地面移动管道通常采用轻便柔软易于盘卷的软管。软管按其生产材料可分为聚氯乙烯塑料软管、涂胶软管、橡胶管、橡塑管等。低压管道输水灌溉系统中用得最多的是聚氯乙烯塑料软管和涂塑软管。

聚乙烯塑料软管也称聚乙烯薄膜塑料软管，现在低压管道输水灌溉系统中应用的聚乙烯塑料软管主要是线性低密度聚乙烯塑料软管（LLDPE 塑料软管）。

涂塑软管是用锦纶纱、维纶纱或其他强度较高的材料织成管坯，内外壁或内壁涂敷聚氯乙烯（PVC）或其他塑料制成。根据管坯材料的不同，涂塑软管分为锦纶塑料软管、维纶塑料软管等种类。涂塑软管将锦（维）纶管坯的耐压强度高、塑料内外壁的不透水性及水力性能好的特点结合在一起，大大提高了管材的工作压力，使用寿命可达3～4年。

选择时要求管材壁厚均匀，表面光滑平整，没有断线、抽筋、松筋、内外槽、脱胶、气孔和涂层夹杂质等缺陷。

四、管道附属设施

管道附属设施是指管道安全运行并实施科学管理的装置，包括给水装置、保护装置和量测设施等。

1. 给水装置

给水装置是连接三通、立管、给水栓（或出水口）的统称。通常所说的给水装置一般是指出水口或给水栓。出水口是指把地下管道系统的水引出地面进行灌溉的放水口，它一般不能连接地面移动软管；能与地面移动软管连接的出水口称给水栓。给水栓各地有定型产品，可根据需要选用，也有自行制造的。给水栓要坚固耐用、密封性能好、不漏水、软管安装拆卸方便等。

（1）给水装置分类。给水装置有多种分类方法，按阀体结构分为移动式、半固定式、固定式三类：

1）移动式给水装置也称分体移动式给水装置，它由上、下栓体两大部分组成。其特点是：①止水密封部分在下栓体内，下栓体固定在地下管道的立管上，下栓体配有保护盖出露在地表面或地下保护池内；②系统运行时不需停机就能启闭给水栓、更换灌水点；③上栓体移动式使用，同一管道系统只需配2～3个上栓体，投资较省；④上栓体的作用是控制给水、出水方向。常用移动式给水栓有平阀型和球阀型几种型号，如GY系列给水栓。如图5-4～图5-7所示。

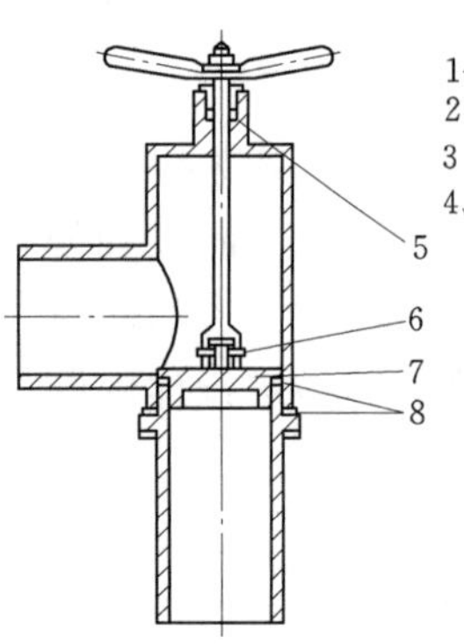

图 5－4　G2Y1－G 型平板阀移动式给水栓
1—阀杆；2—上栓壳；3—连接装置；4—下栓壳；
5—填料；6—销钉；7—阀瓣；8—密封胶垫

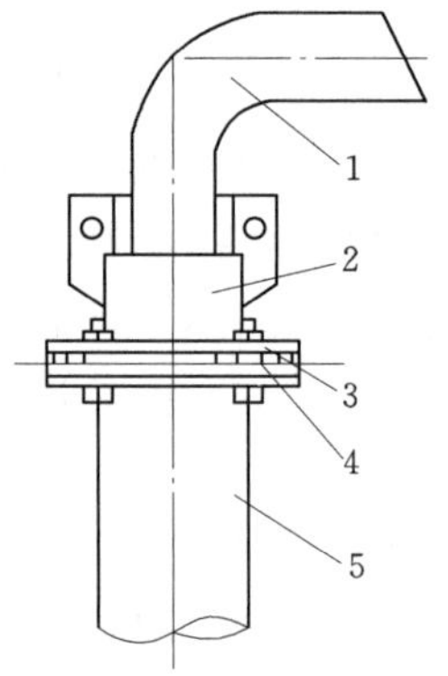

图 5－5　C2Y2－H 型系列平板阀移动式给水栓半固定式出水口
1—上栓体；2—插座；3—密封胶垫；
4—橡胶活舌；5—立管

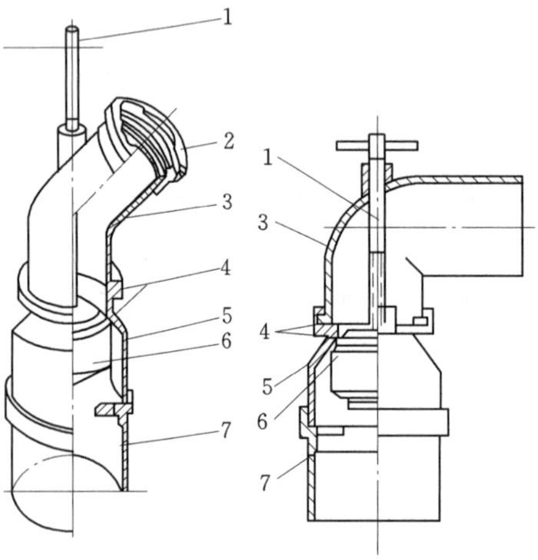

图 5－6　G1Y5－S 型球阀移动式给水栓（A 型）
1—操作杆；2—快速接头；3—上栓壳；
4—密封胶圈（垫）；5—下栓壳；
6—浮子；7—连接管

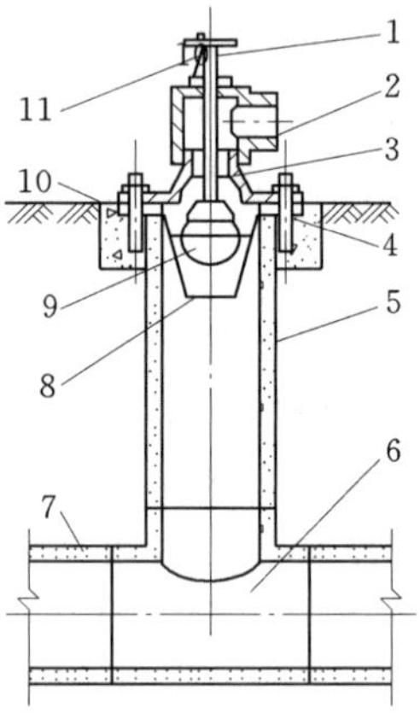

图 5－7　G3Y5－H 型球阀移动式给水栓（B 型）
1—操作杆；2—上栓壳；3—下栓壳；4—预埋螺栓；5—立管；6—三通；7—地下管道；
8—球篮；9—球阀；10—底盘；
11—固定挂钩

2）半固定式给水装置的特点是：①一般情况下，止水、密封、控制、给水于一体，有时密封面也设在立管上；②栓体与立管螺纹连接或法兰连接，非灌溉期可以卸下室内保存；③同一灌溉系统计划同时工作的出水口必须在开机运行前安装好栓体，否则更换灌水点时需停机；④同一灌溉系统也可按轮灌组配备，通过停机而轮换使用，不需每个出水口配一套，与固定式给水装置相比投资较省。如螺杆活阀式给水栓、LG 型系列给水栓、球阀半固定式给水栓等。如图 5－8 所示。

3）固定式给水装置也称整体固定式给水装置，其特点是：①止水密封、控制给水于一体；②栓体一般通过立管与地下管道系统牢固地结合在一起，不能拆卸；③同一系统的每一个出水口必须安装一套给水装置，投资相对较大。如丝盖式出水口、地上混凝土式给水栓、自动升降式给水栓等。如图 5－9～图 5－12 所示。

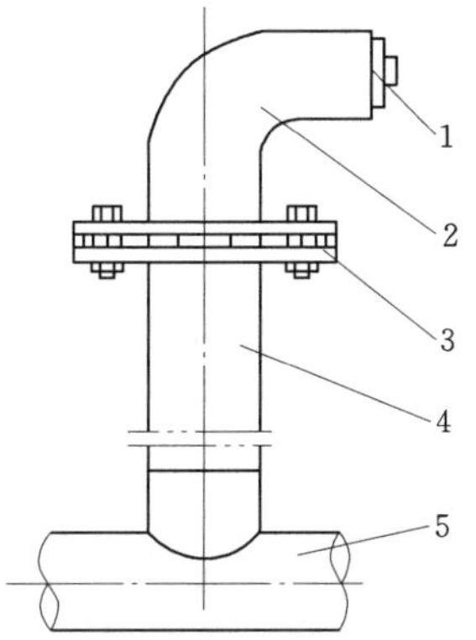

图 5－8　C287－H 型丝堵半固定式出水口

1—丝堵；2—弯头；3—密封胶垫

4—法兰立管；5—地下管道

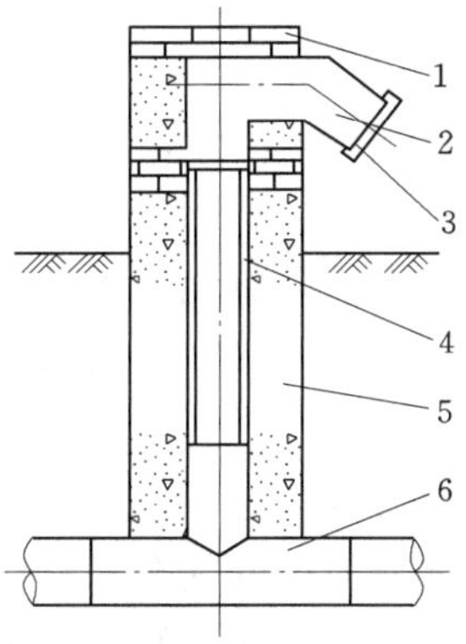

图 5－9　C2G7－S/N 型丝盖固定式出水口

1—砌砖；2—放水管；3—丝盖；

4—立管；5—混凝土固定墩；

6—硬 PVC 三通

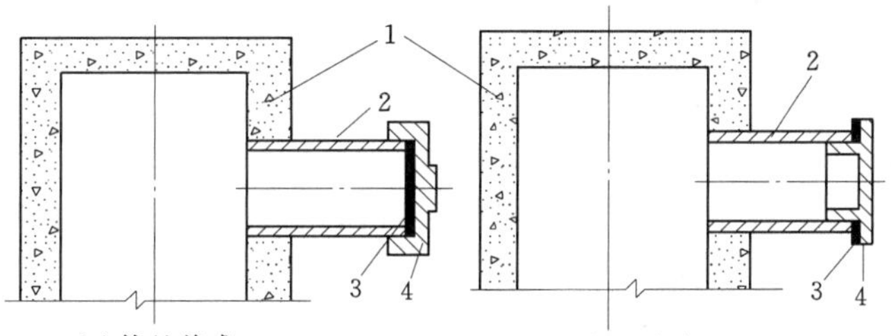

(a)外丝盖式　　(b)内丝盖式

图 5－10　C7G7－N 型丝盖固定式出水口

1—混凝土立管；2—出水横管；3—密封胶垫；4—止水盖

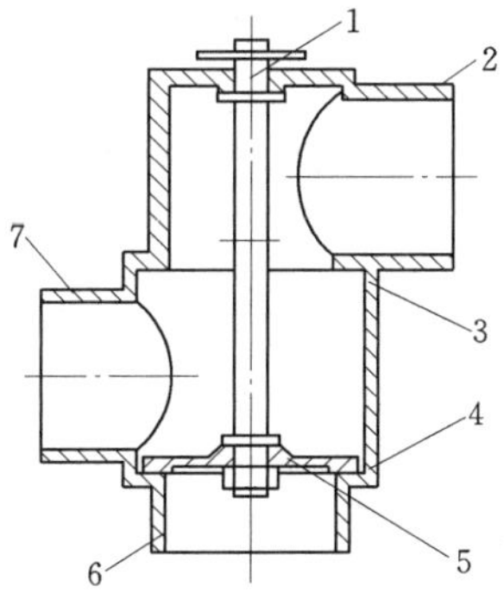

图 5－11　G2G1－G 型平板阀固定式给水栓

1—操作杆；2—出水口；3—上密封面；

4—下密封面；5—阀瓣；6—下游管

道进水口；7—上游管道进水口

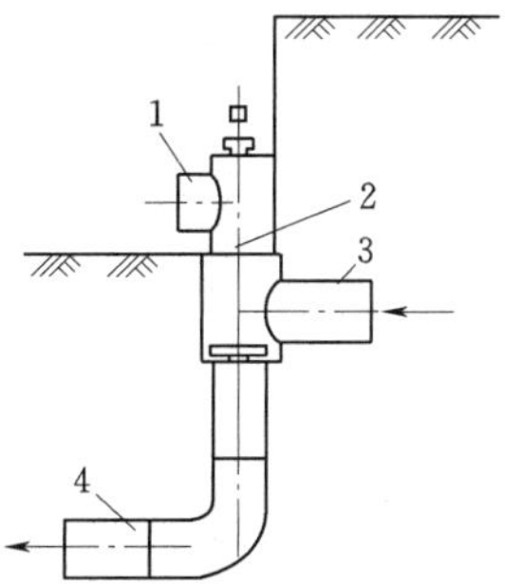

图 5－12　G2G1－G 型平板阀固定式给水栓安装示意图

1—出水口；2—阀杆；3—进水口（接上游的管道）；4—接下游的管道

（2）给水装置的选用原则。

1）应选用经过专家鉴定并定型生产的给水装置。

2）根据设计出水量和工作压力，选择的规格应在适宜流量范围内，且局部水头损失小。

3）密封压力满足低压管道输水灌溉系统设计要求。

4）在低压管道输水灌溉系统中，给水装置用量大，使用频率高，长期置于田间，因此在选用时还要考虑耐腐蚀、操作灵活、运行管理方便等因素。

5）根据是否与地面软管连接来选择给水栓或出水口；根据保护难易程度选择移动式、半固定式或固定式。

2. 安全保护装置

管道输水灌溉系统的安全保护装置主要有进（排）气阀、安全阀、调压阀、逆止阀、泄水阀等。主要作用分别是破坏管道真空，排除管内空气，减少输水阻力，超压保护，调节压力，防止管道内的水回流入水源而引起水泵高速反转。

（1）进（排）气阀。进（排）气阀按阀瓣结构分为球阀式、平板式进（排）气阀两大类。其工作原理是管道充水时，管内气体从进（排）气口排出，球（平板）阀靠水的浮力上升，在内水压力作用下封闭进（排）气口，使进（排）气阀密封而不渗漏，排气过程完毕。管道停止供水时，球（平板）阀因虹吸作用和自重而下落，离开球（平板）口，空气进入管道，破坏了管道真空或使管道水的回流中断，避免了管道真空破坏或因管内水的回流引起的机泵高速反转。

进（排）气阀一般安装在顺坡布置的管道系统首部、逆坡布置的管道系统尾部、管道系统的凸起处、管道朝水流方向下折及超过10°的变坡处。

（2）安全阀。安全阀是一种压力释放装置，安装在管路较低处，起超压保护作用。低压管道灌溉系统中常用的安全阀按其结构形式可分为弹簧式、杠杆重锤式。

安全阀的工作原理是将弹簧力或重锤的重量加载于阀瓣上来控制、调节开启压力（即整定压力）。在管道系统压力小于整定压力时，安全阀密封可靠，无渗漏现象；当管道系统压力升高并超过整定压力时，阀门则立即自动开启排水，使压力下降；当管道系统压力降低到整定压力以下时，阀门及时关闭并密封如初。

安全阀在选用时，应根据所保护管路的设计工作压力确定安全阀的公称压力。由计算出的定压值决定其调压范围，根据管道最大流量计算出安全阀的排水口直径，并在安装前校订好阀门的开启压力。弹簧式、杠杆重锤式安全阀均适用于低压管道灌溉系统。

安全阀一般铅垂安装在管道系统的首部，操作者容易观察到，并便于检查、维修，也可安装在管道系统中任何需要保护的位置。图5－13、图5－14是两种常见的安全阀。

（3）调压管。调压管又称调压塔、水泵塔、调压进（排）气井，其结构型式见图5－15。其作用是当管内压力超过管道的强度时，调压管自动放水，从而保护管道安全。可代替进（排）气阀、安全阀和止回阀。调压管（塔）有2个水平进、出口和1个溢流口，进口与水泵上水管出口相接，出口与地下管道系统的进水口相连，溢流口与大气相通。

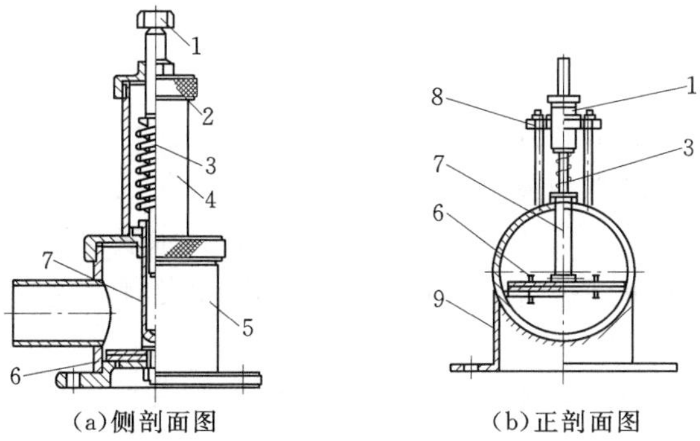

图 5-13　A3T-G 型弹簧式安全阀

1—调压螺栓；2—压盖；3—弹簧；4—弹簧壳室；5—阀壳室；6—阀瓣；7—导向套；8—弹簧支架；9—法兰管

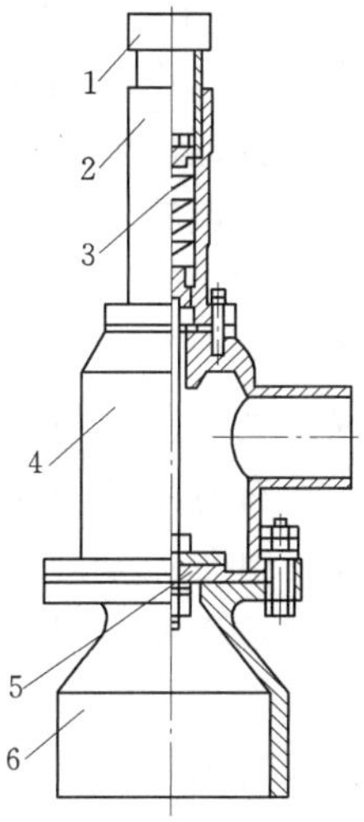

图 5-14　A1T-G 型弹簧式安全阀

1—调压螺栓；2—弹簧壳室；3—弹簧；4—阀瓣室；5—阀瓣；6—阀座管

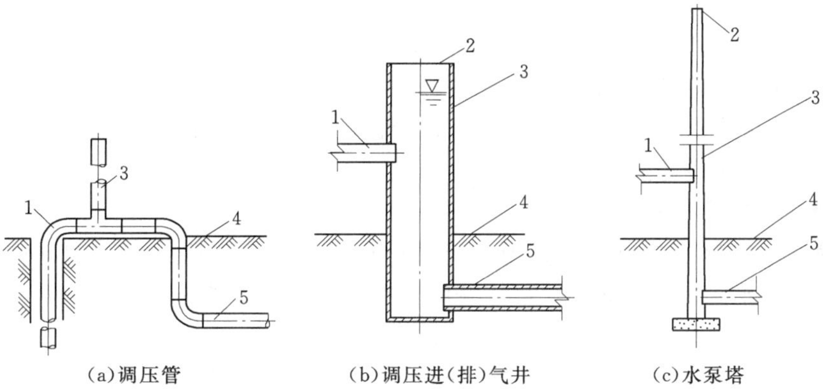

图 5-15　调压管（塔）的结构示意图

1—水泵上水管；2—溢流口；3—调压管［调压进（排）气井、水泵塔］；4—地面；5—地下管道

调压管（塔）设计时应注意以下几个问题：

1）调压管（塔）溢流水位应不大于系统管道的公称压力。

2）为使调压管（塔）起到进气、止回水作用，调压管（塔）的进水口应设在出水口之上。

3）调压管（塔）的内径应不小于地下管道的内径。为减小调压管（塔）的体积，其横断面可以在进水口以上处开始缩小，但当系统最大设计流量从溢流口排放时，在缩小断面处的平均流速不应大于 3.05m/s。

4）水源含沙量较大时，调压管（塔）底部应设沉沙池。

5）调压管（塔）的进水口前应装设拦污栅，防止污物进入管道。

（4）分（取）水控制装置。管道灌溉系统中常用的分（取）水控制装置主要有闸阀、截止阀以及结合低压管道系统特点研制的一些专用控制装置等。闸阀和截止阀大部分是工业通用产品。管道输水灌溉系统常用的工业阀门主要是公称压力不大于1.6MPa的闸阀和截止阀，主要作用是接通或截断管道中的水流。

3. 计量设备

为实现计划用水，按量计征水费，促进节约用水，在管道输水系统中安装量水设备。我国目前还没有专用的农用水表，在管道输水灌溉系统中通常采用工业与民用水表、流量计、流速仪、电磁流量计等进行量水。井灌区常用的量水设备为水表，水表可以累计用水量，量水精度可以满足计量需求，且牢固耐用，便于维修。在选用水表时，应遵循以下原则：

（1）根据管道的流量，参考厂家提供的水表流量一水头损失曲线进行选择，尽可能使水表经常使用流量接近公称流量。

（2）用于管道灌溉系统的水表一般安装在野外田间，因此选用湿式水表较好。

（3）水平安装时，选用旋翼式或水平螺翼式水表。

（4）非水平安装时，宜选用水平螺翼式水表。

五、低压管道灌溉工程规划与设计

管网系统布置是管道输水工程设计的关键内容之一。一般管网工程投资占管道系统总投资的70%以上。管网系统布置的合理与否，对工程投资、运行和管理维护都有直接的影响。因此，应从技术、经济和运行管理等方面，对管网系统的布置方案应进行充分、科学的论证比较，选择最佳的方案。

（1）管网系统布置的原则。

1）井灌区的管网一般以单个井为单元进行布置。在井群统一管理调度情况下，也可采用多井汇流管网系统，但应进行充分的技术经济论证。渠灌区应根据地形条件、地块形状及水源位置和作物布局、灌溉要求等分区布置管网。

2）应根据水源位置（机井位置或管网入口位置）、地块形状、种植方向及原有工程配套等因素，通过比较，确定采用树状管网或环状管网。

3）管网布置应满足地面灌水技术指标的要求，在平原区，各级管道尽可能采用双向供水。

4）管网布置应力求控制面积大，且管线平顺，减少折点和起伏。若管线布置有起伏时，应避免管道内产生负压。

5）管网布置应紧密结合水源位置、道路、林带、灌溉明渠和排水沟以及供电线路等，统筹安排，以适应机耕和农业技术措施的要求，避免干扰输油、输气管道及电信线路等。

6）管网布置时应尽量利用现有的水利工程，如穿路倒虹吸和涵管等。

7）管道级数，应根据系统灌溉面积（或流量）和经济条件等因素确定。井灌区旱作物区，当系统流量小于30m^3/h时，可采用一级固定管道；系统流量在30～60m^3/h时，可采用于管（输水）、支管（配水）两级固定管道；系统流量大于 $60m^3/h$，可采用两级或多级固定管道。渠灌区，目前主要在支渠以下采用低压管道输水灌溉技术，其管网级数一般为斗管、分管、引管三级。对于渗透性强的砂质土灌区，末级还应增设地面移动管道。在梯田上，地面移动管道应布置在同一级梯田上，以便移动和摆放。

8）管线布置应与地形坡度相适应。如在平坦地形，为充分利用地面坡降，干（支）管应尽量垂直等高线布置；若在山丘区，地面坡度较陡时，干（支）管布置应平行等高线，以防水头压力过大而需增加减压措施。田间最末一级管道，其布置走向应与作物种植方向和耕作方向一致，移动软管或田间垄沟垂直于作物种植行。

9）给水栓和出水口的间距应根据生产管理体制、灌溉方法及灌溉计划确定，间距宜为 50～100m，单口灌溉面积宜为 $0.25\sim0.6hm^2$，单向浇地取较小值，双向浇地取较大值。在山丘区梯田中，应考虑在每个台地中设置给水栓，以便于灌溉管理。

10）在已确定给水栓位置的前提下，力求管道总长度最短，管径最小。

11）充分考虑管路中量水、控制和安全保护装置的适宜位置。渠灌区、丘陵自压灌区、河网提水灌区的取水工程根据需要可设置进水闸、分水闸、拦污栅、沉砂池。

（2）管网规划布置的步骤。

根据管网布置原则，按以下步骤进行管网规划布置：

1）根据地形条件分析确定管网形式。

2）确定给水栓的适宜位置。

3）按管道总长度最短布置原则，确定管网中各级管道的走向与长度。

4）在纵断面图上标注各级管道桩号、高程、给水装置、保护设施、连接管件及附属建筑物的位置。

5）对各级管道、管件、给水装置等列表分类统计。

（3）管网布置形式。

1）井灌渠管网典型布置形式。井灌渠管网布置形式常见以下几种，如图 5－16 和图 5－17 所示。

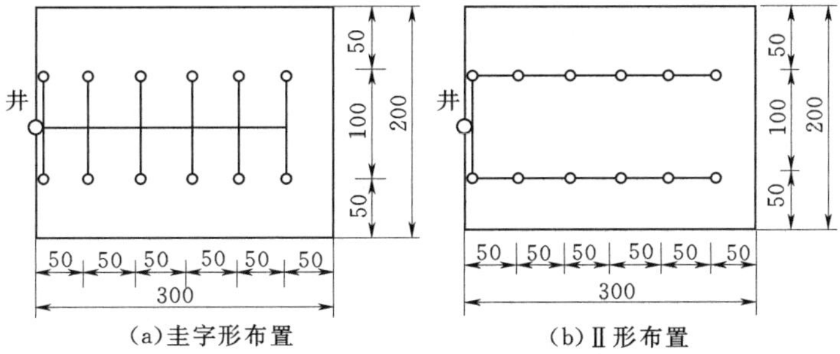

图 5－16　给水栓向一侧分水示意图（一）（单位：m）

机井位于地块一侧，控制面积较大且地块近似成方形，可布置成图 5－18、图 5－19、图 5－20 所示的形式。这些布置形式适合于井出水量 $60\sim100m^3/h$、控制面积 $10\sim20hm^2$。地块长宽比约等于 1 的情况。

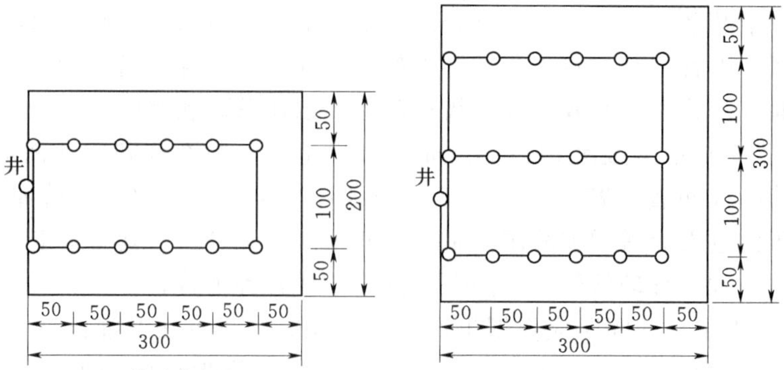

(a)单环形布置　　(b)双环形布置

图 5-17　给水栓向一侧分水示意图（二）（单位：m）

机井位于地块一侧，地块呈长条形，可布置成一字形、L形、T形，如图5-19～图5-21所示。这些布置形式适合于井出水量20～40m^3/h，控制面积3～7hm^2，地块长宽比不大于3的情况。

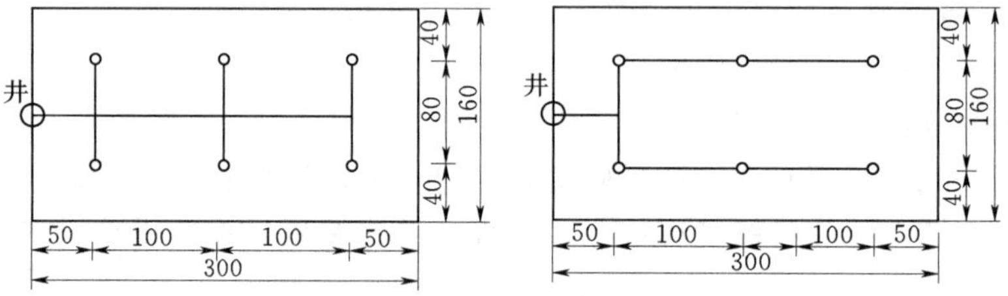

(a)圭字形布置　　(b)Ⅱ形布置

图 5-18　给水栓向两侧分水示意图

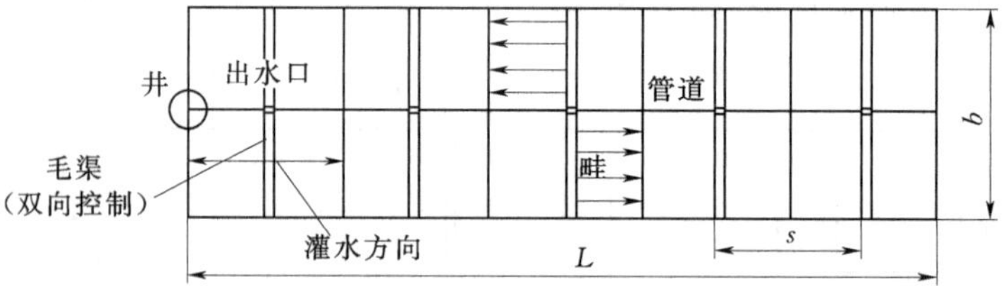

图 5-19　一字形布置

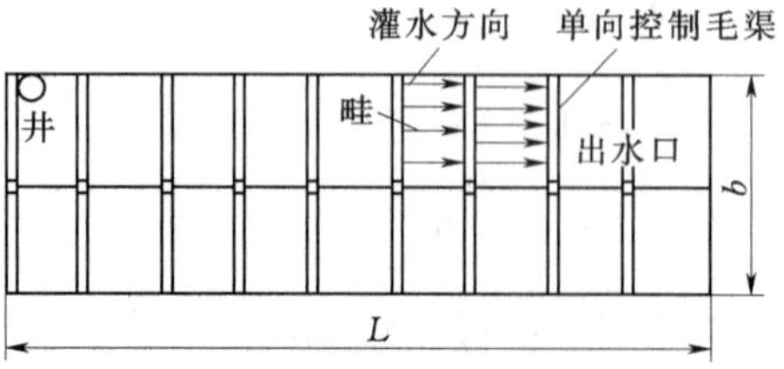

图 5-20　L形布置

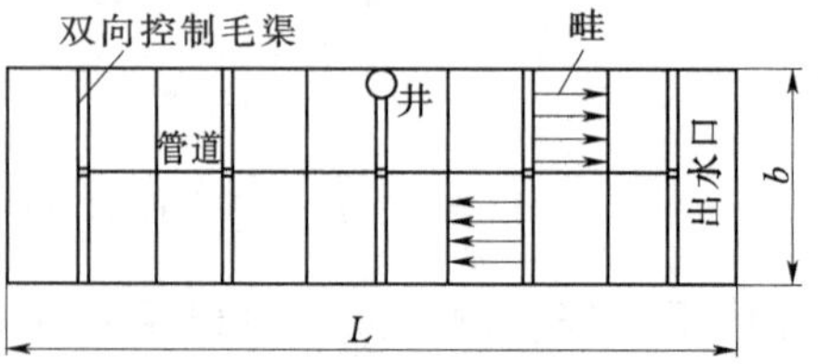

图 5-21　T形布置

机井位于地块中心时，常采用图 5－22 所示的 H 形布置形式。这些布置形式适合于井出水量 40～60m^3/h、控制面积 7～10hm^2。地块长宽比不大于 2 的情况。当地块长宽比大于 2 时，宜采用图 5－23 所示的长一字形布置形式。

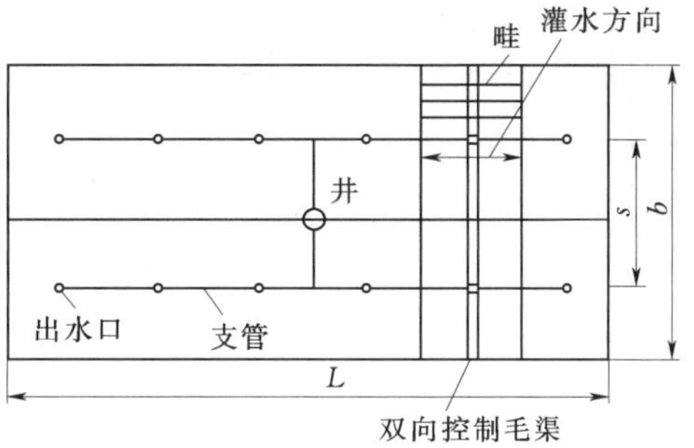

图 5－22　“H”形布置

2）渠灌区管网典型布置形式。渠灌区管灌系统主要采用树枝状管网，影响其具体布置的因素有：水源位置及其与管灌区的相对位置，控制范围和面积大小及其形状，作物种植方式、耕作方向和作杉根据地形特点，以下介绍三种典型渠灌区。

如图 5－24 所示为梯田管灌系统树枝状管网的布置形式。由于管灌区地形坡度陡，因此置干管沿地形坡度走向，即干管垂直等高线布置。这样干管可双向布置支管，支管均沿田地块方向，平行等高线布置。每块梯田布置一条支管，各自独立由干管引水。支管上给水栓或出水口只能单向向输水垄沟或闸孔管输水，对畦、沟则可双向进行灌溉。

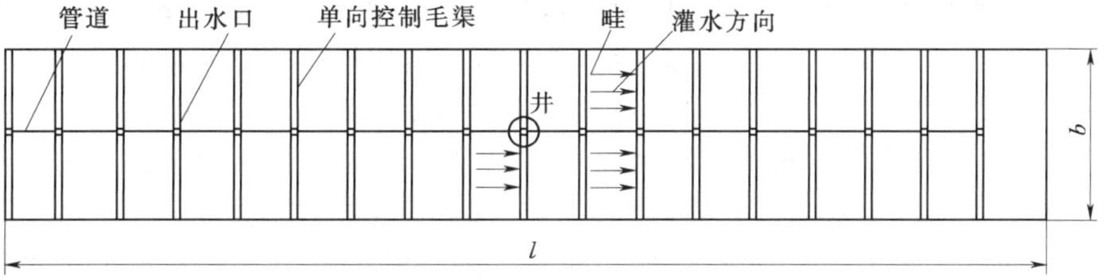

图 5－23　长一字形布置形式

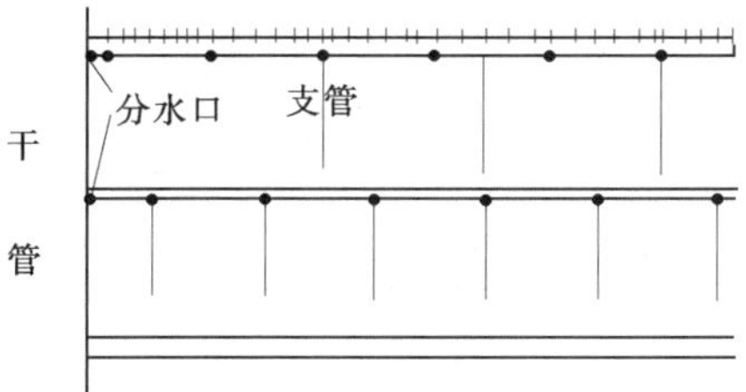

图 5－24　梯田管灌区布置

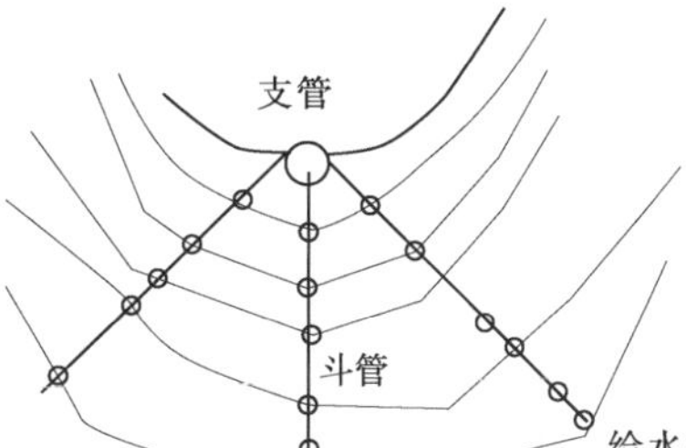

图 5－25　山丘区管灌辐射树枝状布置

如图 5－25 所示为山丘区提水渠灌区管灌系统呈辐射树枝状管网的布置形式。该管灌区地形起伏，坡度陡，水源位置低，故需建泵站提水加压，经干管（为泵站压力水管）、支管输水，由于干管实际上是泵站的扬水压力管道，因此必须垂直等高线布置，以使管线最短。支管平行于等高线布置，但要注意，既要使管线布置顺直，少弯折，也要考虑尽量减少土方量，减轻管线挖填强度，同时因地形起伏，故布置斗管以辐射状由支管给水栓分出，并沿山脊线垂直等高线走向。斗管上布置出水口给水栓，其平行等高线双向配水或灌水浇地。

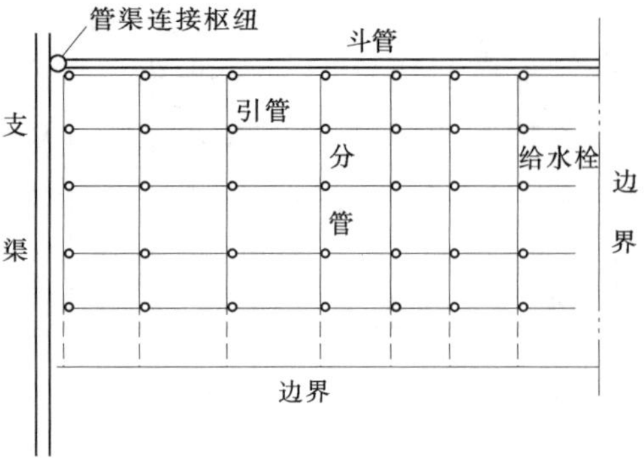

图 5-26　典型数枝管网布置梯田管灌区布置

如图 5-26 所示为平坦地形，管灌区控制面积大，并有均一坡度情况下的典型树枝状管网布置形式，其管网由三级地埋暗管组成，即斗管、分管和引管。田间灌水可采用输水垄沟或地面移动软管，由引管引水。由于该类管灌区地形既有纵向坡度，又有横向坡度，而且地形坡度总趋势纵横均为单一比较均匀地向下游的坡向，因此管网只能单向输水和配水。

3）丘陵区管网的布置。对于谷深坡平、耕地相对集中、相对高差在 50m 以内水低田高的山丘，可利用管道逆坡远距离输水灌溉。该灌溉系统由水源、机泵、管路系统、田间工程 4 部分组成，工作压力一般在 0.2～0.4MPa 之间，灌溉面积的确定要遵循“以供水能力确定面积”的原则。管网布置形式有树枝形、马鞍形、鱼骨形等。干管较长，一般在 1000m 左右，垂直于等高线布置；支管沿等高线布置。

丘陵区自流管道输水灌溉系统。自渠道取水时，干管（一级管）尽量沿山脊或中间高顺坡布置，支管（二级管）尽量沿等高线布置；直接自水库、引水坝取水的，干管尽量沿等高线布置，支管尽量沿山脊或中间高布置。支管间距一般为 100～200m。

4）河网提水灌区管网的布置。河网提水灌区管灌系统的泵站大多位于河、沟、渠的一边，这就决定了河网提水灌区管灌系统主要有以下两种布置形式。

梳齿式。如图 5-27（a）所示，干管沿河（沟）岸布置，支管垂直于干管排列，形成二级管网。

（4）鱼骨式。如图 5-27（b）所示，干管垂直河（沟）岸，支管垂直于干管，沿河沟方向布置。

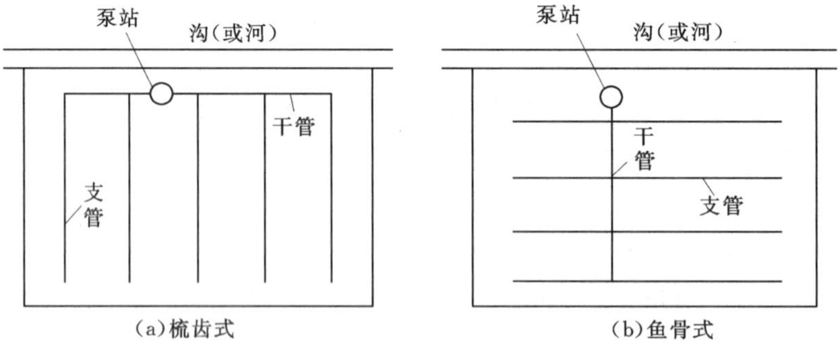

图 5-27　河网提水灌区管网布置示意图

任务三　低压管道输水灌溉工程设计参数的确定方法

目标：（1）掌握低压管道输水灌溉工程设计参数的确定方法。

（2）根据相关资料进行参数确定。

要点：低压管道输水灌溉工程设计参数类型。

一、灌溉制度与工作制度

1．设计灌水定额

灌水定额是指单位面积一次灌水的灌水量或水层深度。管网设计中，采用作物生育期内各次灌水量中最大的一次作为设计灌水定额，对于种植不同作物的灌区，通常采用设计时段内主要作物的最大灌水定额作为设计灌水定额。小麦、棉花和玉米不同生育期灌水湿润层深度和适宜含水率可参考表5－1。

表5－1　　土壤计划湿润层深度和适宜含水率表

冬小麦			棉花			玉米		
生育阶段	h /cm	土壤适宜含水率/%	生育阶段	h /cm	土壤适宜含水率/%	生育阶段	h /cm	土壤适宜含水率/%
出苗	30～40	45～60	幼苗	30～40	55～70	幼苗	40	55
三叶	30～40	45～60	现蕾	40～60	60～70	拔节	40	65～70
分蘖	40～50	45～60	开花	60～80	70～80	孕穗	50～60	70～80
拔节	50～60	45～60	吐絮	60～80	50～70	抽穗	50～80	70
抽穗	50～80	60～75				开花	60～80	
扬花	60～100	60～75				灌浆		
成熟	60～100	60～75				成熟		

注　土壤适宜含水率以田间持水率的百分数计。

$$m=1000\gamma_s h(\beta_1-\beta_2) \tag{5-1}$$

式中　m——设计净灌水定额，m^3/hm^2；

h——计划湿润层深度，m。一般大田作物取0.4～0.6m，蔬菜取0.2～0.3m，果树取0.8～1.0m；

γ_s——计划湿润层土壤的干容重，kN/m^3；

β_1——土壤适宜含水率（重量百分比）上限,%，一般取田间持水率的85%～95%；

β_2——土壤适宜含水率（重量百分比）下限,%，一般取田间持水率的60%～65%。

2．设计灌水周期

根据灌水临界期内作物最大日需水量值按式（5－2）计算理论灌水周期，因为实际灌水中可能出现停水，故设计灌水周期应小于理论灌水周期，即

$$T_{理}=\frac{m}{10E_d},T<T_{理} \tag{5-2}$$

式中　$T_{理}$——理论灌水周期，d；

T——设计灌水周期；

E_d——控制区内作物最大日需水量，mm/d。

二、灌溉设计流量

根据设计灌水定额、灌溉面积、灌水周期和每天的工作时间可计算灌溉设计流量。在井灌区，灌溉设计流量应小于单井的稳定出水量。当管灌系统内种植单一作物时，按式（5－3）计算灌溉设计流量：

$$Q_0=\frac{amA}{\eta Tt} \tag{5-3}$$

式中　Q_0——管灌系统的灌溉设计流量，m^3/h；

η——灌溉水利用系数，取0.80～0.90；

t——每天灌水时间，取18～22h（尽可能按实际灌水时间确定）。

当Q_0大于水泵流量时，应取Q_0等于水泵流量，并相应减小灌溉面积或种植比例。

三、灌溉工作制度

1. 灌溉工作方式

灌溉工作制度是指管网输配水及田间灌水的运行方式和时间，是根据系统的引水流量、灌溉制度、畦田形状及地块平整程度等因素制定的。有续灌、轮灌和随机灌溉三种方式。

（1）续灌方式。灌水期间，整个管网系统的出水口同时出流的灌水方式称为续灌。在地形平坦且引水流量和系统容量足够大时，可采用续灌方式。

（2）轮灌方式。在灌水期间，灌溉系统内不是所有管道同时通水，而是将输配水组，以轮灌组为单元轮流灌溉。系统同时只有一个出水口出流时称为集中轮灌；有两或两个以上的出水口同时出流时称为分组轮灌。井灌区管网系统通常采用这种灌水方式。

系统轮灌组数目是根据管网系统灌溉设计流量、每个出水口的设计出水量及整个的出水口个数按式（5-4）计算的，当整个系统各出水口流量接近时，式（5-4）化为式（5-5）。

$$N=\text{int}\left(\sum_{i=1}^{n}\frac{q_i}{Q_0}\right) \tag{5-4}$$

$$N=\text{int}\left(\frac{nq}{Q_0}\right) \tag{5-5}$$

上二式中　N——轮灌组数；

q_i——第i个出水口设计流量，m^3/h；

int——取整符号；

n——系统出水口总数。

轮灌组数划分的原则：①每个轮灌组内工作的管道应尽量集中，以便于控制和管理；②各个轮灌组的总流量尽量接近，离水源较远的轮灌组总流量可小些，但变动幅度不能太大；③地形地貌变化较大时，可将高程相近地块的管道分在同一轮灌组，同组内压力应大致相同，偏差不宜超过20%；④各个轮灌组灌水时间总和不能大于灌水周期；⑤同一轮灌组内作物种类和种植方式应力求相同，以方便灌溉和田间管理；⑥轮灌组的编组运行方式要有一定规律，以利于提高管道利用率并减少运行费用。

（3）随机方式。随机方式用水是指管网系统各个出水口在启闭时间和顺序上不出水口工作状态的约束，管网系统随时都可供水，用水单位可随时取水灌溉。

2. 流量计算

（1）树状管网各级管道流量计算。对于单井出水量小于$60m^3/h$的井灌区，通常开启一个出水口的集中轮灌方式运行，此时各条管道的流量均等于系统设计流量。同时开启出水口个数超过两个时，按式（5-6）计算各级管道流量：

$$Q=\frac{n_{栓}}{N_{栓}}Q_0 \tag{5-6}$$

式中　Q——管道设计流量，m^3/h；

$n_{栓}$——管道控制范围内同时开启的给水栓个数；

$N_{栓}$——全系统同时开启的给水栓个数。

(2) 环状管网流量计算。对于环状网的计算，除满足各节点流量平衡方程式$\sum Q=0$外，还应满足在任何一个封闭环路内，各管段水头损失的代数和（以$\sum h$表示）等于零，即$\sum h=0$。该式就是环状网中任意一个环路的能量方程式。

在任何一个封闭环路内，如以顺时针水流方向的各管段水头损失为正值，以逆时针水流方向的各管段水头损失为负值，则两者的代数和应等于零。可是，在初步分配流量时，由于主观上的因素，是不可能同时满足各个环路$\sum h=0$的条件，即$\sum h\neq 0$，出现了环路闭合差Δh。

为此，必须将各管段所分配的流量重新调整，以使各环路内的$\sum h$逐渐趋近于零或满足$\sum Q=0$的条件。这种为消除各环水头损失闭合差，所进行的流量高速计算，称为管网平差。

在平差计算中，关键问题是如何计算流量修正值（ΔQ），常用的简易方法——哈代·克罗斯法，通称哈代·克罗斯平差法。

图 5-28 所示为单环图示，流量Q从节点 1 流入环网，从节点 2 流出。假定流量Q分配在上环路为Q_1，下环路为Q_1'，$\sum Q_1=0$，$\sum Q_2=0$。各方向所产生的水头损失，用海森-威廉公式计算，即

$$h=rQ_n \tag{5-7}$$

式中　r、n——常数，r与管段的管径、长度和材料有关，n值为 1.85。

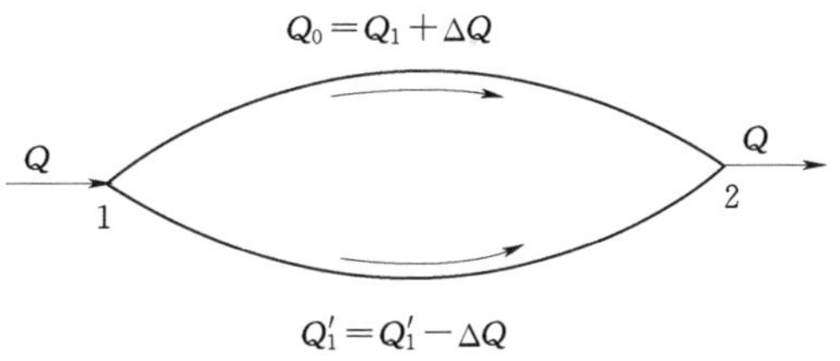

图 5-28

在管路中，当$Q\rightarrow Q+\Delta Q$的变化时，其水头损失h也增加了Δh，所以

$$h+\Delta h=r(Q+\Delta Q)n \tag{5-8}$$

将右边用二项式定理展开，得

$$h+\Delta h=r\left[Q^n+nQ^{n-1}\Delta Q+\frac{n(n-1)}{1\times 2}Q^{n-2}(\Delta Q)^n+\frac{n(n-1)(n-2)}{1\times 2\times 3}Q^{n-3}(\Delta Q)^3+\cdots+(\Delta Q)^n\right] \tag{5-9}$$

式（5-9）中（$\Delta Q)^2$与Q之比是极小的，故可将第三项及其以后各项略去，得

$$h+\Delta h\approx rQ_n+rnQ_n-1\Delta Q \tag{5-10}$$

单环示例图 5-28 中，由两根管段构成一个环时，Q_0、Q_0'为真实流量；Q_1、Q_1'为假定流量；Q_0的水头损失为h_0；Q_0'的水头损失为h_0'；Q_1的水头损失为h_1；Q_1'的水头损失为h_1'。

一般，$h_1\neq h_1'$，$\sum h=|h_1-h_1'|=\sum h\neq 0$，故需调整$Q_1$和$Q_1'$，调整量为$\Delta Q$。调整后，$Q_1\rightarrow Q_0=Q_1+\Delta Q$，$Q_1'\rightarrow Q_1'=Q_1'-\Delta Q$，这样$\sum Q_1$和$\sum Q_2$仍等于零。

在单环的情况下：

$$\left.\begin{aligned} h_0 &= rQ_0^n = r(Q_1+\Delta Q)^n \approx rQ_1^n + nrQ_1^{n-1}\Delta Q \\ h_0' &= r'Q'^n_0 = r'(Q_1'+\Delta Q)^n \approx r'Q'^n_1 + n'r'Q'^{n-1}_1\Delta Q \end{aligned}\right\} \tag{5-11}$$

由于 $h_1=rQ_1^n$，$h_1'=r'Q'^n_1$，$h_0-h_0'=0$，所以

$$h_0-h_0'=(h_1-h_1')+n(rQ_1^{n-1}\Delta Q+r'Q'^{n-1}_1\Delta Q)=0 \tag{5-12}$$

$$h_1=h_1'=-n\Delta Q(rQ_1^{n-1}+r'Q'^{n-1}_1) \tag{5-13}$$

$$\Delta Q=\frac{-(h-h')}{n(rQ_1^{n-1}+r'Q'^{n-1}_1)} \tag{5-14}$$

对一个环，不论构成环的管段数目是多少，假定流量的修正值 ΔQ 可用式（5-15）表示：

$$\Delta Q=\frac{-\sum h}{n\sum rQ^{n-1}}=\frac{-\sum rQ^n}{n\sum rQ^{n-1}} \tag{5-15}$$

又因 $rQ_{n-1}=rQ_n/Q=h/Q$ 的关系，所以

$$\Delta Q=\frac{-\sum h}{n\sum\frac{h}{Q}} \tag{5-16}$$

为了简化计算，当用海森-威廉公式 $n=2$ 时，则

$$\Delta Q=-\frac{\sum h}{2\sum\frac{h}{Q}} \tag{5-17}$$

以上两个式子中的分子$\sum h$ 与水流方向有关，若顺时针方向所产生的水头损失为正，逆时针方向所产生的水头损失为负，则$\sum h$ 值（h 值的代数和）即为水头损失闭合差 Δh，也有符号，或正或负。其分母与水流方向无关。因此，上述流量修正值也可以用式（5-17）。求出的 ΔQ 调整到各管段中去后，即为第一次修正后的流量值。直至试算到各环$\sum h=0$，此时 Q、h 值为所求之真实量与水头损失。

当管网由多环构成时，流量的修正常相互影响，因此需要进行多次修正。

通常在平差中，当$\sum h/h$ 在 10%以下时，可以停止计算，即单环 $\Delta h\leqslant0.5$m，多环 $\Delta h\leqslant1.5$m，则认为符合要求。

3. 水头损失计算

（1）沿程水头损失。在管道输水灌溉管网设计计算中，根据不同材料管材使用流态，通常采用式（5-18）的通式计算有压管道的沿程水头损失：

$$h_f=f\frac{Q^m}{d^b}L \tag{5-18}$$

式中　f——沿程水头损失摩阻系数；

　　m——流量指数；

　　b——管径指数。

各种管材的 f、m、b 值见表 5-2。

表 5-2　　不同管材的 f、m、b 值

管道种类		$f(Q$：m^3/s，d：m)	$f(Q$：m^3/h，d：m)	m	b
混凝土及当地材料管	糙率=0.013	0.00174	1.312×106	2.00	5.33
	糙率=0.014	0.00201	1.516×106	2.00	5.33
	糙率=0.015	0.00232	1.749×106	2.00	5.33
旧钢管、旧铸铁管		0.00179	6.250×105	1.9	5.10
石棉水泥管		0.00118	1.455×105	1.85	4.89
硬塑料管		0.000915	0.948×105	1.77	4.77
铝质管及铝合金管		0.000800	0.861×105	1.74	4.74

对于地面移动软管，由于软管壁薄、质软并具有一定的弹性，输水性能与一般硬管不同。过水断面随充水压力而变化，其沿程阻力系数和沿程水头损失不仅取决于雷诺数、流量及管径，而且明显受工作压力影响，此外还与软管铺设地面的平整程度及软管的顺直状况等有关。在工程设计中，地面软管沿程水头损失通常采用塑料硬管计算公式计算后乘以1.1～1.5的加大系数，该加大系数根据软管布置的顺直程度及铺设地面的平整程度取值。

(2) 局部水头损失。局部水头损失一般以流速水头乘以局部水头损失系数来表示。管道的总局部水头损失等于管道上各局部水头损失之和。在实际工程设计中，为简化计算，总局部水头损失通常按沿程水头损失的10%～15%考虑。

$$h_j = \sum \frac{\xi v^2}{2g} \qquad (5-19)$$

式中　h_j——局部水头损失，m；

ξ——局部水头损失系数，可由表 4-2 或相关设计手册中查出；

v——断面平均流速，m/s；

g——重力加速度，$g=9.81m/s^2$。

四、管径确定

管道系统各管段的直径，应通过技术经济计算确定，在初估算时，可按表 5-3 选择管内流速，按式 (5-20) 计算：

$$D = \sqrt{\frac{4Q}{\pi v}} \qquad (5-20)$$

式中　D——管道直径，mm；

v——管内流速，m/s；

Q——计算管段的设计流量，m^3/s。

表 5-3　　管道流速

管材	混凝土管	石棉水泥网	水泥砂土管	硬塑料管	移动软管
流速/(m/s)	0.5～1.0	0.7～1.3	0.4～0.8	1.0～1.5	0.5～1.2

五、水泵扬程计算与水泵选择

(1) 管道系统设计工作水头。管道系统设计工作水头按式 (5-21) 计算：

$$H=\frac{H_{max}+H_{min}}{2} \tag{5-21}$$

其中
$$H_{max}=Z_2-Z_0+\Delta Z_2+\sum h_{f2}+\sum h_{j2} \tag{5-22}$$

$$H_{min}=Z_1-Z_0+\Delta Z_1+\sum h_{f1}+\sum h_{j1} \tag{5-23}$$

式中　H_0——管道系统设计工作水头，m；

H_{max}——管道系统最大工作水头，m；

H_{min}——管道系统最小工作水头，m；

Z_0——管道系统进口高程，m；

Z_1——参考点 1 地面高程；在平原井区，参考点 1 一般为距水源最近的出水，m；

Z_2——参考点 2 地面高程；在平原井区，参考点 2 一般为距水源最远的出水，m；

ΔZ_1、ΔZ_2——参考点 1 与参考点 2 处出水口中心线与地面的高差，m，出水口中心线高程，应为所控制的田间最高地面高程加 0.15m；

$\sum h_{f1}$、$\sum h_{j1}$——管道系统进口至参考点 1 的管路沿程水头损失与局部水头损失，m；

$\sum h_{f2}$、$\sum h_{j2}$——管道系统进口至参考点 2 的管路沿程水头损失与局部水头损失，m。

（2）水泵扬程计算。灌溉系统设计扬程按式（5-24）计算：

$$H_P=H_0+Z_0-Z_d+\sum h_{f0}+\sum h_{j0} \tag{5-24}$$

式中　H_P——管道系统设计扬程，m；

Z_d——机井动水位，m；

$\sum h_{f0}$、$\sum h_{j0}$——水泵吸水管进口至管道进口之间的管道沿程水头损失与局部水头损失，m。

根据以上计算的水泵扬程和系统设计流量选取水泵，然后根据水泵的流量一扬程曲线和管道系统的流量水头损失曲线校核水泵工作点。

为保证所选水泵在高效区运行，对于按轮灌组运行的管网系统，可根据不同轮灌组的流量和扬程进行比较，选择水泵。若控制面积大且各轮灌组流量与扬程差别很大时，可选择两台或多台水泵分别对应各轮灌组提水灌溉。

任务四　低压管道灌溉工程施工与运行管理

目标：（1）掌握低压管道灌溉工程施工步骤与运行管理方法。

（2）制定低压管道灌溉工程运行管理方案。

要点：（1）低压管道灌溉工程施工。

（2）运行管理。

一、施工与安装

（1）测量放线。按照规划设计图的布置，用经纬仪将管网干、支管线定出。在管线上，每一出水口设置木桩，管网转折点加设木桩。

（2）管槽开挖。管槽断面形式依土质、管材规格、冻土层深度及施工安装方法而定。一般采用矩形断面，其宽度可由下式计算：

$$B \geqslant D + 0.5 \quad (5-25)$$

式中　B——管槽宽度，m；

D——管材外径，m。

管道的埋深，应根据设计计算确定。一般情况下，埋深不应小于70cm。为减少土方工程量，在满足要求的前提下，管槽宽、深度应尽量取小值。为了便于施工安装和回填，开挖时弃土应堆放在基槽一侧并应距离边线0.3m以远。在开挖过程中，不允许出现超挖，经常进行挖深控制测量。遇到软基土层时，应将其清除后换土并夯实。

当选用的管材为水泥预制管材时，为避免管道出现不均匀沉陷，需要沿槽底中轴线开挖一弧形沟槽，变线接触为面接触，以改善地基压应力状况。槽的弧度要与管身相吻合，其宽度依管外径不同而各异。基槽和沟槽均应做到底部密实平直、无起伏。另外，还应在承插口连接处垂直沟轴线方向开挖一管口槽，其长、宽和深度视管母口外径大小而定。

一个合格的管槽应沟直底平，宽、深达到设计要求，严禁沟壁出现扭曲，沟底起伏产生“驼峰”，百米高差应控制在±3.0cm以内。

二、管道安装的一般要求

（1）管道安装前，应对管材、管件进行外观检查，不合格者不得就位。

（2）管道安装宜按从首部向尾部，从低处向高处，先干管后支管；承插口管材，插口在上游，承口在下游，依次施工。

（3）管道中心线应平直，不得用木垫、砖垫和其他垫块。管底与管基应紧密接触。

（4）管道穿越铁路、公路或其他建筑物时，应加套管或修涵洞等加以保护。

（5）安装带有法兰的阀门和管件时，法兰应保持同轴、平行，保证螺栓自由穿行入内，不得用强紧螺栓的方法消除歪斜。

（6）管道系统上的建筑物，必须按设计要求施工，地基应坚实，必要时应进行夯实或铺设垫层。出地竖管的底部和顶部应采取加固措施。

（7）管道安装应随时进行质量检查。分期安装或因故中断应用堵头将此敞口封闭，不得将杂物留在管内。

三、塑料管道安装

节水灌溉工程常用的塑料管材是硬聚氯乙烯管（PVC－U）、聚乙烯管（PE）和聚丙烯管（PP）。塑料管道的连接方法有承插粘接、柔性承插套接、热熔焊接等。

1. 承插粘接

（1）根据不同的管材，选择合适的黏合剂。

（2）被粘接管端应清除污迹，并进行配合检查。

（3）插头和承口均匀涂上黏合剂，应适时承插，并转动管端，使黏合剂填满间隙。

（4）承插管轴线应重合，插头应插至承口底部。

（5）管子粘接后固化前，管道不得移位。

（6）塑料管连接后放入沟槽中，除接头外，均应覆土 20～30cm。

2. 柔性承插套接

塑料管一头为承口，把被连接管端插入承口内，承口内设密封胶圈止水。其优点是安装迅速，止水效果好。柔性承插套接的要求如下。

（1）密封圈应装入承口密封槽内，不得有扭曲、偏斜现象。

（2）安装困难时，可用肥皂水或滑石粉作润滑剂，也可在管端隔一块木板，轻轻敲打入。

（3）连接后密封圈不得移位、扭曲或偏斜。

3. 热熔焊接

较大口径的聚氯乙烯管和改性聚丙烯管可用对焊法连接。主要工具是圆形电烙铁和碰焊机。热熔焊接的要求如下。

（1）热熔对接管子的材质、直径和壁厚应相同。

（2）焊接前应将管端锯平，并清除杂质、污物。

（3）应按设计温度加热至充分塑化而不烧焦，加热板应清洁、平整、光滑。

（4）加热板的抽出及合拢应迅速，两管端面应完全对齐，四周挤出树脂应均匀。

（5）冷却时应保持清洁。自然冷却应防止尘埃侵入；水冷却应保持水质清洁；完全冷却前管道不应移动。

（6）对接后，两管端面应熔接牢固，并按 10%进行抽检；若两管端对接不齐应切开重新加工对接。

4. 其他连接方式

对于工作压力较低，或管径较小的管道工程，也可采用热扩承插连接。方法是将插口管端外径挫成坡口，涂上黏合剂；承口管一端（长约 15～20cm）放入加热的甘油或植物油中（聚氯乙烯管加热油温为 140～160℃，聚丙烯加热油温为 170～180℃），加热软化后的管端迅速用锥形木楔撑口，拔出木楔，将涂上黏合剂的管子插入，宜可用木榔头轻轻敲打入，插入长度不得小于管外径的 1.5 倍，待冷却后即可连接完毕。

5. 阀门安装及与金属管件的连接

（1）金属阀门与塑料管连接，直径大于 65mm 的管道亦用金属法兰连接。法兰连接管外径大于塑料管内径 2～3mm，长度不小于 2 倍的管径，一端加工成倒齿状，另一端牢固焊接在法兰一侧。

（2）将塑料管端加热后及时套装在带倒齿的法兰接头上，并用管箍上紧。塑料管与金属管件的连接可采用同样的方法。

（3）直径小于 65mm 的可用螺纹连接，并应装活接头。

（4）直径大于 65mm 以上的阀门应安装在底座上，底座高度宜为 10～15cm。

（5）截止阀与逆止阀应按流向标志安装，不得反向。

6. 金属管道安装

（1）金属管道安装前应进行外观质量和尺寸偏差检查，并宜进行耐水压试验，其要求符合铸铁直管及管件、低压流体输送用镀锌焊接钢管、喷灌用金属薄壁管等现行标准的规定。

(2) 镀锌钢管安装应按现行 GB 50235—97《工业金属管道工程施工及验收规范》执行。

(3) 镀锌薄壁钢管、铝管及铝合金管安装，应按安装使用说明书的要求进行。

(4) 铸铁管的安装应按下列规定进行。

1) 安装前应清除承口内部及插口外部的沥青块及飞刺、铸砂等其他杂质；用小锤轻轻敲打管子，检查有无裂缝，如有裂缝，应予更换。

2) 铺设安装时，对口间隙、承插口环形间隙及接口转角，应符合表 5-4 的规定。

表 5-4　对口间隙、承插口环形间隙及接口转角值

项　目	对口最小间隙/mm	对口最大间隙/mm		承插口标准环形间隙/mm				每个允许转角/(°)
		D_g100～D_g250	D_g300～D_g3500	D_g100～D_g200		D_g250～D_g350		
沿直线铺设	3	5	6	10	+3 −2	11	+4 −2	—
沿曲线铺设安装	3	7～13	10～14	—	—	—	—	2

注　D_g 为管公称内径。

3) 管道安装就位后，应在每节管子中部两侧填土，将管道稳固。

4) 安装后，承插口应填塞，填料采用膨胀水泥或石棉水泥和油麻等。采用膨胀水泥时，填塞深度为接口深度的 2/3，填塞时应分层捣实，压平并及时养护。采用石棉水泥和油麻时，应将油麻拧成辫状填入，麻辫搭接长度应为 10～15cm，油麻填入深度应为接口深度的 1/3～1/2，要仔细打紧，然后填石棉水泥（石棉水泥不可太干或太湿，以用手攒成团，松手后散裂为度），分层捣实、打平，并及时养护。

7. 水泥制品管道安装

(1) 钢筋混凝土管。对于承受压力较大的钢筋混凝土管可采取承插式连接，连接方式有两种，一种可用橡胶圈密封做成柔性连接；一种用石棉水泥和油麻填塞接口。后一种接口施工方法同铸铁管安装。钢筋混凝土管柔性连接应符合下列要求：

1) 承口向上游，插口向下游。

2) 套胶圈前，承插口应刷干净，胶圈上不得粘有杂物，套在插口上的胶圈不得扭曲、偏斜。

3) 插口应均匀进入承口，回弹就位后，仍应保持对口间隙 10～17mm。

4) 在沟槽土壤或地下水对胶圈有腐蚀性的地段，管道覆土前应将接口封闭。

5) 水泥制品管配用的金属管件应进行防锈防腐处理。

(2) 混凝土管。对承受压力较小的混凝土管应按下列方法连接。

1) 平口（包括楔口）式接头宜采用纱布包裹水泥砂浆法连接，要求砂浆饱满，纱布砂浆结合严密。严禁管道内残留砂浆。

2) 承插式接头，承口内应抹 1∶1 水泥砂浆，插管后再用 1∶3 水泥砂浆抹封口。接管时应固定管身。

3) 预制管连接后，接头部位应立即覆 20～30cm 厚湿土。

四、管道附属装置的施工与安装

1. 出水口的安装

井灌区的管灌工程所用出水口直径一般均小于110mm，可直接将铸铁出水口与竖管承插，用14号铁丝把连接处捆扎牢固。在竖管周围用红砖砌成40cm×40cm的方墩，以保护出水口不致松动。方墩的基础，要认真夯实，防止产生不均匀沉陷。

河灌区管灌工程采用水泥预制管时，有可能使用较大的出水口。施工安装时，首先在出水竖管管口抹一层灰膏，座上下栓体并压紧，周围用混凝土浇筑使其连成一整体；然后再套一截0.2m高的混凝土预制管作为防护，最后填土至地表即可。

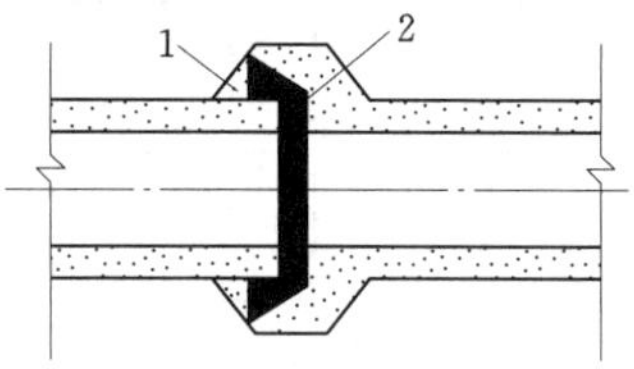

图5-29　干管接头示意图
1—封口体；2—灰膏

2. 分水闸的施工

用于砌筑分水闸的砂浆标号不低于M10，砖砌缝砂浆要饱满，抹面厚度不小于2cm。闸门要启闭灵活，止水抗渗。

3. 管网首部的施工安装

井灌区水泵与干管间为防止机泵工作时产生振动，可采用软质胶管来连接。河灌区机泵与干管间的连接及各种控制件、安全件的安装，可参照图5-29进行。在管网首部及管道的各转弯、分叉处，均应砌筑镇墩，防止管道工作时产生位移。

五、工程检验

1. 管道试压

全部管道安装完毕，管道系统和建筑物达到设计强度后，应对各条管路逐一进行试水。试水前应安装好压力表，检查各种仪表是否正常，并将管网各转折处填土加固，防止充水后压力增大将接头推开漏水。要将末端出水口打开，以利排除管道内的气体。然后向管道内徐徐充水，当整个管道系统全部充满水后，关闭打开的出水口，把管道压力逐渐增至设计压力水头，并保持1h以上。沿管路逐一进行检查，重点查看接头处是否有渗漏，然后对各渗漏处做好标记，根据具体情况分别进行修补处理。

2. 塑料管渗漏的处理方法

处理前，应将管中水排除，薄壁聚氯乙烯管材如在非接头处出现裂纹、小孔等造成漏水，可采用打“补丁”的办法加以解决。所用“补丁”的材料应与管材材料相同，长、宽度应略大于裂纹或洞眼的范围，粘接工艺要求如前所述。若裂纹较长，漏水较重或接头处漏水，应将该管段拆除重新安装。双壁波纹管出现漏水，要将漏水段拆除重装。

3. 水泥预制管材渗漏的处理方法

（1）轻微渗漏，只需将渗漏处打毛，用清水冲洗干净后，外包一层高等级水泥砂浆或水玻璃水泥浆进行处理即可。

（2）若漏水情况较为严重，则应将该管段拆除，重新安装。如是管子本身的问题，应予更换。

以上修补工作完毕数日后，还应再次充水检查，直到确认无明显漏水点后再进行回填土。

六、回填土

1. 塑料管材的回填土

因塑料管的刚度较之水泥预制管小得多，为防止管材变形过大，土料回填时应特别小心，严格控制回填方法、工序和质量，力求使管材的扁平度不超过5%，回填土的容重接近原状土，以确保和改善管材的水力学性能和力学性能。

(1) 土料要求。含水率适中，不得含有直径大于2.5cm的砖瓦碎片、石块及干硬土块。

(2) 回填顺序。依次为管口槽、管材两侧和管顶上部。

(3) 回填方法。管口槽和管材两侧采用对称夯实法，后用水浸密实法回填，待1～2天土料干硬后，再分层回填管顶上部的土料，分层厚度宜控制在30cm左右，层层水浸密实，填土至略高出地表。

(4) 施工要求。土料回填前应先将管道充满水并使其承受一定的内水压力；夏季施工宜在气温较低的早晨或傍晚回填，以防止填土前后管道温差过大，对连接处产生不利影响。

2. 水泥预制管的回填土

土料回填应该先从管口槽开始，边回填边捣实。分层回填到略高出地表为止。每层回填土厚度不宜大于0.3m。视土质情况，回填土料的密实可分别采用夯实法和水浸密实法。

七、工程验收

工程施工结束后，应由主管部门组织设计、施工、使用单位成立工程验收小组，对工程进行全面检查验收。工程未验收移交前，应由施工单位负责管理和维护。

工程验收前应提交下列文件：规划设计报告和图纸、工程预算和决算、试水和试运行报告、施工期间检查验收记录、运行管理规程和组织、竣工报告和竣工图等。

管灌工程的验收，应包括下列内容。

(1) 审查技术文件是否齐全，技术数据是否正确、可靠。

(2) 审查管道铺设长度、管道系统布置和田间工程配套、管道系统试水及试运行情况是否达到设计要求；机泵选配是否合理、安装是否合格；建筑物是否坚固。

(3) 工程验收后应填写《工程竣工验收证书》，由验收组负责人签字，加盖设计、施工、使用单位公章，方可交付使用。

八、运行管理

工程建成后，效益能否充分发挥，关键在于管理。管道灌溉工程的运行管理主要包括组织管理、用水管理和工程管理等项内容。

1. 组织管理

管道灌溉工程的管理运行首先应建立管理组织。管理体制的具体形式，一般实行专业管理和群众管理相结合，统一管理和分级负责相结合的形式。组织管理可具体归纳为“分级管理、分区负责、专业承包、责任到人”的组织管理办法。可由当地水利主管部门成立领导小组，具体指导县（区）管道灌溉工程的规划设计、施工、并制订详细的维修养护及运行管理细则；行政村设“灌溉服务站”，统管全村管道灌溉工作。可由村委会负责人兼任服务站站长，村水利员、农机员、农电员等位成员，其主要任务是执行上一级制订的工程维修养护及运行管理细则，协调灌区内作物种植安排及征收水费等工作。各灌区设灌水管理员，实行村灌溉服务站领导下的管理员负责制。管理员由村民组推选出责任心强、有文化、懂技术的农民担任。管理员同时也是一名机手，其具体任务是：

(1) 管理和使用管道系统及配套建筑物，保证完好能用。

(2) 按编制好的用水计划及时开机，保证作物适时灌溉。

(3) 按操作规程开机放水，保证安全运行。

(4) 按时记录开、停机时间，水泵出水量变化，能耗及浇地亩数等。

管理体制有多种形式，但无论哪种形式都应做到层层责、权、利明确，报酬同管理质量、效益挂钩，逐级签订合同。

2. 灌溉用水管理

灌溉用水管理的主要任务，是通过对管道灌溉系统中各种工程设施的控制、调度、运用，合理分配与使用水源的水量，并在田间推行科学的灌溉制度和灌水方法，以达到充分发挥工程作用，合理利用水资源，促进农业高产稳产和获得较高的经济效益的目的。

(1) 合理灌溉、计划用水。灌区管理部门应根据灌区所在地区的试验资料和当地丰产灌溉的经验，制订各种作物的灌溉制度。然后，结合水源可供给的水量、作物种植面积、气象条件、工程条件等，制订灌水次数、灌水定额、每次灌水所需的时间及灌水周期、灌水秩序、计划安排等。同时，在每次灌水之前还要根据当时作物生长及土壤墒情的实际情况，对计划加以修正。

(2) 灌水计划实施措施。

1) 建立健全用水管理组织和制度。为了加强管理，必须建立健全用水管理组织和制度，实行“统一管理，统一浇地”，“计划供水，按方收费”的办法，管好工程，用好水。

2) 平整土地、调整作物布局。农村实行农业生产承包责任后，地块零散。为保证灌水计划的有效实施，应对灌区内的承包耕地进行合理调整，并尽可能连片种植同一作物。

3) 推广田间节水技术。管灌工程的田间灌水技术应克服传统的大水漫灌的落后灌水方法，推广节水灌水技术，实行小定额灌溉。

4) 及时定额征收水费。管灌工程可实行“以亩定额配水，以水量收费，超额加价收费”的用水制度。这样可促使群众自觉平整土地，搞好田间工程配套，采用灌溉新技术，节约用水。

5) 合理的配水顺序。在配水顺序上，应做到先浇远田，后浇近田；先灌成片，后灌零星田；先急用，后缓用等用水原则。

6) 管理人员培训。为了用好、管好管灌工程，提高管理水平，应加强管理人员的技术培训和职业道德教育。

(3) 建立工程技术档案。为了评价工程运行状况，提高管理水平和进行经济核算，应建立工程技术档案和运行记录制度，及时填写机泵运行和田间灌水记录表。每次灌水结束后，应观测土壤含水率、灌水均匀度、湿润层深度等指标。根据记录进行有关技术指标的统计分析，以便积累灌水经验，修改用水计划。

3. 工程管理

工程管理的基本任务是保证水源、机泵、输水管道及建筑物的正常运行，延长工程设备的使用年限，发挥最大的灌溉效益。

（1）水泵的运行与维修。在开机前应对机泵进行一次全面、细致的检查，检查各固定部分是否牢固、转动部分是否灵活；开机后应观察出水量、轴承温度、机泵运转声音及各种仪表是否正常，如不正常或出现了故障，应立即检修；停机后，要打开泵壳下面的放水塞，把水放净，防止水泵冻坏或锈蚀。

（2）管道的运行与维修。埋设田间的管道，由于施工质量的缺陷、不均匀沉陷、农用机械碾压等原因，可能使管道损坏漏水，发现漏水应立即进行修补。

1）固定管道的运行与维修。在管道充水和停机时，由于水锤作用，管道压力会急剧上升或下降，易发生炸管。因此，应严格按照管道安全运行程序操作。具体应注意以下几点：

开机时，严禁先开机后打开出水口。应首先打开计划放水的出水口，必要时还应打开管道上的其他出水口排气，然后开机缓慢充水。当管道充满水后，应缓慢关闭作为排气用的其他出水口。

当同时开启的一组出水口灌水结束，需开启下一组出水口时，应先打开后一组出水口，再缓慢关闭前一组出水口。

管道停止运行时，应先停机，后关出水口。

2）移动塑料软管的使用与维修。田间使用的软管，由于管壁薄，经常移动，使用时应注意以下事项：

a. 使用前，要认真检查管子的质量，并铺平整好管路线，以防尖状物扎破软管。

b. 使用时，管子要铺放平整，严禁拖拉，以防破裂。

c. 软管输水过沟时，应架托保护，跨路应挖沟或填土保护，转弯要缓慢，切忌拐直角弯。

d. 用后清洗干净，卷好存放。

软管使用中发现损坏，应及时修补。若出现漏水，可用塑料薄膜补贴，也可用专用黏合剂修补。软管应存放在空气干燥，温度适中的地方；软管应平放，防止重压和磨坏软管折边；不要将软管与化肥、农药等放在一起，以防软管黏结。

任务五　低压管道灌溉工程规划设计示例

目标：掌握低压输水管道灌溉工程规划设计步骤与方法。

要点：参数确定。

一、基本情况

某井灌区主要以粮食生产为主，地下水丰富，多年来建成了以离心泵为主要提水设备、土渠输水的灌溉工程体系，为灌区粮食生产提供了可靠保证。由于近几年来的连续干旱，灌区地下水普遍下降，为发展节水灌溉，提高灌溉水利用系数，改离心泵为潜水泵提水，改土渠输水为低压管道输水。

井灌区内地势平坦，田、林、路布置规整（图 4－27），单井控制面积 12.7hm^2，地面以下 0～1m 土层内为中壤土，平均容重 1.48t/m^3，田间持水率为 24%。

工程范围内有水源井一眼，位于灌区的中部。根据水质检验结果分析，该井水质符合 GB 5084—2005《农田灌溉水质标准》，可以作为该工程的灌溉水源，水源处有 380V 三相电源。据多年抽水测试，该井出水量为 55m^3/h，井径为 220mm，采用钢板卷管护筒，井深 20m，静水位埋深 7m，动水位埋深 9m，井口高程与地面齐平。

二、井灌区管灌系统的设计参数

（1）灌溉设计保证率：75%。

（2）管道系统水的利用率：95%。

（3）灌溉水利用系数：0.85。

（4）设计作物耗水强度：5mm/d。

（5）设计湿润层深：0.55m。

三、制度及工作制度

1. 净灌水定额计算

采用下式计算：

$$m=1000\gamma_s h\ (\beta_1-\beta_2)$$

式中：$h=0.55\text{m}$，$\gamma_s=1.48\text{t/m}^3=14.504\text{kN/m}^3$，$\beta_1=0.24\times0.95=0.228$，$\beta_2=0.24\times0.65=0.1560$，代入得 $m=574.4\text{m}^3/\text{hm}^2$。

2. 设计灌水周期

采用下式计算：

$$T_{理}=\frac{m}{10E_d}$$

式中：$m=574.4\text{m}^3/\text{hm}$，$E_d=5\text{mm/d}$ 代入得 $T=11.5\text{d}$（取 $T=10\text{d}$）。

3. 毛灌水定额

$$m=\frac{m}{\eta}=\frac{574.4}{0.85}=675.7\text{m}^3/\text{hm}^2$$

4. 灌水次数与灌溉定额

根据灌区内多年灌水经验，小麦灌水 4 次，玉米灌水 1 次，则全年需灌水 5 次，灌溉定额为 3378.5m^3/hm^2。

四、设计流量及管径确定

1. 系统设计流量

采用下式计算：

$$Q_0=\frac{amA}{\eta Tt}$$

$$Q_0=\frac{amA}{\eta Tt}=\frac{1\times574.4\times12.7}{0.85\times11\times18}=43.3\text{m}^3/\text{h}$$

因系统流量小于水井设计出水量，故取水泵设计出水量为 $Q=50\text{m}^3/\text{h}$，灌区水源能满足设计要求。

2. 管径确定

采用下式计算：

$$D=18.8\sqrt{\frac{Q}{\pi}}$$

$$D=18.8\sqrt{\frac{Q}{v}}=18.8\sqrt{\frac{50}{1.5}}=108.54\text{mm}\ (\text{选取}\ \phi110\times3\text{PE 管材})$$

3. 工作制度

（1）灌水方式。考虑运行管理情况，采用各出口轮灌。

（2）各出口灌水时间：

采用下式计算：

$$t=\frac{mA}{\eta Q}$$

式中：$m=574.4\text{m}^3/\text{hm}^2$，$A=0.5\text{hm}^2$，$\eta=0.85$，$Q=50\text{m}^3/\text{h}$，则

$$t=\frac{mA}{\eta Q}=\frac{574.4\times0.5}{0.85\times50}=6.8(\text{h})$$

4. 支管流量

因各出水口采用轮灌工作方式，单个出水口轮流灌水，故各支管流量及管径与干管相同。

五、管网系统布置

1. 布置原则

（1）管理设施、井、路、管道统一规划，合理布局，全面配套，统一管理，尽快发挥工程效益。

（2）依据地形、地块、道路等情况布置管道系统，要求线路最短，控制面积最大，便于机耕，管理方便。

（3）管道尽可能双向分水，节省管材，沿路边及地块等高线布置。

（4）为方便浇地、节水，长畦要改短。

（5）按照村队地片，分区管理，并能独立使用的原则。

2. 管网布置

（1）支管与作物种植方向相垂直。

（2）干管尽量布置在生产路、排水沟渠旁成平行布置。

（3）保证畦灌长度不大于 120m，满足灌溉水利用系数要求。

（4）出水口间距满足 GB/T 20203—2006《农田低压管道输水灌溉工程技术规范》要求。

管网布置如图 5－30 所示。

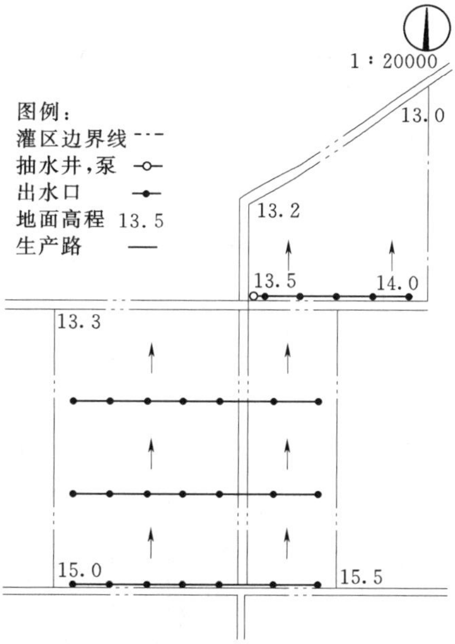

图 5－30　管网平面布置图

六、设计扬程计算

（1）水力计算简图如图 5－31 所示。

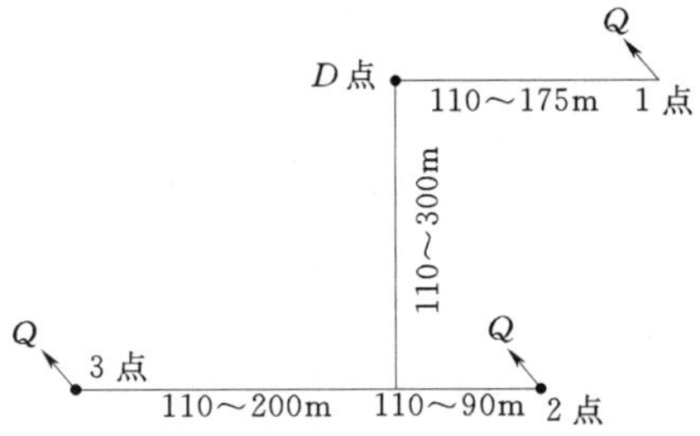

图 5－31　管道水力计算简图

（2）水头损失计算：

$$h=1.1h_f$$

采用下式计算：

$$h_f=f\frac{Q^m}{d^b}L$$

f=0.948×105（聚乙烯管材的摩阻系数），Q=50m^3/h，m 取 1.77，d 管道内径，取塑料管材为 ϕ110×3PE 管材，d=110－3×2=104mm，b 管径指数，取 4.77。

水头损失分三种情况，见表 5－5。

（3）设计水头计算，见表 5－5。

表 5－5　　　　水头损失及设计水头计算结果

点号	出水点	$h=1.1h_f$	$H=Z-Z_0+\Delta Z+\sum h_f+\sum f_j$
1	D 点至 1 点	4.44	9+(14－13.5)+4.44=13.94
2	D 点至 2 点	9.89	9+(15.5－13.5)+9.89=20.89
3	D 点至 3 点	12.68	9+(15－13.5)+12.68=23.18

由此看出，出水点 3 为最不利工作处，因此，选取 23.18m 作为设计扬程。

七、首部设计

根据设计流量 Q=50m^3/h，设计杨程 H=23.18m，选取水泵型号为 200QJ 50－26/2 潜水泵。

首部工程配有止回阀、碟阀、水表及进气装置。

八、工程预算

工程预算见表 5－6。

表 5－6　　　　机压管灌典型工程投资概预算表

内容	工程或费用名称	单位	数量	单价/元			合计/元		
				小计	人工费	材料费	小计	人工费	材料费
第一部分	建筑工程						3511.3	2238.35	1272.95
一	输水管道						3099.0	2176.5	922.5
1	土方开挖	m^3	350	4.78	4.78		1673.0	1673.0	
2	土方回填	m^3	350	0.86	0.86		301.0	301.0	
3	出水口砌筑	m^2	4.5	250.0	45	205.0	1125.0	202.0	922.5
二	井房						412.3	61.85	350.45
三	其他工程						412.3	61.85	350.45
	零星工程	元							

续表

内容	工程或费用名称	单位	数量	单价/元			合计/元		
				小计	人工费	材料费	小计	人工费	材料费
第二部分	机电设备及安装工程						33307.95	1589.95	31718.0
一	水源工程						5660.55	269.55	5391.0
1	潜水泵	套	1	4978.05	237.05	4741.0	4978.05	237.05	4741.0
2	*DN*80 逆止阀	台	1	131.25	6.25	125.0	131.25	6.25	
3	*DN*80 蝶阀	台	1	131.25	6.25	125.0	131.25	6.25	125.0
4	启动保护装置	套		420.0	20.0	400.0	420.0	20.0	400.0
二	输供水工程						27647.4	1320.4	26327.0
1	泵房连接管件	套	1	507.15	24.15	483.0	27647.4	1320.4	26327.0
2	输水管	m	1350	18.21	0.87	17.34	24583.5	1174.5	23409.0
3	出水口	个	26	89.25	4.25	85.0	2320.5	110.5	2210.0
4	管件	个	5		2.25	45	236.25	11.25	225.0
第三部分	其他费用	元					2618.77	272.27	2346.5
1	管理费（2%）	元	36819.25				736.39	76.57	659.82
2	勘测设计费（2.5%）	元	38476.12				920.48	95.70	824.78
3	工程监理质量监督检测费（2.5%）	元	38476.12				961.90	100.0	861.90
	第一至第三部分之和						39438.2		
第四部分	预备费						1917.90		
	基本预备费（5%）	元	39438.02				1917.90		
	总投资						41409.92		

思　考　题

1. 试述低压输水管道布置原则。

2. 半固定式给水装置的特点是什么？

3. 影响渠灌区管灌系统布置的因素有哪些？

4. 简述管道安装的一般要求。

5. 某县拟采用喷灌系统灌溉花生，已知计划湿润层深度为40cm，土壤含水率上下限分别按田间持水率的85%和65%设计，田间持水率为32%（容积含水率），水利用系数取0.85，最大日耗水量为5.2mm，求灌水周期。

项目六　渠道防渗工程技术

项目任务书

<table>
<tr><td colspan="2">项目名称</td><td>渠道防渗工程技术</td><td>参考课时</td><td>4</td></tr>
<tr><td colspan="2" rowspan="4">学习型工作任务</td><td colspan="2">任务一　渠道防渗工程的类型及特点</td><td>1</td></tr>
<tr><td colspan="2">任务二　渠道防渗工程规划设计</td><td>1</td></tr>
<tr><td colspan="2">任务三　渠道防渗工程的防冻措施</td><td>1</td></tr>
<tr><td colspan="2">任务四　渠道防渗施工方法及管理</td><td>1</td></tr>
<tr><td colspan="2">项目任务</td><td colspan="3">掌握渠道防渗工程规划设计方法与防冻措施，并独立完成渠道防渗工程规划设计，以及渠道防渗设施的管理方案</td></tr>
<tr><td colspan="2">教学内容</td><td colspan="3">（1）了解渠道防渗工程的重要性与必要性；（2）熟悉渠道防渗工程的类型及特点；（3）熟悉渠道防渗工程的防冻胀措施；（4）掌握渠道防渗工程规划设计的方法</td></tr>
<tr><td rowspan="3">教学目标</td><td>知识</td><td colspan="3">（1）熟悉资料分析方法；（2）掌握渠道防渗工程规划设计方法；（3）掌握工程设计参数确定方法；（4）熟悉防渗工程类型；（5）掌握防渗工程运行管理方法</td></tr>
<tr><td>技能</td><td colspan="3">渠道防渗工程规划设计</td></tr>
<tr><td>态度</td><td colspan="3">（1）具有刻苦学习精神；（2）具有吃苦耐劳精神；（3）具有敬业精神；（4）具有团队协作精神；（5）诚实守信</td></tr>
<tr><td colspan="2">教学实施</td><td colspan="3">通过了解渠道防渗工程设计与布置，学会渠道防渗工程规划设计</td></tr>
<tr><td colspan="2">项目成果</td><td colspan="3">渠道防渗工程规划设计书</td></tr>
<tr><td colspan="2">技术规范</td><td colspan="3">SL 18—2004《渠道防渗工程技术规范》</td></tr>
</table>

任务一　渠道防渗工程的类型及特点

目标：（1）掌握渠道防渗工程分类依据。

（2）掌握各种渠道防渗工程特点。

要点：（1）渠道防渗的目的。

（2）渠道防渗工程分类依据。

一、渠道防渗意义和作用

1. 渠道防渗意义

发展节水型农业行之有效的节水技术有渠道防渗、低压管道输水、改进地面灌溉技术、发展喷灌与微灌、实行节水灌溉制度等。这些节水技术无疑均是重要的和必需的，但节水效益最大的技术则是渠道防渗。这是因为我国每年灌溉用水量约为3500亿m^3，占农业用水量的90%，占我国总用水量的63%。目前我国已建渠道防渗工程为55万多km，仅占渠道总长的18%，80%以上的渠道没有防渗，渠系水的利用系数很低，平均不到0.50，低于其他国家（美国为0.78，前苏联为0.6～0.7，日本为0.61，巴基斯坦为0.58

等）。也就是说，从水源到田间，有50%以上的灌溉水因渠道渗漏而损失掉了。由于渠道渗漏浪费的水量很大，我国粮食作物的水分生产效率仅为1kg左右，而以色列高达2.32kg。如果我国灌溉渠系水的有效利用系数提高0.10，则每年可节约水量350亿m^3左右，等于正在规划的南水北调中线工程年引水量的2.7倍左右，这对缓解我国水资源供需矛盾将起到很大作用。因此，必须首先做好渠道防渗工程，堵住这个浪费水的大洞，提高渠系水的利用率。

渠道的渗漏水量不仅降低了渠系水的利用系数，减少了灌溉面积，浪费了水资源，而且会引起地下水位上升，招致农田渍害，在有盐碱化威胁的地区，还会引起土壤的次生盐碱化，同时还会增加灌溉技术和农民的水费负担，甚至会危及工程的安全运行。为了减少渠道输水损失，提高渠系水利用系数，一方面要加强渠系工程配套和维修养护，有计划地引水和配水，不断提高灌区管理工作水平；另一方面要采取渠道防渗工程措施，减少渗漏损失水量。

2. 渠道防渗的作用

渠道防渗工程措施除了减少渠道渗漏损失、节省灌溉用水量、更有效地利用水资源外，还有以下作用：

（1）提高渠床的抗冲能力，防止渠坡坍塌，增强渠床的稳定性。

（2）减小渠床糙率系数，加大渠道内水流流速，提高渠道输水能力。

（3）减少渠道渗漏对地下水的补给，有利于控制地下水位和防治土壤盐碱化及沼泽化。

（4）防止渠道长草，减少泥沙淤积，节省工程维修费用。

（5）降低灌溉成本，提高灌溉效益。

二、渠道防渗的类型

常见的渠道防渗工程类型有土料防渗、混凝土防渗、砌石防渗、膜料防渗、沥青材料防渗、水泥土防渗等，其形式与特性见表6-1。

表6-1　常见渠道防渗形式的主要特性

防渗材料 \ 项目		主要原材料	允许最大渗漏量 /[$m^3/(m^2 \cdot d)$]	使用年限	适用条件
土料	黏性土 黏砂混合土	黏质土、砂、石、石灰等	0.07～0.17	5～15	能就地取材。造价低，施工简便，但抗冻性差，耐久性较差，需劳力多，质量不易保证适用于气候和地区的中、小型渠道
	灰土 三合土 四合土			10～25	
水泥土	干硬性水泥土 塑性水泥土	壤土、砂壤土、水泥等	0.06～0.17	8～30	能就地取材，造价较低，施工容易，但抗冻性较差。适用于温地区，且附近有壤土和砂壤土的渠道
石料	干砌卵石 （挂淤）	卵石、块石、料石、石板、水泥等	0.20～0.4	25～40	抗冻和抗冲性能好，施工简易，耐久性强，但防渗能力一般较难保证，需劳力多。适用于石料来源丰富、有抗冻与抗冲要求的渠道
	浆砌块石 浆砌卵石 浆砌料石 浆砌石板		0.09～0.25		

续表

防渗材料 \ 项目		主要原材料	允许最大渗漏量 /[$m^3/(m^2 \cdot d)$]	使用年限	适用条件
沥青混凝土	现场浇筑预制铺砌	沥青、砂、石、矿粉等	0.04～0.14	25～30	防渗能力强，适应冻胀变形能力较好，造价与混凝土相近，但目前沥青料源缺乏。一般适用于有冻害的地区，且附近有沥青料源渠道
埋铺式膜料	土料保护层 刚性保护层	膜料、土料、砂、石、水泥等	0.04～0.08	20～30	防渗能力强，质轻、运输便利，用土作保护层时，造价较低，但自地多，允许流速小。适用于中、型低流速渠道。当用刚性保护层时，造价较高，可用于大、中型渠道
混凝土	现场浇筑	砂、石、水泥、速凝剂等	0.04～0.14	30～50	防渗效果、抗冲性和耐久性好，可用于各类地区的各种运用条件下的各级渠道；喷射法施工宜用于岩基、风化岩基以及山区渠道
	预制铺砌		0.06～0.17	20～30	
	喷射法施工		0.05～0.16	25～35	

1. 土料防渗

土料防渗造价低、投资少，可就地取材，但存在耐久性差的问题，往往由于冻融的反复作用，使防渗层疏松剥蚀，从而失去防渗性能。尽管如此，随着大型碾压机械的应用及防渗技术发展，土料防渗仍然广为应用。施工中土料的原材料应粉碎、过筛，必须清除含有机质多的表层土和草皮、树根等杂物；施工中应严格控制配合比和含水率；是混合土料宜先干拌后湿拌；铺筑时灰土、三合土、四合土按先渠坡后渠底的顺序施工；素土、黏砂混合土按先渠底、后渠坡的顺序施工。当防渗层厚度大于 15cm 时，应分层铺筑。铺筑时应边铺筑、边夯实，夯实后土料的干容重应达到设计值，不得小于设计容重。土料防渗层铺筑完成后，要加强养护，注意防风、防晒、防冻。土料防渗如图 6-1 所示。

图 6-1　土料防渗

2. 混凝土防渗

混凝土防渗的优点是防渗抗冲效果好，输水能力大，耐久、强度高，能减少渠道断面尺寸，适应性广，便于管理。缺点是混凝土衬砌板适应变形的能力差，在缺乏砂、石料的地区造价较高。混凝土衬砌适用于各种地形、气候和运行条件的大型、中型、小型渠道，附近应有骨料来源。混凝土防渗如图 6－2 所示。

图 6－2　混凝土防渗

施工方法：水泥用量要较普通碎石混凝土适当增加，并直掺入减水剂、早强剂。石料应采用 1～2 级级配。采用低流态混凝土，其坍落度以 0～2cm 为宜。可采用活动模板和分块跳仓法、滑模振捣器法施工。混凝土预制板初凝后即可拆模，强度达到设计强度的 70％方可运输，安砌应平稳、坚固，砌缝应用水泥砂浆填满、压平、抹光。现浇完毕后，应及时收面，及时养护。

3. *砌石防渗*

砌石防渗适用于石料来源丰富、有抗冻和抗冲刷要求的渠道。砌石防渗一般可减少渗漏量 70％～80％，使用时限达 20～40 年。砌石防渗具有就地取材、施工简单、抗冲刷、耐磨和耐腐蚀性强等优点，具有较强的稳定渠道的作用及能适应渠道流速大等特点。国内大部分浆砌石防渗渠道没有设垫层，直接砌筑在渠基上。因石板较薄，为使其与渠床紧密结合，常铺一层 2～3cm 厚的砂料或低等级砂浆做垫层。为提高砌石的防渗效果，也有在砌石下面加铺黏土、三合土、塑料薄膜等垫层的。砌石防渗如图 6－3 所示。

图 6－3　砌石防渗

4. 膜料防渗

膜料防渗具有防渗性能好，适应变形能力强，材料质轻，运输方便，耐腐蚀性强，施工简便，工期短、造价低等优点。缺点是抗穿刺能力差，易老化，与土的摩擦系数小，不利于渠道边坡稳定。膜料防渗施工质量的核心是在施工过程中保持膜层的完整和土保护层的边坡稳定。土渠层的铺膜基槽可采用梯形、台阶形、五边形和锯齿形等断面型式，当渠槽开挖整平并进行灭草处理后，根据渠道大小将膜料加工成大幅，自渠道下游向上游由渠道一岸向另一岸铺设膜料，膜料应留有小褶，并平贴渠基。膜料防渗如图 6-4 所示。

图 6-4　膜料防渗

5. 沥青材料防渗

沥青防渗具有防渗效果好、耐久性好、投资少、对地基变形适应性好、施工简便等优点。其中以沥青混凝土衬砌使用比较广泛，它属于柔性结构，适应变形性能好，具有较好的稳定性、耐久性和良好的防渗效果。在沥青混凝土衬砌正式施工前，必须首先进行试铺筑，以确定沥青混合料的配合比、摊铺厚度、施工温度、碾压遍数等工艺参数。沥青混凝土衬砌施工的工序是铺筑整平胶结层、铺筑防渗层、涂刷封闭层。碾压是沥青混凝土衬砌施工的关键环节，应按选定的摊铺厚度均匀摊铺后，先静压 1～2 遍，再振动压实。沥青材料防渗如图 6-5 所示。

图 6-5　沥青材料防渗

6. 水泥土防渗

水泥土具有较好的防渗效果，能就地取材，造价低，施工容易掌握，其水泥用量与低等级混凝土的水泥用量相当。缺点是允许流速小，抗冻性差。水泥土防渗因施工方法不同而分为干硬性水泥土和塑性水泥土两种，北方多用前者，南方多用后者。水泥土防渗可减少渠道渗漏量70%～85%。施工中将水泥土所用土料风干、粉碎，过5mm筛。铺筑前洒水润湿渠基并做到配料准确、拌和均匀、摊铺平整、浇捣密实；将拌好的水泥土按先渠坡、后渠底顺序均匀地铺筑；初步抹平后，宜在表面撒一层厚2mm的水泥揉压抹光；应连续铺筑，每次拌和料从加水至铺筑宜在1.5h内完成。水泥土防渗如图6-6所示。

图6-6　水泥土防渗

三、选择防渗技术措施应考虑的因素

表6-1是我国SL 18—2004《渠道防渗工程技术规范》规定的各种渠道防渗材料的技术特点、防渗效果、运用条件等，可根据拟建渠道的基本资料，在上述设计总则指导下，具体地进行设计，设计时还应综合考虑下列影响因素。

1. 气候条件

气候条件是渠道防渗工程设计和施工应要考虑的基本因素。它对防渗材料的耐久性和施工方法具有决定性作用，也是工程防冻胀设计的决定性因素。

2. 地形条件

地形条件往往是决定渠道防渗工程造价的重要因素，在渠道防渗措施中，压力管道受地形影响最小，但太贵；低压管道、输水槽以及混凝土等防渗渠道，较能适应地形的变化；而土料及埋铺式膜料（土保护层）防渗渠道，因允许流速小（为混凝土的1/6左右），只能用于较平坦地区。因此，选择防渗方案时，应考虑地形条件。

3. 基土性质

基土的渗透性是决定有无防渗必要和采用哪种防渗措施的关键，土的冻胀敏感性和抗压强度等都是工程设计应考虑的主要性能。对黄土类、壤土类等基础好、渠床稳定的地区，一般采用混凝土、砌石等防渗措施。但在含膨胀性黏土或石膏以及孔状灰岩的渠基上，一般不宜采用刚性材料，应采用厚压实土料，或埋铺式膜料类的柔性防渗措施。对于湿陷性黄土渠基，防渗前做完浸水处理后，最好采用埋铺式膜料防渗。也可以改变渠线，使渠道绕过不良土质地带。无法改线时，可用砂、砾石或其他土料换基，以代替不良土壤。但此法造价高，除有抗冻害要求和附近有合适的代换材料外，一般不宜采用。

在选择防渗方案时，应尽量考虑土渠开挖土方的应用问题。如有适宜的土料，可采用压实土料防渗；如开挖的土料不能压实，但可以用作膜料防渗的保护层时，则应采用埋铺式膜料防渗。

4. 地下水位

地下水位高于渠底时，防渗层存在承受扬压力的问题。必须在防渗层下设排水设施。在寒冷地区，地下水位的高低，是防渗工程进行防冻胀设计时需要考虑的。

5. 土地利用及灌溉系统的形式

为减少占地，在城郊及人口密集地区，应采用暗渠（管）、输水槽或边坡较陡的如U形、矩形断面等刚性材料防渗渠道。

为了改善旧有灌溉系统和用水方式，如合并地块，改连续输水为轮流输水，改变种槽作物等，都应考虑采用刚性材料防渗，使配水渠系占地最小。同时也使轮流输水的渠系能更好地满足配水要求。

6. 防渗标准

在水费很高的地区，或渗漏水有可能引起渠基失稳，影响正常运行的渠道，防渗标准应提高。建议采用下铺膜料，上部用混凝土板作保护层的措施。据国外有关经验，厚10cm的混凝土防渗渠道，平均渗漏量为21L/(m·d)，如在混凝土层下加铺聚氯乙烯薄膜，可减少渗漏量95%。只要持续12年，节约的水量，就足以抵偿塑膜增加的投资。

7. 耐久性

据资料介绍，埋设混凝土管道使用年限按50年计算，年养护费占造价的0.1%。印度用的沥青黏土混合料防渗，使用年限按5年计，年养护费为造价的10%。厚2.5cm的泥浆衬砌，估计不超过2年，年养护费为造价的25%。使用年限，对计算工程的经济效益，影响很大，设计时应慎重确定。

8. 材料来源

应本着因地制宜、就地取材的原则选用防渗措施。料源应充足。如当地无砂、石料而又必须采用混凝土防渗的重要工程，可以采用在他处预制，运到当地施工，或采用人工制砂、石的办法。当水中含有较多泥沙，且渠基为砂砾石时，如旧渠由于运用时间已久，有天然淤填的作用，也可能不再需要采用其他防渗措施等。

9. 劳力、能源及机械设备供应情况

在劳力较多、工资较低的地区，应采用能充分利用劳动力的措施。如采用预制陶瓷板及混凝土板安砌和压实土料防渗等。如压实厚度超过0.5m或用现浇混凝土防渗的，则可采用推土机、铲运机、羊足碾及浇筑机等设备，以保证施工质量，加快施工进度，使防渗工程早日受益。

10. 管理养护

如渠道需要频繁地放水和停水，渠道水位有较大的升降变化时，最好采用刚性材料防渗。土料防渗，不能控制杂草及淤积，同时在劳力昂贵的地方，并不比刚性材料防渗便宜。明铺式膜料、薄黏土层或薄压实土料防渗，易受牲畜践踏等外力破坏，故在使用上受到限制。在已成土渠上建防渗工程，因施工时间短，渠基不能很快干燥，很难采用现浇的刚性材料护面，故最好能采用机械或人工预制安装混凝土板的措施，以加快进度，保证输水。

11. 工程费用

渠道防渗措施是否经济，应以效益的大小来衡量。在资金允许情况下，应尽量选取标准较高的防渗方案。新建渠道的防渗工程应与修渠同时进行，设计和施工一次完成。

任务二　渠道防渗工程规划设计

目标：(1) 掌握渠道防渗工程断面形式。

(2) 掌握渠道防渗工程参数选择与计算。

要点：(1) 防渗渠道的各种断面形式及特点。

(2) 各类渠道防渗的使用条件。

一、防渗渠道断面形式

防渗道断面形式如图 6－7 所示。明渠可选用矩形、梯形（包括弧形底梯形、弧形坡脚梯形）、U 形和复合形；无压暗渠可选用城门洞形、箱形、正反拱形和圆形。不同防渗材料可参照表 6－2 选用适宜的断面形式。

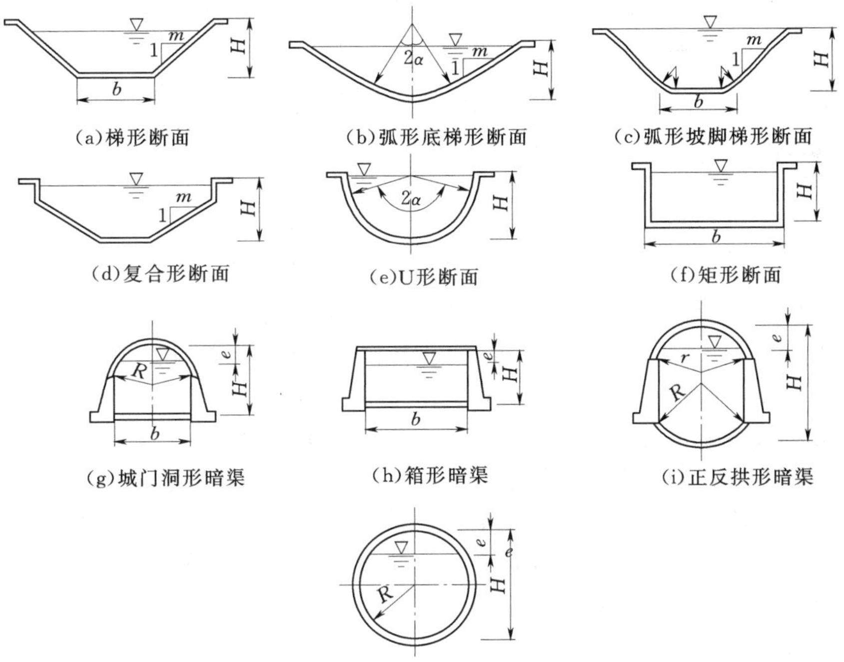

图 6－7　防渗渠道的横断面形式

表 6－2　　不同材料防渗渠道适用的横断面形式

防渗渠道材料类别	防渗渠道横断面形式									
	明渠					暗渠				
	梯形	矩形	复合形	弧形底梯形	弧形坡脚梯形	U 形	城门洞形	箱形	正反拱形	圆形
素土	V			V	V					
灰土	V	V	V	V	V		V		V	
黏砂混凝土	V			V	V					

续表

防渗渠道材料类别	防渗渠道横断面形式									
	明渠					暗渠				
	梯形	矩形	复合形	弧形底梯形	弧形坡脚梯形	U形	城门洞形	箱形	正反拱形	圆形
膨润混合土	√			√	√					
三合土	√	√	√	√	√		√		√	
四合土	√	√	√	√	√		√		√	
塑性水泥土	√		√	√	√					
干硬性水泥土	√	√	√	√	√		√		√	
料石	√	√	√	√	√	√	√	√	√	√
块石	√	√	√	√	√	√	√	√	√	√
卵石	√		√	√	√	√	√		√	
石板	√		√	√	√					
土保护层塑膜	√			√	√					
沥青混凝土	√			√	√					
混凝土	√	√	√	√	√	√	√	√	√	√
刚性保护层塑膜	√	√	√	√	√		√	√	√	√

梯形横断面施工简便、边坡稳定，在地形、地质无特殊问题的地区，可普遍采用。弧形底梯形、弧形坡脚梯形、U形渠道等，由于适应冻胀变形的能力强，能在一定程度上减轻冻胀变形的不均匀性，在北方地区得到了推广应用。U形渠道自20世纪70年代在我国开始应用，在渠道上目前已得到了广泛的应用。其主要优点足：①水力条件好，近似最佳水力断面，可减少衬砌工程量，输沙能力强，有利于高含沙引水；②在冻胀性和湿陷性地基上有一定的适应地基不均匀变形的能力；③渠口窄，节省土地，减少挖填方量；④整体性强，防渗效果优于梯形渠道；⑤便于机械化施工，可加快施工进度。

暗渠具有占地很少、在城镇区安全性能好、水流不易污染等优点。在冻土地区，暗渠可避免冻胀破坏。因此，在土地资源紧缺地区应用较多。

二、安全超高

衬砌护面应有一定的超高，以防风浪对渠床的冲刷。衬砌超高指加大水位到衬砌层顶端的垂直距离。小型渠道可采用20～30cm，大型渠道可采用30～60cm。衬砌层顶端到渠道的堤顶或岸边也应有一定的垂直距离，以防衬砌层外露于地面，易受交通车辆等机械损坏；也可防止地面径流直接进入衬砌层下面，威胁渠床和衬砌层的稳定。这个安全高度一般为20～30cm。U形渠道衬砌超高d和渠堤超高n值见表6-3。

表6-3　U形渠道衬砌超高α_1和渠堤超高α

加大流量/(L/s)	<0.5	0.5～1.0	1.0～10	10～30
α_1	0.1～0.15	0.15～0.2	0.2～0.35	0.35～0.5
α	0.2～0.3	0.3～0.4	0.4～0.6	0.6～0.8

三、防渗渠道的设计参数

防渗渠道的设计参数除渠道的设计流量外，还有边坡系数、糙率、超高、不冲不淤流速、伸缩缝间距及填缝材料、砌筑缝及其填筑缝材料、渠底比降、稳定渠床的宽深比、堤顶宽度和封顶板等。设计参数选择的是否正确，关系到渠道的工程量大小、输水能力、防渗效果、渠床是否稳固和安全运用，以及工程效益的发挥等，因此设计参数必须谨慎设计，认真选择。本节对设计参数如何设计与选择不作介绍，请参阅有关书籍。

四、防渗渠道的水力断面计算

1. 水力断面计算的基本公式

各种渠道断面设计的准确尺寸，应按下式确定，即

$$v=C\sqrt{Ri} \tag{6-1}$$

式中　v——渠道平均流速，m/s；

C——谢才系数，$m^{1/2}/s$；

R——水力半径，m；

i——渠底比降。

谢才系数常用曼宁公式计算：

$$C=\frac{1}{n}R^{1/6} \tag{6-2}$$

式中　n——渠道糙率系数。

$$Q=AC\sqrt{Ri}=A\frac{1}{n}R^{2/3}i^{1/2} \tag{6-3}$$

式中　Q——渠道设计流量，m^3/s；

A——渠道过水断面面积，m^2。

2. 梯形、矩形渠道的水力计算

（1）一般断面水力计算。梯形、矩形渠道的水力计算主要是试算确定过水断面的水深 h 和底宽 b 的数值。试算步骤如下：

1）假设 b、h 值。为施工方便，底宽 b 应取整数。因此，一般先假设一个整数的 b 的值，再选择适当的宽深比 α，用公式 $h=b/\alpha$ 计算相应的水深值。

2）计算渠道的过水断面的水力要素。根据假设的 b、h 值计算相应的过水断面面积 A、湿周 χ、水力半径和谢才系数 C。计算公式如下：

$$A=(b+mh)h=(\alpha+m)h^2 \tag{6-4}$$

$$\chi=(b+2h)\sqrt{1+m^2}=(\alpha+2\sqrt{1+m^2})/h \tag{6-5}$$

$$R=A/\chi \tag{6-6}$$

用式（6-2）计算谢才系数 C。

3）用式（6-3）计算渠道流量。

4）校核渠道流量。上面计算出来的渠道流量（Q）是与假设的 b、h 值相应的输水能力，一般不等于渠道的设计流量（Q_d），通过试算，反复修改 b、h 值，直至渠道计算流量等于或接近渠道设计流量为止。要求误差不超过 5%，即设计渠道断面应满足的校核条件是

$$\left|\frac{Q_d-Q}{Q_d}\right|\leqslant 0.05 \tag{6-7}$$

在试算过程中，如果计算流量和设计流量相差不大，只需修改 h 值，再进行计算；如二者相差很大，就要修改 b、h 值，再进行计算。为了减少重复次数，常用图解法配合：在底宽不变的条件下，用三次以上的试算结果绘制 $h-Q$ 关系曲线，在曲线图上查出渠道设计流量 Q_d 和相应的设计水深，如图 6-8 所示。

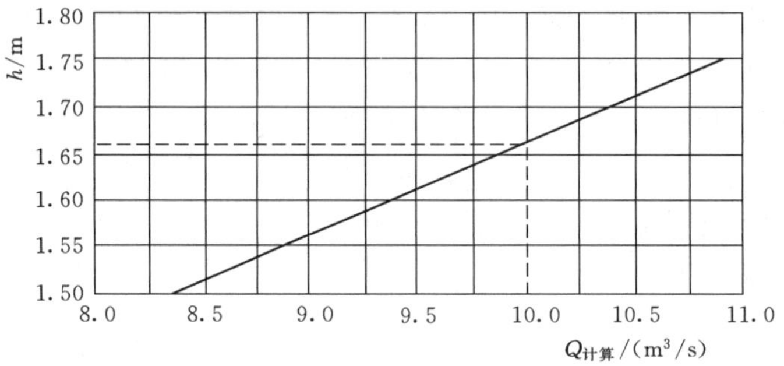

图 6-8　渠道设计流量 Q 和设计水深 h 关系图

5）校核渠道流速。设计断面尺寸不仅满足设计流量的要求，还要满足稳定渠道的流速要求。用式（6-8）计算经流量校核选择的渠道断面通过设计流量时所具有的流速。

$$v_d=\frac{Q_d}{A} \tag{6-8}$$

然后按不冲流速（v_{cs}）和不淤流速（v_{cd}）校核，计算出来的流速应满足以下条件：

$$v_{cs}>v_d>v_{cd} \tag{6-9}$$

如不满足流速校核条件式（6-8），就要改变最初假设的底宽 b 值，重新按以上步骤进行计算，直到既满足流量校核条件又满足流速校核条件为止。

（2）水力最佳断面的水力计算。采用水力最佳断面时，可按以下步骤直接求解：

1）计算渠道的设计水深。由梯形（矩形）渠道水力最佳断面的宽深比计算公式 $[\alpha_0=2(\sqrt{1+m^2}-m)]$、渠道断面水力要素计算式（6-2）、式（6-4）、式（6-5）和式（6-6），通过流量计算式（6-3）可求得水力最佳断面的渠道设计水深 h_d 为

$$h_d=1.189\left[\frac{nQ_d}{(2\sqrt{1+m^2}-m)\sqrt{i}}\right]^{3/8} \tag{6-10}$$

2）计算渠道的设计底宽 b_d：

$$b_d=\alpha_0 h_d \tag{6-11}$$

3）校核渠道流速。流速计算和校核方法与采用一般断面时相同。如果设计流速不满足校核条件，说明不宜采用最优断面形式，就要按采用一般断面时的试算步骤设计渠道断面尺寸。

【例 6-1】 设计混凝土衬砌渠道，设计流量 $Q_d=10\text{m}^3/\text{s}$，渠道比降 $i=0.004$ 边坡系数 $m=0.75$，糙率系数选用 $n=0.014$，渠道不冲流速 $v_{cs}=2.0\text{m/s}$，不淤流速 $v_{cd}=0.5\text{m/s}$。试确定渠道的断面尺寸。

解：

第一方案：按一般断面形式设计。

（1）初设 $b=3\text{m}$，$h=1.5\text{m}$，作为第一次试算的断面尺寸。

（2）计算渠道断面各水力要素。

$$x=(b+2h)\sqrt{1+m^2}=(3+2\times1.5\times\sqrt{1+0.75^2})=6.75(\text{m})$$

$$R=A/x=6.19/6.75=0.92(\text{m})$$

$$C=\frac{1}{n}R^{1/6}=\frac{1}{0.014}\times0.92^{1/6}=70.44$$

（3）计算渠道流量。

$$Q=AC\sqrt{Ri}=6.19\times70.44\times\sqrt{0.92\times0.0004}=8.36(\text{m}^3/\text{s})$$

（4）校核渠道流量。

$$\left|\frac{Q_d-Q}{Q_d}\right|=\left|\frac{10-8.36}{10}\right|=0.164>0.05$$

因此流量校核不符合要求，需要换 h 值，重新计算。为此，又假设 $h=1.6\text{m}$、1.65m、1.7m、1.75m 等 4 个值按上述步骤重新计算，计算结果列入表 6－4。

按表 6－4 的计算结果绘制的 $h-Q$ 关系曲线如图 6－8 所示。从图中查得 $Q_d=10\text{m}^3/\text{s}$，相应水深 $h_d=1.67\text{m}$。

表 6－4　　渠道横断面尺寸计算

h/m	A/m^2	x/m	R/m	$C/(\text{m}^{1/2}/\text{s})$	$Q/(\text{m}^3/\text{s})$
1.5	6.19	6.75	0.92	70.44	8.36
1.6	6.72	7.00	0.96	70.94	9.34
1.65	6.99	7.13	0.98	70.19	9.85
1.7	7.27	7.25	1.00	71.43	10.39
1.75	7.55	7.38	1.02	71.66	10.93

（5）校核流量。

$$v_d=\frac{Q_d}{A}=\frac{10}{(3+0.75\times1.67)\times1.67}=1.41(\text{m/s})$$

设计流速满足校核条件：

$$2.0>1.41>0.5$$

所以设计断面尺寸是：$b_d=\alpha_0 h_d$，$b_d=3.0\text{m}$，$h_d=1.67\text{m}$ 和 $m=0.75$ 即可画出过水断面。水面宽度 B 可从图上量得，也可用下式计算：

$$B=b+2mh=3+2\times0.75\times1.67=5.51(\text{m})$$

第二方案：按水力最佳断面设计

（1）计算渠道的设计水深。

$$h_d=1.189\left[\frac{nQ_d}{(2\sqrt{1+m^2}-m)\sqrt{i}}\right]^{3/8}=1.189\times\left[\frac{0.014\times10}{2\ (\sqrt{1+0.75^2})\ -0.75\ \sqrt{0.004}}\right]^{3/8}$$

$$=2.0(\text{m})$$

（2）计算渠道的设计底宽 b_d。

$$b_d=\alpha_0 h_d=2(\sqrt{1+0.75^2}-0.75)\times 2.0=2.0(\text{m})$$

（3）校核渠道流速。

$$v_d=\frac{Q_d}{A}=\frac{10}{(2+0.75\times 2)\times 2}=1.43(\text{m/s})$$

设计流速满足校核条件：

$$2.0>1.43>0.5$$

所以设计最佳断面尺寸是：$b_d=2\text{m}$，$h_d=2\text{m}$。

（4）水面宽度 B。

$$B=b+2mh=2+2\times 0.75\times 2=5.0(\text{m})$$

以上两个方案的计算结果都满足流速校核要求，还要考虑施工条件选择其中之一，作为施工的依据。

3. U形、弧形底梯形断面的设计

U形、弧形底梯形断面分别如图6－9和图6－10所示。

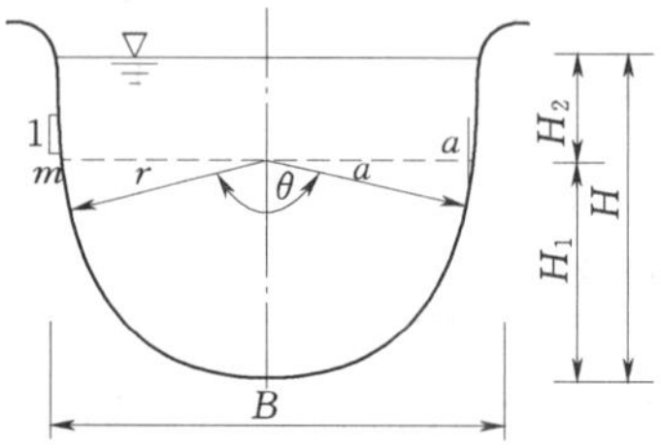

图6－9　U形断面

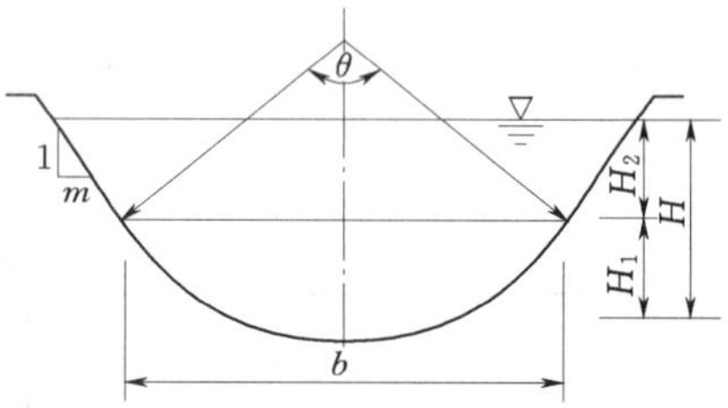

图6－10　弧形底梯形断面

（1）U形、弧形底梯形水力最佳断面的计算公式：

过水断面　$A=K_A H^2$

系数　$K_A=\left(\frac{\theta}{2}+2m-2m'\right)K_r^2+2(m'-m)K_r+m$

湿周　$X=K_x H$

系数　$K_x=2\left(m+\frac{\theta}{2}-m'\right)K_r+2m'$

$$K_r=r/H$$

式中　H——水深，m；

$\theta/2$——圆心角一半，(°)；

m——上部直线段的边坡系数，$m'=\sqrt{1+m^2}$；

r——圆弧半径，m；

A——过水面积，m^2。

由上式推导出最佳水力断面的半径与水深之比 $K_r=1$，即水面线刚好通过圆心。此时，弧形底梯形渠的弦长与水深之比：$K_b=b/H=2/m'$，b 为弧形底的弦长。

（2）U形、弧形底梯形实用经济断面的有关系数。

1）U形断面 K_r，值的选择：当渠顶以上挖深不超过1.5m，边坡系数 m 不大于0.3，渠线经过耕地时，K_r 值可在表 6－5 的范围内选用。

表 6－5　　U 形渠的 K_r 值

$m(\alpha)$	0（0）	0.1（5.7°）	0.2（11.3°）	0.3（16.7°）	0.4（21.8°）
K_r	0.65～0.72	0.62～0.68	0.56～0.63	0.49～0.56	0.39～0.47

2）弧形底梯形断面 K_b 值的选择：一般情况下，K_b 可按普通梯形断面确定宽深比的方法选择。地形、地质条件要求采用宽浅式断面时，允许选取较大的 K_b 值。防渗范围超过最佳水力断面的 5％时的 K_b 值，按表 6－6 选用。

表 6－6　　弧形底梯形断面 K_b 值

边坡系数	0.5	1.0	1.25	1.5	1.75	2.0
水力最佳 K_b	1.79	1.41	1.25	1.11	0.992	0.894
允许 K_b	3.22	3.25	3.44	3.50	3.75	3.76

（3）U 形、弧形底梯形断面尺寸的计算。可按表 6－7 公式计算和设计。

表 6－7　　U 形、弧形底梯形断面尺寸的计算公式

名称	符号	已知条件	计算公式
水面宽	B	H、r、m	$2m\ (H-r+2r\sqrt{1+m^2})$
圆心角	θ	m	$2\arctan m$
直线段水深	H_2	H、r、θ	$h-\left(r-r\cos\alpha\dfrac{\theta}{2}\right)$
过水面积	A	R、$m(\alpha)$、H_2	$\dfrac{r^2}{2}\left[\pi\left(1-\dfrac{\alpha}{90°}\right)-\sin 2\alpha\right]+H_2\ (2r\cos\alpha+H_2\tan\alpha)$
湿周	x	B、r、$m(\alpha)$、H_2	$\pi r\left(1-\dfrac{\alpha}{90°}\right)+\dfrac{2H_2}{\cos\alpha}$ 或 $\dfrac{B}{x}\sqrt{1+m^2}-\dfrac{2r}{m}\ (1-m\arctan m)$
水力半径	R	A、x	A/x
弧段水深	h	H、H_2	$H-H_2$

注　表中 $\arctan m$ 为弧度值。

4. 弧形坡脚梯形渠断面的设计

在地形、地质条件要求采用宽浅式断面时，宽深比 K_b 仍按表 6－7 选择。坡脚弧形 H、θ、b_2 值可通过图解和计算确定。图 6－11 为弧形坡脚梯形渠断面示意图。

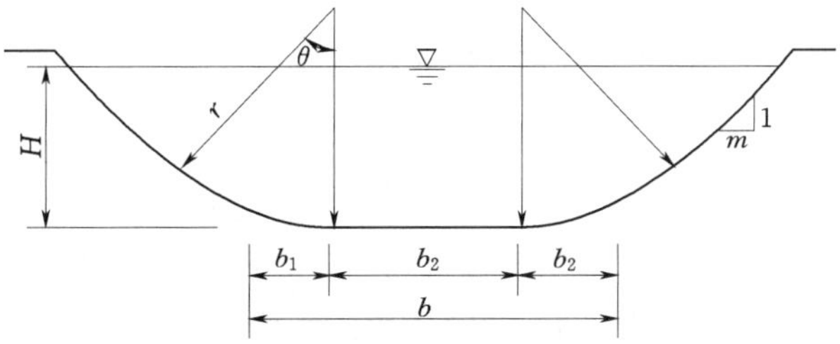

图 6－11　弧形坡脚梯形渠断面

五、渠道防渗层的结构及厚度

1. 土料防渗

土料防渗层的厚度应根据防渗要求通过试验确定。中、小型渠道可参照表6-8选用。为增加防渗层的表面强度，根据渠道流量大小，表层采用水泥砂浆抹面和涂刷硫酸亚铁溶液的办法。

表6-8　土料防渗层厚度表

土料种类	防渗层厚度表/cm		
	渠底	渠坡	侧墙
高液限黏质土	20～40	20～40	
中液限黏质土	30～40	30～60	
灰土	10～20	10～20	
三合土	10～20	10～20	20～30
四合土	15～20	15～25	20～40

2. 水泥土防渗

水泥土防渗层的配合比应通过试验确定。防渗层的厚度宜采用8～10cm，小型渠道不应小于5cm。水泥土预制板的尺寸，应根据制板机、压实功能、运输条件和渠道断面尺寸等功能确定，每块预制板的重量不宜超过50kg。板间用砂浆挤压、填平，并及时勾缝与养护。

因水泥土的抗冻性较差，故对耐久性要求高的明渠水泥土防渗层，宜用塑性水泥土铺筑，表面再用水泥砂浆、混凝土预制板、石板等材料作保护层。此种防渗层结构，水泥土的水泥掺量可以适当减少，但水泥土28d的抗压强度不应低于1.5MPa。

3. 砌石防渗

浆砌料石、浆砌块石挡土墙式防渗层的厚度，应根据使用要求确定。护面式防渗层的厚度，浆砌料石宜采用15～25cm；浆砌块石宜采用20～30cm；浆砌石板的厚度不宜小于3cm。浆砌卵石、干砌卵石挂淤护面式防渗层的厚度一般采用15～30cm。

为了防止渠基淘刷，提高防渗效果，干砌卵石挂淤渠道可在砌体下面设置砂砾石垫层或低标号砂浆垫层；浆砌石板防渗层下，可铺厚度2～3cm的砂料或低等级砂浆垫层；对防渗要求高的大中型渠道，可在砌石层下加铺黏土、三合土、塑性水泥土或塑膜层。

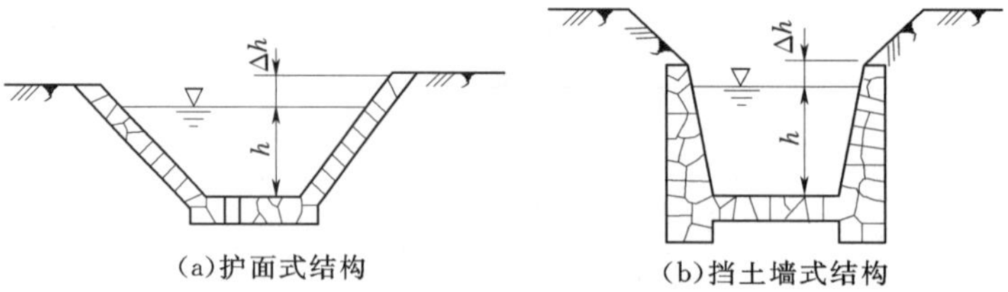

图6-12　浆砌石渠道护面结构

护面式浆砌石防渗层，一般不设伸缩缝；软基上挡土墙式浆砌石防渗层宜设沉降缝，缝距10～15m。砌石防渗层与建筑物连接处，应按伸缩缝处理。

4. 膜料防渗

膜料的基本和沥青按防渗材料可分为塑料类、沥青和环氧树脂类。按加强不加强土工膜可以分为以玻璃纤维布、聚酯纤维布作加强材料的直喷式土工膜加强土工膜、以土工织物作基材的复合型土工膜。

目前我国渠道防渗工程普遍采用聚乙烯和聚氯乙烯塑料薄膜，其次是沥青玻璃纤维布油毡。此外，复合土工膜近几年也陆续采用。

膜料防渗多用埋铺式，其结构一般包括：膜料防渗层、过渡层、保护层等。如图 6-13 所示。

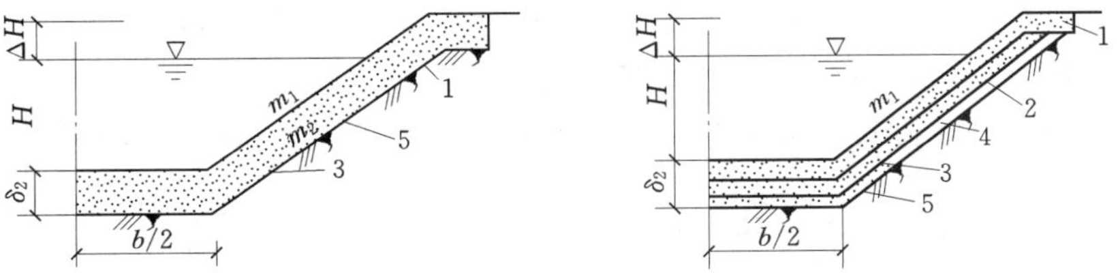

(a)无过渡层的防渗体　　(b)有过渡层的防渗体

图 6-13　埋铺式膜料防渗体的构造

用作过渡层的材料很多，应因地制宜地选用。过渡层的厚度见表 6-9。

表 6-9　　过渡层厚度

过渡层类型	厚度/cm
灰土、塑性水泥土	2～3
砂浆素土、砂	3～5

素土保护层厚度，当 $m_1=m_2$ 时，全铺式的梯形、台阶形、锯齿形断面，半铺式的梯形和底铺式断面保护层的厚度，边坡与渠底相同。当 $m_1 \neq m_2$ 时，梯形和五边形渠底土保护层的厚度见表 6-10，渠坡膜层顶部土保护层最小厚度，温暖地区为 30cm，寒冷地区为 35cm。

表 6-10　　素土保护层的厚度　　单位：cm

保护层土质	渠道设计流量/(m^3/s)			
	<2	2～5	5～20	>20
砂壤土、轻壤土	45～50	50～60	60～70	70～75
中壤土	40～45	45～55	55～60	60～65
重壤土、黏土	35～40	40～50	50～55	55～60

刚性材料保护层厚度见表 6-11。也可在渠底、渠坡和不同渠段，采用具有不同抗冲能力、不同材料的组合式保护层。

表 6-11　不同材料保护层的厚度

保护层材料	水泥土/cm	块石、卵石/cm	砂砾石/cm	石板/cm	混凝土/cm	
					现浇	预制
保护层厚度	4～6	20～30	25～40	≥3	4～10	4～8

5. 沥青混凝土

沥青混凝土防渗层厚度一般5～6cm（见图6-14），大型渠道可采用8～10cm。有抗冻要求的地区，渠坡防渗层可采用上薄下厚的断面，一般坡顶厚度5～6cm，坡底厚度8～10cm。整平胶结层采用等厚断面。沥青混凝土边长不宜大于1.0m，厚度采用5～8cm。预制板一般用沥青砂浆砌筑；在地基有较大变形时，也可采用焦油塑料胶泥填筑。

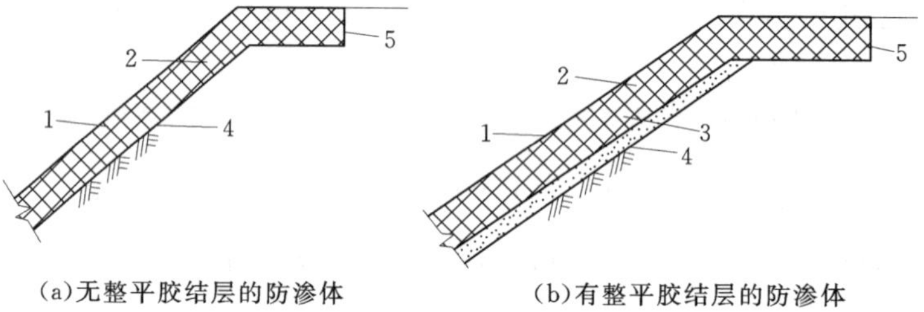

图6-14　沥青混凝土防渗体的结构型式

1—封闭层；2—防渗层；3—整平胶结层；4—土（石）渠基；5—封顶板

6. 混凝土防渗

混凝土防渗层采用等厚板，当渠基有较大膨胀、沉陷等变形时，除采取必要的地基处理措施外，对大型渠道宜采用楔形板、肋梁板、中部加厚板或“Ⅱ”形板。混凝土防渗体的结构形式如图6-15所示。

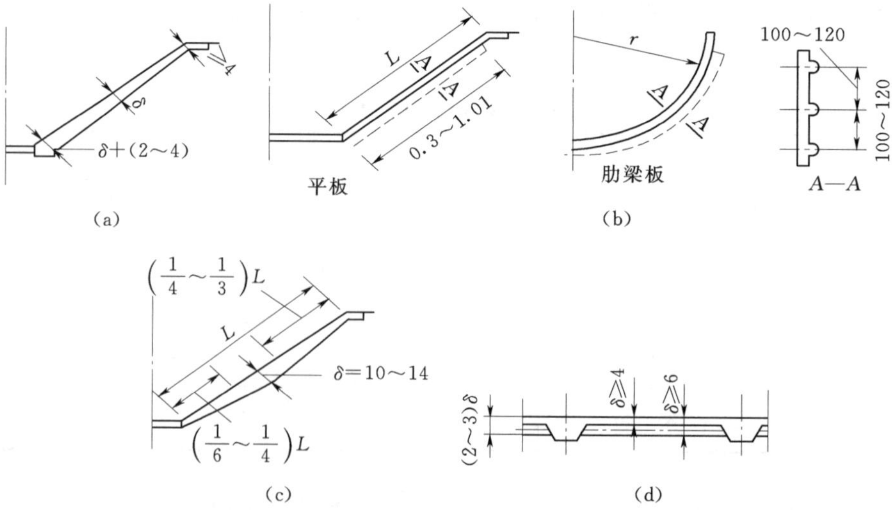

图6-15　混凝土防渗体的结构形式

任务三　渠道防渗工程的防冻措施

目标：(1) 掌握渠道防渗工程的意义。

(2) 掌握防冻害措施类型。

要点：(1) 渠道冻害及原因。

(2) 防冻害措施类型。

一、渠道防渗工程的冻害及原因

1. 渠道防渗工程冻害类型

由于负气温对渠道防渗衬砌工程的破坏作用而失去了防渗意义统称为渠道防渗工程的冻害，如图 6-16 所示。根据负气温造成各种破坏作用的性质，冻害可分以下 3 种类型：

图 6-16　冻胀破坏渠道

(1) 渠道防渗材料的冻融破坏。渠道防渗材料具有一定的吸水性，这些吸入到材料内的水分在负温下冻结成冰，体积发生膨胀。当这种膨胀作用引起的应力超过材料强度时，就会产生裂缝并增大吸水性，使第二个负气温周期中结冰膨胀破坏的作用加剧。如此经过多次冻结-融化循环和应力的作用，使材料破坏、剥蚀、冻酥，从而使结构完全受到破坏而失去防渗作用。

(2) 渠道中水体结冰造成防渗工程破坏。当渠道在负气温期间通水时，渠道内的水体发生冻结。在冰层封闭且逐渐加厚时，对两岸衬砌体产生冰压力，造成衬砌体破坏或产生破坏性变形。

(3) 渠道基土冻融造成防渗工程破坏。由于渠道渗漏、地下水和其他水源补给、渠道基土含水量较高，在冬季负气温作用下，土壤中的水分发生冻结而造成土体膨胀，使混凝土衬砌开裂、隆起而折断。在春季消融时又造成渠床表土层过湿、疏松而使基土失去强度和稳定性，导致衬砌体的滑塌。

2. 冻胀破坏形式

(1) 混凝土防渗。混凝土属于刚性衬砌材料，具有较高的抗压强度，但抗拉强度较低，适应拉伸变形和不均匀变形的能力较差。在冻胀力和热应力的作用下容易破坏，其破坏形式如下。

1）鼓胀及裂缝。冻胀裂缝多出现在尺寸较大的现浇混凝土板顺水方向，缝位一般在渠坡坡脚以上 1/4～3/4 坡长范围内和渠底中部。当冬季渠道积水或行水时，一般出现在水面附近的渠坡上。当混凝土板尺寸过大，不能适应温度收缩变形时，将由于温度应力造成纵向或横向裂缝。当缝间止水材料不能适应低温变形时，将在分缝处发生开裂。此外，当混凝土板与基土冻结在一起后，由于冻土出现冻胀裂缝，混凝土板亦可能被拉裂。

冬季渠内存水并结成较厚冰层的情况下，冰面附近渠坡含水量较高，水分补给充分，冻胀量较大。但混凝土衬砌板的冻胀上抬受到冰层一侧的限制，因而可能在冰缘弯出现裂缝或折断。

2）隆起架空。在地下水位较高的渠段，渠床基土距地下水近，冻胀量大，而渠顶冻胀量小，造成混凝土衬砌板大幅度隆起架空。这种现象一般出现在坡脚或水面以上 0.5～1.5m 坡长处和渠底中部，有时也顺坡向上形成数个台阶状。

3）冻融滑塌。有两种形式。一是由于冻胀隆起架空，使坡脚支撑受到破坏，衬砌板垫层失去稳定平衡，基土融化时，上部板块顺坡向下滑移、错位，互相穿插，如图 6－17 所示。二是渠坡基土融化期的大面砌板塌落下滑，导致坡脚混凝土板被推开，上部衬砌板滑落下滑，如图 6－18 所示。

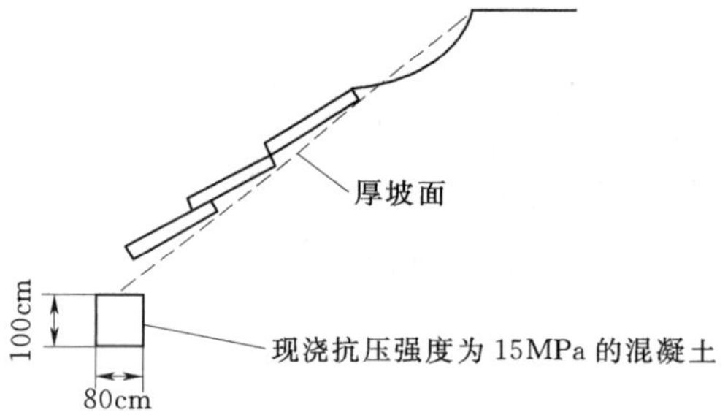

图 6－17　流土引起渠道冻融滑坡破坏示意图

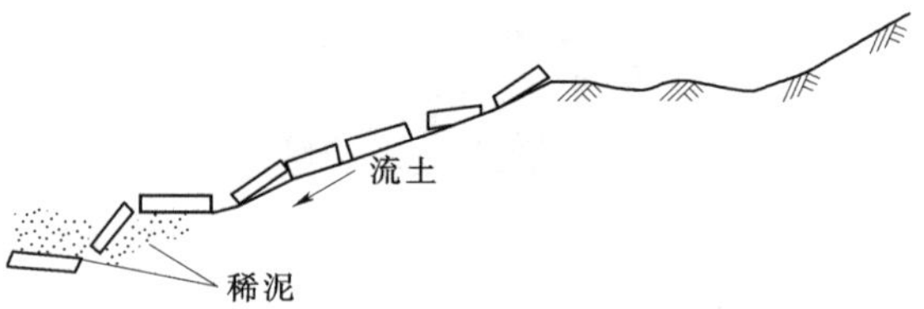

图 6－18　流土引起渠道冻融滑坡破坏示意图

4）整体上抬。渠深 1.0m 左右的较小渠道，基土冻胀不均匀性较小，如小型混凝土 U 形槽和地下水埋藏较深、衬砌体下没有垫层的渠道可能发生整体上抬，如图 6－19 所示。

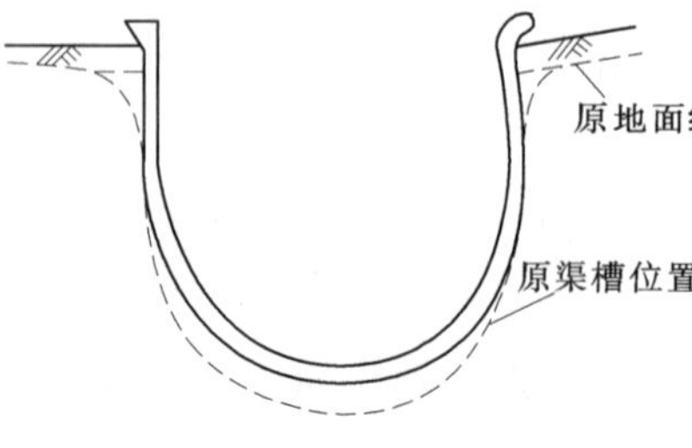

图 6－19　小型混凝土 U 形槽发生整体上台

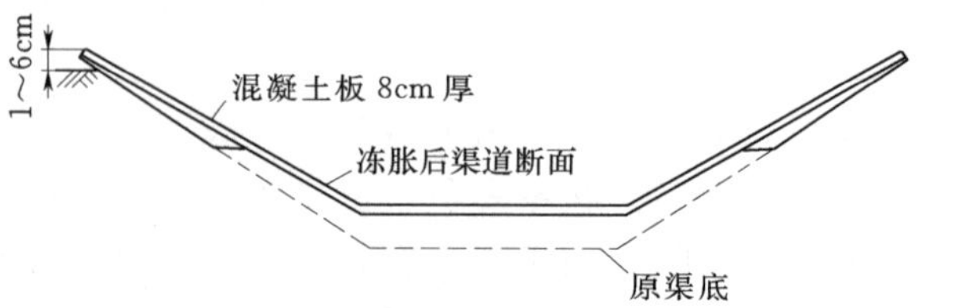

图 6－20　混凝土衬砌板顺坡向上推移

此外，砌石防渗破坏形式与混凝土相似，往往还由于勾缝砂浆受冻融作用而开裂，如图 6－20 所示。

（2）膜料防渗。铺埋式衬砌冻害主要表现在膜料的保护层上土料保护层常因逐年冻融剥蚀变薄，渠道由规则的梯形变成宽U形，甚至膜料外露而遭到破坏，如图6－21所示。刚性保护层效果较好。但在强冻胀土区，也可能出现类似刚性材料的冻胀形式。

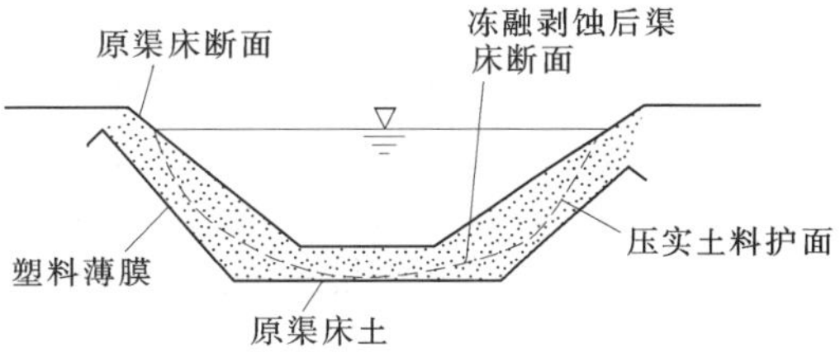

图6－21　保护层剥蚀后膜料外漏

外露式膜料衬砌，易受机械作业破坏或老化。在冻胀性土区，由于渠坡的反复冻融，融土蠕动下滑，使薄膜鼓胀，无法复位，如图6－22所示。

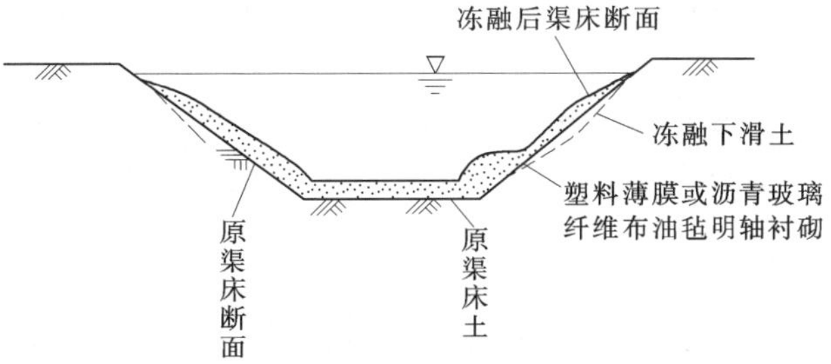

图6－22　外露式膜料衬砌破坏

（3）沥青混凝土防渗。沥青混凝土在低温下仍具有一定的柔性，能适应一定的变形，但基土冻胀量大时仍可能破坏。且沥青混凝土的温度收缩系数大，在低温下易产生收缩裂缝，若不加处理，就给渠水入渗造成通路。此外，沥青混凝土在自然条件作用下，存在自然老化问题，从而降低了适应冻胀的能力。

二、防冻害措施

根据冻害成因分析，防渗工程是否产生冻胀破坏、其破坏程度如何，取决于土冻结时水分迁移和冻胀作用，而这些作用又和当时当地的土质、土的含水量、负温度及工程结构等因素有关。因而，防治衬砌工程的冻害，要针对产生冻胀的因素，根据工程具体条件从渠系规划布置、渠床处理、排水、保温，以及衬砌的结构形式、材料、施工质量、管理维修等方面着手，全面考虑。

1. 回避冻胀法

回避冻胀是在渠道衬砌工程的规划设计中，注意避开出现较大冻胀量的自然条件，或者在冻胀性土存在地区，注意避开冻胀对渠道衬砌工程的作用。

（1）避开较大冻胀存在的自然条件。规划设计时，应尽可能避开黏土、粉质土壤、松软土层、淤泥土地带、有沼泽和高地下水位的地段，选择透水性较强不易产生冻胀的地段或地下水位埋藏较深的地段，将渠底冻结层控制在地下水毛管补给高度以上。

（2）埋入措施。将渠道做成管或涵埋入冻结深度以下，可以免受冻胀力、热作用力等影响，是一种可靠的防冻胀措施，它基本上不占地，易于适应地形条件。

（3）置槽措施。置槽可避免侧壁与土接触以回避冻胀，常被用于中、小型填方渠道上，是一种廉价的防治措施，如图6－23所示。

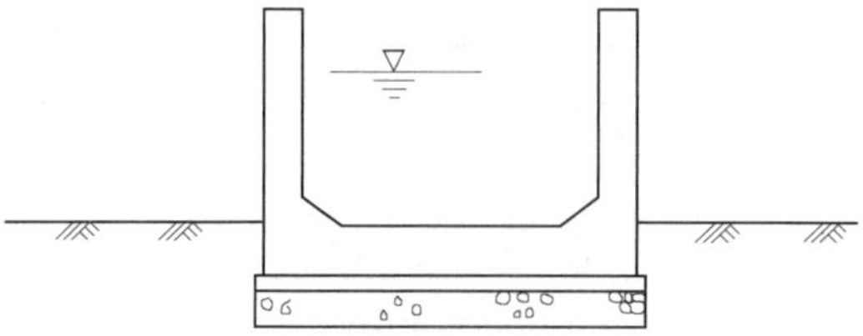

图 6-23 置槽措施

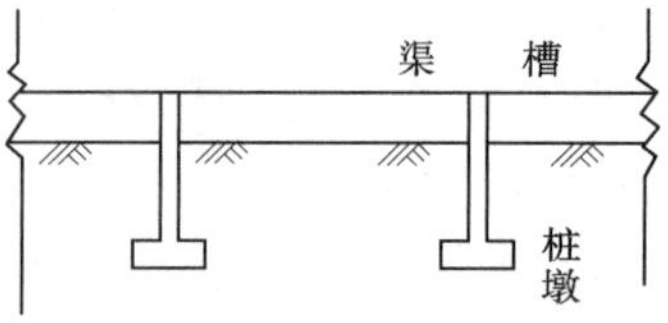

图 6-24 架空渠槽

（4）架空渠槽，用桩、墩等构筑物支撑渠槽，使其与基土脱离，避免冻胀性基土对渠槽的直接破坏作用，但必须保证桩、墩等不被冻拔。此法形似渡槽，占地少，易于适应各种地形条件，不受水头和流量大小限制，管理养护方便，但造价高，如图 6-24 所示。

2. 削减冻胀法

当估算渠道冻胀变形值较大，且渠床在冻融的反复作用下，可能产生冻胀累积或后遗性变形情况时，可采用削减冻胀的措施，将渠床基土的最大冻胀量削减到衬砌结构允许变位范围内。

（1）置换法。置换法是在冻结深度内将衬砌板下的冻胀性土换成非冻胀性材料的一种方法，通常采用铺设砂砾石垫层。砂砾石垫层不仅本身无冻胀，而且能排除渗水和阻止下层水向表层冻结区迁移，所以砂砾石垫层能有效地减少冻胀，防止冻害现象发生。

（2）隔垫保温。将隔热保温材料（如炉渣、石蜡渣、泡沫水泥、蛭石粉、玻璃纤维、聚苯乙烯泡沫板等）布设在衬砌体背后，以减轻或消除寒冷因素，并可减小置换深度，隔断下层土的水分补给，从而减轻或消除渠床的冻深和冻胀，如图 6-25 和图 6-26 所示。

图 6-25 保温板防冻胀应用

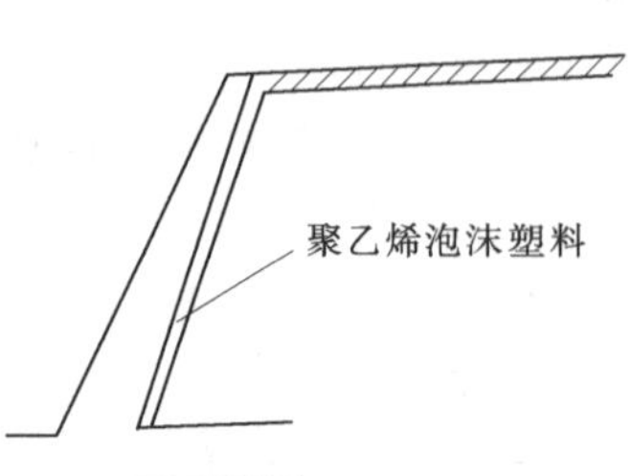

图 6-26 挡土墙隔热保温

目前采用较多的是聚苯乙烯泡沫塑料，具有自重轻、强度高、吸水性低、隔热性好、运输和施工方便等优点，主要适用于强冻胀大、中型渠道，尤其适用于地下水位高于渠底冻深范围且排水困难的渠道。

（3）压实。压实法可使土的干密度增加，孔隙率降低，透水性减弱，密度较高的压实土冻结时，具有阻碍水分迁移、聚集，从而削减甚至消除冻胀的能力。压实措施尤其对地下水影响较大的渠道有效。

（4）防渗排水。当土中的含水量大于起始冻胀含水量，才明显地出现冻胀现象。因此，防止渠水和渠堤上的地表水入渗，隔断水分对冻层的补给，以及排除地下水，是防止地基土冻胀的根本措施。

3. 优化结构法

所谓优化结构法，就是在设计渠道断面衬砌结构时采用合理的形式和尺寸，使其具有消减、适应、回避冻胀的能力。

弧形渠底梯形断面和U形渠道已在许多工程中应用，证明对防止冻胀有效。弧形渠底梯形断面适用于大、中型渠道，虽然冻胀量与梯形断面相差不大，但变形分布要均匀得多，消融后的残余变形小，稳定性强，U形断面适用于小型支、斗渠，冻胀变形为整体变位，且变位较均匀。

4. 加强运行管理

冬季不行水渠道，应在基土冻结前停水；冬季行水渠道，在负温期宜连续行水，并保持在最低设计水位以上运行。

每年应进行一次衬砌体裂缝修补，使砌块缝间填料保持原设计状态，衬砌体的封顶应保持完好，不允许有外水流入衬砌体背后。

应及时维修各种排水设施，保证排水畅通。冬季不行水渠道，应在停水后及时排除渠内和两侧排水沟内积水。

任务四　渠道防渗施工方法及管理

目标：（1）掌握渠道防渗施工方法。

（2）掌握渠道防渗工程管理内容。

要点：（1）施工方法与内容。

（2）渠道防渗工程管理项目。

防渗渠道主要施工工艺为先开挖齿槽及对渠道进行修整成型，如图6－27所示，铺设防渗膜，铺筑反滤料，再进行混凝土预制槽安装。

图6－27　防渗渠道修整成型

一、地基处理

渠道防渗工程施工前，应对渠道进行施工放样，具体的放样尺寸应按照设计图纸要求进行。放样出渠道底脚线和渠口线，然后进行机械开挖或人工开挖，土方的开挖应提前进行，使得地基的土的水分在自然风干下尽量降低以增强土基的强度，减轻冬季冻胀的破坏。

根据不同的地形有的渠道需要开挖，有的渠道需要填方。挖方式渠道的基础比较坚硬，但其开挖面在开挖的过程中发生松动，在防渗体工程铺筑之前必须将其清理干净，然后回填，渠基整平、夯实。对于改建渠道防渗，应尽早的停止放水并扒松渠基风干，然后根据实际情况回填新土并分层夯实。

防渗渠道基槽的开挖首先用测量仪器按设计图纸的要求精确放线、测量出渠道的轴线，开挖控制边线、高程、边坡坡度，并做出标志明显，不易移动的标识。在进行渠道基槽面边坡开挖时，采用自上而下分层顺坡的方法进行，对渠道边的杂草、淤泥、树根、有机腐殖土全部彻底挖除。开挖时严格控制渠道防渗断面尺寸和高程，做到准确开挖，严禁欠挖或超挖，使整个基槽表面平整、顺直、基面无凹凸现象。施工开挖的弃土堆置在渠道两侧以外低洼位置，严禁堆置在山洪流入渠道的斜坡及沟槽或两则渠道顶边坡上。

对渠道内的树根进行彻底挖除后，采用人工夯实，对基坑进行局部填筑补齐，对开挖施工中遇到的松散土还应进行夯实处理，每层铺土厚度，机械压实时，不应大于30cm；人工夯实时，不应大于20cm，压实系数不小于0.9。

对渠道基槽内有淤积水或含水量较大的基土时，采用抽排、翻晒等方法，将淤积水抽干，并降低其含水量，使基土风干，直到填筑基面符合设计要求。

基槽处理和排水设施施工，采用深翻回填法处理湿陷性土基，应先按设计要求开挖，然后用就地挖出的土料，按设计规定分层回填夯实，并开挖、修整渠槽，做好建筑物之间的反滤层。

二、浆砌石工程施工方法

1. 块石材料要求

砌石体材料采自施工图纸规定或监理人批准的石料场，砌石材质坚实新鲜，无风化剥落或裂纹，石材表面无污垢、水锈等杂质，用于表面的石材，色泽均匀。石料的物理力学指标符合设计要求。毛石砌体应成块状，中部厚度不应小于30cm。规格小于要求的毛石，可以用于塞缝，但其用量不得超过该处砌体的10%。用于浆砌石砌体的料石应棱角分明、各面平整，其长度应大于50cm，块高大于25cm，长厚比不大于3，石料外露面修琢加工，砌面高差小于5cm，砌石应经过试验，石料重度大于25kN/m^3，湿抗压强度大于100MPa。

2. 水泥质量要求

砌筑工程用水泥品种和标号符合混凝土工程要求的水泥品种和标号，到货水泥按品种和标号、出厂日期分别堆放，受潮结块的水泥禁止使用。

3. 骨料质量要求

砌筑砂浆用砂应符合混凝土工程用砂标准，砌筑毛石砂浆的砂最大粒径不大于5mm；砌筑料石用砂浆的砂最大粒径不大于2.5mm。浆砌石采用M10水泥砂浆砌筑。

4. 砌筑工艺

砌石体采用坐浆法砌筑。厚度应为 30～50mm，当气温变化时，应适当调整。采用浆砌法砌筑的砌体转角处和交接处应同时砌筑，对不能砌筑的面，必须留置临时间断处，并形成斜槎。砌筑毛石基础的第一层石块应坐浆，且将大面朝下，分层卧砌，上下错缝，内外搭砌，不得采用外面侧立石块、中间添心的砌筑方法。砌体的灰缝厚度应为 20～30mm，砂浆饱满，石块间较大的空隙先填塞砂浆，后用碎块或片石嵌实，不得先摆石后填砂浆，石块间不得直接接触。砌体转角处、交接处选用较大块石砌筑，毛石墙设置拉结石，拉结石应该均匀分布、相互错开，每 0.7m^2。墙面至少设置一块，且同层内中距不大于 2m，毛石砌体每日砌筑高度不超过 1.2m。每砌 3～4 层为一个分层高度，每个分层高度找平一次，外露面的灰缝厚度不得大于 40mm，两个分层高度的错缝不得小于 80mm。按照设计要求设置伸缩缝和排水孔。

5. 养护

砌体外露面在砌筑后 12～18h 后及时养护，经常保持外露面湿润，养护时间不少于 14d。

三、混凝土工程

混凝土抗压强度采用 C20，抗冻标号采用 F150。

1. 施工程序

模板安装→清仓验收→混凝土浇筑→混凝土养护→拆模。

2. 混凝土拌和

根据混凝土浇筑强度，选用 JZ－350 型搅拌机 1 台，生产后台采用人力推车上料，拌和时，混凝土配合比严格按照试验配比单调整的施工配合比进行。

3. 混凝土运输

混凝土水平运输采用 1t 翻斗车运输，垂直运输采用溜桶入仓卸料。

4. 模板

现浇混凝土采用木模板，模板接缝采用海绵密封条，确保模板不漏浆。所有模板、支撑要有足够的强度、刚度、支撑稳定、不跑模、不漏浆。模板表面必须平整光滑。模板支架上不能堆放超过设计荷载的材料或设备。模板拆除按有关施工规范要求进行。模板拆除后，应及时清除表面杂物，按规格进行堆放。

5. 贮存

钢筋进厂后，按等级、规格，分别验收堆放，设立标示牌，按要求分批取样送检、垫高并加以遮盖，防止锈蚀及污染。无合格证和出厂试验报告的产品拒绝入场，现场检验不合格的产品立即清除出场。

6. 加工

进厂钢筋检验合格，即开始配料和加工制作。制作中长钢筋焊接采用搭接焊，钢筋在其搭接接头自轴线弯折误差不超过 4°，且要保证两接钢筋的轴线一致。

7. 绑扎

钢筋加工完成后，采用 5t 平板车运输到施工现场，人工运输到仓面进行绑扎安装。钢筋绑扎严格执行 GB 50204—92 的规定执行，绑扎牢固，横平竖直，必要时搭设脚架扶持固定，以保证钢筋位置正确，无弯折变形，钢筋搭接长度应符合设计和规范的要求，搭接头分散布置。混凝土垫块的强度不低于浇筑部位的设计强度，并埋设绑丝与钢筋绑扎牢固，所有垫块相互错开，均匀分散布置。

四、运行管理与维护

1. 用水管理

在一定的范围内，应根据水源、供水量、渠道情况及有效灌溉面积，作物种植计划，用水情况，编制合理的调配水计划，并根据计划输水送水，使工程充分发挥其效益。

2. 维护管理

在渠道的日常运行中，应加强观测，及时排除故障。在过水期间要观测各段水流是否平稳正常，渠道内水位是否变化、是否漫过防渗体顶部的封顶板，若漫顶，则水流入防渗层背后，带走泥沙影响土基稳定。在停水期间，检查渠内有无阻水障碍物，渠道有无裂缝，有无漏水，混凝土表面有无剥离、磨损、汽蚀现象，接头是否脱落，伸缩缝内充填物是否流失和漏水，以便维护处理。

3. 冬季管理

混凝土防渗渠道常发生冻胀破坏，从而缩短渠道使用寿命，因此必须采取一些管理措施：①冬季输水灌溉宜在平均气温高于0℃时进行，防止渠水结冰涨破防渗体；②冬季雪后融化，要及时将积水排出渠道，以防在渠内结冰；③要经常检查，发现破坏地方要及时维修，防止渠水渗入渠基反复冻融，导致大量防渗体的破坏；④对于与挖方渠道相邻的农田，应在气温降至0℃以下，前半个月停止灌水，以防渠基土因含水量高结冰，引起防渗体的破坏。

4. 技术档案管理

对新建的防渗渠道要建立技术档案，以备维修研究、查阅。技术档案包括以下内容：①基本情况、地基土质、地下水埋深、水源情况及田间作物耕作措施等；②设计资料、设计流量、断面、结构型式、长度、厚度及控制面积等；③施工资料、渠道施工季节时间、混凝土水灰比、标号、主要材料用量、工程投资、基土密实度以及何处采取过何种特殊处理；④维修资料：指维修地点、维修时间、处理问题、处理效果；⑤用水管理记录、时间流量、灌水次数。

加强防渗渠道管理，除了必要的管理措施外，必须落实管理人员管理责任、奖惩办法、依法管理、科学管理才能将已建好的工程管好、用好，延长使用年限，充分发挥工程效益。

思　考　题

1. 渠道防渗的作用有哪些？

2. 混凝土防渗的优点是什么？

3. 防渗道断面可以采用哪些形式？

4. 设计混凝土衬砌渠道，设计流量 $Q_d=12.4\text{m}^3/\text{s}$，渠道不冲流速 $v_{cs}=2.0\text{m/s}$，不淤流速 $v_{cd}=0.5\text{m/s}$，渠道比降 $i=0.004$ 边坡系数 $m=0.8$，糙率系数选用 $n=0.014$。试确定渠道的断面尺寸。

5. 各种渠道冻害原因分别是什么？

6. 防渗渠道主要施工工艺是什么？

项目七　水稻节水灌溉技术

项目任务书

<table>
<tr><td colspan="2">项目名称</td><td>水稻节水灌溉技术</td><td>参考课时</td><td>4</td></tr>
<tr><td colspan="2" rowspan="3">学习型工作任务</td><td colspan="2">任务一　水稻控制灌溉技术</td><td>1</td></tr>
<tr><td colspan="2">任务二　水稻“薄、浅、湿、晒”灌溉模式</td><td>2</td></tr>
<tr><td colspan="2">任务三　水稻薄露灌溉</td><td>1</td></tr>
<tr><td colspan="2">项目任务</td><td colspan="3">掌握水稻控制灌溉的依据，掌握水稻控制灌溉技术特点，掌握水稻“薄、浅、湿、晒”灌溉模式；掌握水稻薄露灌溉技术要点</td></tr>
<tr><td colspan="2">教学内容</td><td colspan="3">（1）掌握水稻控制灌溉依据；（2）掌握水稻控制灌溉技术特点；（3）掌握水稻节水灌溉技术实施要点；（4）掌握水稻“薄、浅、湿、晒”灌溉模式；（5）掌握水稻薄露灌溉模式</td></tr>
<tr><td rowspan="3">教学目标</td><td>知识</td><td colspan="3">（1）熟悉资料分析方法；（2）掌握水稻控制灌溉技术特点；（3）掌握水稻增产模式；（4）掌握提高水稻品质的模式；（5）掌握技术实施要点；（6）掌握水稻成长期的划分方法；（7）掌握水稻薄露灌溉技术实施要点</td></tr>
<tr><td>技能</td><td colspan="3">（1）掌握水稻节水灌溉技术特点；（2）会编写水稻节水灌溉技术设计书；（3）会绘制水稻节水灌溉布置图纸</td></tr>
<tr><td>态度</td><td colspan="3">（1）具有刻苦学习精神；（2）具有吃苦耐劳精神；（3）具有敬业精神；（4）具有团队协作精神；（5）诚实守信</td></tr>
<tr><td colspan="2">教学实施</td><td colspan="3">对校节水灌溉实训基地实地考察参观，然后进行水稻节水灌溉系统设计</td></tr>
<tr><td colspan="2">项目成果</td><td colspan="3">（1）水稻节水灌溉设计计算书；（2）水稻节水灌溉设计说明书；（3）水稻节水灌溉设计图</td></tr>
<tr><td colspan="2">技术规范</td><td colspan="3">GB/T 50363—2006《节水灌溉工程技术规范》</td></tr>
</table>

任务一　水稻控制灌溉技术

目标：（1）掌握水稻控制灌溉的依据。

（2）掌握水稻控制灌溉的技术特点。

（3）掌握水稻技术实施要点。

要点：（1）分析水稻节水灌溉需水特点。

（2）在水稻不同生长期确定技术实施要点。

20 世纪 80 年代中后期，我国科学家和澳大利亚科学家合作，利用果树和大田作物盆栽实验开始研究控制灌溉，于 90 年代在大田开展实验。1996 年，河海大学专家开始在水稻上研究控制灌溉，并取得成功。

水稻控制灌溉又称水稻调亏灌溉，是指在秧苗本田移栽，薄水返青活苗后的各生育期，田面基本不再长时间保留水层，而是以水稻不同生育期根层土壤水分作为控制指标确定灌水时间、灌水次数和灌水定额，并采用“浅、湿、干”循环交替灌溉的一种灌水新技术。所谓“浅、湿、干”循环交替灌溉，是指“灌一茬水露几天田”，“前水不见后水，看见裂缝再灌水”。

一、水稻控制灌溉技术的原理

控制灌溉技术既不属于充分灌溉，也不属于非充分灌溉范畴，其认为水稻在生长发育过程中，适度的水分胁迫，会使水稻产生一定的耐旱性，而且不会减产。

控制灌溉技术认为，作物的生理生化作用受到遗传特性和生长激素的影响，如果在其生长发育的某些阶段主动施加一定程度的水分胁迫，不仅能够发挥水稻自身调节机能和适应能力，还能引起通化物在不同器官之间的重新分配，降低营养器官的生长冗余，提高作物的经济系数，并可通过对其内部生化作用的影响，改善作物的品质。同时因为这种技术不再保留本田水层，有利于土壤层的有害气体能够快速排出，促进水稻根系的粗壮和拓宽，使得功能叶片保持活力而不早衰，起到节水、优质、高效的作用。

二、水稻控制灌溉技术与常规灌溉技术的区别

1. 灌水依据不同

常规灌溉依据水层深度来确定稻田是否缺水，从而确定灌水量、灌水次数与灌水周期。控制灌溉技术则需依据土壤水分常数来判断是否需要灌溉以及灌水量、灌水次数和周期。

2. 灌溉方法不同

常规的灌溉模式有“浅、深、浅”，“浅、晒、深、浅”，“浅、晒、湿”等，而控制灌溉采取“浅（30mm）、湿（0mm）、干（土壤含水率下限，一般为土壤饱和含水率的70%～100%）”的循环交替方法。

图7-1　水稻控制灌溉

3. 灌水程度不同

常规灌水是充分灌溉模式，即充分保证作物水量，不允许水稻受旱；控制灌溉则是人为调亏，根据不同生育期水稻的生理特性，在分蘖等非需水敏感期实施人为胁迫，造成适度干旱，而在拔穗和抽穗开花等敏感期保证供水，使水稻生长出现补偿效应。是介于充分灌溉和非充分灌溉之间的一种灌溉模式。

4. 田间水层不同

除在分蘖和晒田期，常规灌溉需要长时间在水田中保留一定深度的水层；而控制灌溉方式不需要保留水层，如图7-1所示。

三、水稻控制灌溉技术要求

（1）格田要平整，高差不要高于2cm，否则不能达到30mm的灌溉标准。水源要可靠，能够保证及时补充。

（2）熟悉水稻各生育期的土壤水分常数变化，掌握相应指标下的土壤表相的变化，灌

水时原则上不能超过灌水上限。

(3) 掌握基本的灌水方法，即“浅、湿、干”循环交替法。

(4) 掌握生育期的用水管理。返青至分蘖末期是非需水敏感期，也是控制灌溉的关键期，也是最节水时期，需要严格控制水量。拔穗和抽穗开花期是敏感期，需要特别注意。

(5) 注意降雨的高效利用。雨期降雨频繁，多数情况下仅降雨就能满足土壤含水要求，但应注意蓄水量（一般不超过 50mm）和蓄水时间（一般不超过 7d）。

任务二　水稻“薄、浅、湿、晒”灌溉模式

目标：(1) 掌握“薄、浅、湿、晒”灌溉技术特点。

(2) 掌握“薄、浅、湿、晒”灌溉技术实施要点。

要点：(1) 分析水稻灌溉基本资料。

(2) 掌握水稻“薄、浅、湿、晒”实施要点。

水稻单位面积产量的高低，主要取决于有效穗数和穗粒数的多少、粒重的大小以及有效穗数与粒重受植株群体结构与个体发育的影响。实际上，穗数多不一定高产，而是应控制合适的有效穗数，靠低节位分蘖的有效穗数多、籽粒饱满粒重，产量才高。有效穗数实粒数、粒重，与水土肥种等因素相关。水稻“薄、浅、湿、晒”灌溉技术，能够有效地协调水稻群体结构与个体发育之间的关系，使群体结构趋向合理，个体发育健壮，形成丰产的理想株型，朝着高产结构的方向发展，为产量构成奠定基础。

一、水稻“薄、浅、湿、晒”灌溉技术要点

通辽市水利技术推广站从 1999 年开始在全市大面积推广“薄、浅、湿、晒”的水稻灌溉技术，收到了显著的经济、社会和生态效益；总结了“薄水插秧；浅水返青；薄水分蘖，分蘖后期晒田；拔节、抽穗至乳熟保持田面浅水和湿润交替；乳熟至黄熟保持田面湿润（土壤饱和含水率）；黄熟后湿润落干”的灌水技术，具体来讲就是：

(1) 泡田期：插秧前 3d 开始泡田，要求淹没田面，形成水层，以利用田面耙耱平整，达到插秧要求。含盐量超标的表土通过换水降低土壤含盐量。泡田定额为 100～150mm，约占全生育期总用水量的 15%～20%。这部分水分除蒸发、渗漏外多余水在插秧前排完。

图 7-2　水稻“薄水插秧；浅水返青”

(2) 插秧、返青期：在田块内土壤浸泡均匀，田面平整较好（基本水平）的条件下，放寸水插秧，插秧后直到返青保持水层 3～4cm，如图 7-2 所示。从插秧到全面返青约 20d 的时间内，灌水定额一般为 90～110mm，占全生育期用水量的 15%左右。

(3) 分蘖期：历时大约 1 个月，是植株生长最敏感时期，前期保持稳定的浅水层约

3cm，后期随时观察分蘖情况，待稻苗单株达到 3～4 个分蘖时，立即落干，晒田一个星期左右。通过晒田控制无效分蘖，提高地温，促进根系发育。分蘖期用水定额大约在 110～140mm，约占全生育期用水量的 20%左右。

图 7-3 水稻“薄水分蘖”

(4) 拔节育穗期：拔节育穗期是稻株生长最为旺盛的时期，大概有 35d 左右。此期间要求水层浸泡，但要求田间土壤湿度保持不低于饱和含水率状态，使田面处于浅、湿状态。此期间用水定额为 100mm，占全生育期的 17%。但由于这个阶段是雨季，实际灌水量并不多。

(5) 抽穗、乳熟期：这个阶段大概有 21d，是稻穗开花、结籽的时期。植株叶面增长、穗体发育不需要保留水层，仍要求田面处于浅、湿交替状态。此期用水量大约 $100m^3/km^2$，因正是雨季后期，实际灌水量也并不需要很多。

(6) 蜡熟、收割期：此期大约 30～40d，籽粒已成蜡质，植株仍有生机，是提高干粒重的最后阶段。蜡熟、收割期耗水量一般不需灌水，前期田面保持的水量即可满足要求。该期耗水量约 $1.8～2m^3/km^2$，不到全生育期的 10%。

二、技术优点

(1) 符合水稻的蓄水要求，减小了渗漏量。研究表明，水稻叶面腾发量大概为全生育期的 15%～25%，浅水灌溉刚好能满足这一要求；同时由于浅水灌溉比深水层压力小，所以渗漏也减小了。

(2) 与常规灌溉相较而言，地温较高，同比可增加地温 0.6～0.7℃，有利于作物生长。

(3) 能够调节土壤结构，减少病害发生，同时控制水稻分蘖。浅、湿、晒交替的灌溉方式有利于土壤团粒结构的形成，有利于土壤中有毒物质的排出，也增加了土壤层中的氧气含量，有利于水稻根系的生长和抗倒伏能力的增加，相应的也就抑制了水稻的分蘖（水稻有“有氧生根，无氧发芽”的特点）。

(4) 节水高产，易于掌控。浅灌灌水定额 500～600mm，深灌平均 800mm 以上，浅灌比深灌平均节水 200～400mm，增产 50%左右。

三、经济效益

根据通辽市 2 年的技术成果推广测试结果表明，采用水稻“薄、浅、湿、晒”灌溉技术后与传统的深水灌溉相比，平均节水 $250～400m^3/km^2$，节省油、电费 20%～30%左右，增产稻谷 50%～75%，平均效益 80%～100%。该项目 1999 年推广面积 $867hm^2$，节水 400 万 m^3 以上，增产 78 万 kg 稻谷，农民增加收入 130 万元。2000 年推广面积 $5733hm^2$，节水 2000 万 m^3 以上，增产稻谷 500 万 kg 以上，稻农增加收入 688 万元。2001 年推广面积 2.7 万 hm^2，节水 1.2 亿 m^3，增产 0.2 亿 kg 稻谷，农民增加收入 3000 万元以上。

任务三 水 稻 薄 露 灌 溉

目标：（1）掌握水稻薄露灌溉技术特点。

（2）掌握水稻薄露灌溉技术实施要点。

要点：（1）分析水稻薄露灌溉基本资料。

（2）掌握水稻薄露灌溉技术实施要点。

一、水稻薄露灌溉的概念

1. 薄露灌溉的概念

传统的水稻灌溉需要很多水量，在蜡熟收割前的生育期内，一直需要在本田维持一定的水层，且产量不佳，可以说“以水养稻，灌水到老，病多易倒，谷瘪米少”。田块处于长时间淹水状态，土壤缺少氧气，所以二氧化碳、甲烷、硫化氢等有毒气体大量富集，使得根系中毒、变黄，发黑甚至腐烂，影响水和养分的吸收，导致水稻茎秆细软，易病害、易倒伏，从而不能高产。

薄露灌溉是指在水稻生长期内，浅水与露田反复交替出现，使田面有一半时间与空气接触，同时又保证田面湿润的一种灌溉方式。这种灌溉方式很明显的一个作用就是能够改善土壤结构，调节土壤水、气矛盾，改善根部生长环境，促进根系发育。同时，薄露灌溉还能促使水稻返青快、分蘖早，增加有效分蘖；使田间保持一定的湿度，提高水稻抗病抗倒伏能力。

2. 薄露灌溉节水增产的原因

（1）节水原因。

1）渗漏量减少。稻田渗漏与土质、地下水深度有关，且与灌溉水层深浅有很大关系。根据达西定律，渗漏速度，对于同一块地而言，K、Z 均为常数，因此渗漏速度是水层深度的函数，薄露灌溉水层薄，且有水层时间短，渗漏量明显减少。

2）蒸腾量减少。气温高于 20℃时，叶面气孔随着土壤含水量的增大而增大。当含水量在饱和水量的 60%左右时，气孔微开，接近饱和是全开。薄露灌溉使得土壤含水量在饱和含水量的 85%～90%之间，因此气孔中开，微关的时间居多，也就抑制了水分的失散。

3）雨水利用率高。稻田平时灌水少，下雨时就积蓄雨水，流失减少。

4）棵间蒸发减少。薄露灌溉露田期间，稻田的水面蒸发变成田面蒸发，这也使得稻田水量蒸发减少，从而节约了水量。

（2）增产原因。

1）根系活力增强。薄露灌溉使土壤水分与空气比例适当，氧化电位升高，减少了有害物质的形成。水稻根部生长环境优化，促进根系发展，增强了根系活力，有利于水稻高产。

2）有效分蘖增加。薄露灌溉使得水稻基部光照加强，土表温度提高，有利于肥料分解，水稻返青快，分蘖快，有效分蘖增加。

3）光合作用增强。薄露灌溉使得水稻前期叶面积大，光合作用强，中期光合作用集中，后期延缓叶片衰老，影响千粒重。

二、薄露灌溉的技术特点及应用

薄露灌溉每次灌水要尽量薄，灌水 2mm 左右“瓜皮水”即可，灌水后自然落干（露田），前后两次灌水间隔不能太短，必须要前水不见后水；每次灌水水层尽量一样薄，露田时需要注意水稻生育期，适时适当的确定露田时间，如图 7-4 和图 7-5 所示。奕永庆等人推荐“返青期间轻露田，将要断水即灌水，分蘖末期要重露，鸡爪缝开才灌水。孕穗至花开，对谁最敏感的，怕干不怕薄，活水不断水。结实成熟期，露田要加重，间隔跑马水，裂缝可插烟。”的灌水要点。

图 7-4　水稻薄露灌溉（一）

图 7-5　水稻薄露灌溉（二）

水稻全生育不同阶段对水量的要求不同，所以露田的程度需要根据水稻生育期各阶段的蓄水特性来把握：

（1）前期：水稻移栽后经过返青与分蘖至拔节期。移栽后第 5d 就要落干露田。落干到表土露面，没有如使用除草剂应在移栽后 5d 进行，但第一次落干露田的时间要推迟到移栽后的第 9～10d，且这次露田程度与未使用除草剂的第二次露田程度相同，即表土开微裂。

（2）中期：水稻的厚穗与抽穗期是全生育期的需水高峰，必须供给足够的水量，落干露田到田间无积水时再灌薄水。

（3）后期：水稻乳熟期落干露田至田面表土开裂 2～3mm 左右，黄熟期露田到表土开裂 5～10mm 左右再复水。

（4）收割前的断水。如气温高、天晴、干燥，早稻提前 5d，晚稻提前 10d 断水；如气温不高，经常阴雨、湿度较大，早稻提前 10d 晚稻提前 15d 断水。

薄露灌溉不仅能节约灌溉水量，而且对稻田氮磷等元素的富集有一定的影响。根据陈义等人的研究，水稻薄露灌溉可节水 11.7%；每公顷单季晚稻减少 N（硝态 N）渗漏损失 0.6kg，减少 N 渗漏损失率达 12%；反映到单季晚稻产量上，薄露灌溉每公顷收获稻谷 2.9kg，常规浅层灌溉每池收获稻谷 2.75kg，薄露灌溉增产 5.45%。

现阶段，薄露灌溉已经被广泛采用。浙江余姚市从 1993 年以来累计推广水稻波露灌溉 101 万亩，其中薄露灌溉覆盖面达到 90%以上，累计增产粮食 2400 万 kg。此外，薄露灌溉技术还在河南信阳、江西南昌等地得到大面积的推广和应用，对当地灌溉农业发展做出了重大贡献。

思　考　题

1. 水稻控制灌溉技术的原理是什么？
2. 水稻控制灌溉技术与常规灌溉技术的区别是什么？
3. 水稻控制灌溉技术要求是什么？
4. 水稻“薄、浅、湿、晒”灌溉技术优点是什么？
5. 什么是水稻薄露灌溉？

项目八　节水灌溉管理技术

项目任务书

<table>
<tr><td colspan="2">项目名称</td><td>节水灌溉管理技术</td><td>参考课时</td><td>4</td></tr>
<tr><td colspan="2" rowspan="5">学习型工作任务</td><td colspan="2">任务一　非充分灌溉条件下的作物灌溉制度</td><td>1</td></tr>
<tr><td colspan="2">任务二　作物灌溉预报技术</td><td>0.5</td></tr>
<tr><td colspan="2">任务三　灌区量测水技术</td><td>0.5</td></tr>
<tr><td colspan="2">任务四　灌溉自动化控制技术</td><td>1</td></tr>
<tr><td colspan="2">任务五　节水灌溉工程管理模式</td><td>1</td></tr>
<tr><td colspan="2">项目任务</td><td colspan="3">掌握非充分灌溉条件下的作物灌溉制度，掌握作物灌溉预报技术，掌握灌区量测水技术，掌握灌溉自动化控制技术</td></tr>
<tr><td colspan="2">教学内容</td><td colspan="3">（1）熟悉资料分析方法；（2）掌握作物水分生产函数；（3）掌握作物非充分灌溉制度的制定；（4）掌握限额供水灌溉制度；（5）掌握作物灌溉预报技术；（6）掌握灌区量测水技术；（7）掌握节水灌溉工程管理模式</td></tr>
<tr><td rowspan="3">教学目标</td><td>知识</td><td colspan="3">（1）熟悉资料分析方法；（2）掌握作物水分生产函数；（3）掌握作物非充分灌溉制度的制定；（4）掌握限额供水灌溉制度；（5）掌握作物灌溉预报技术；（6）掌握灌区量测水技术；（7）掌握节水灌溉工程管理模式</td></tr>
<tr><td>技能</td><td colspan="3">（1）会制定灌溉制度；（2）会编写控制指导书；（3）会绘制灌溉自动化控制系统工作原理框图；（4）会绘制程序设计框图</td></tr>
<tr><td>态度</td><td colspan="3">（1）具有刻苦学习精神；（2）具有吃苦耐劳精神；（3）具有敬业精神；（4）具有团队协作精神；（5）诚实守信</td></tr>
<tr><td colspan="2">教学实施</td><td colspan="3">对校节水实训基地实地考察参观，观看节水灌溉教学录像，然后进行节水灌溉管理程序编制</td></tr>
<tr><td colspan="2">项目成果</td><td colspan="3">（1）节水灌溉管理说明书；（2）灌溉自动化控制系统工作原理框图</td></tr>
<tr><td colspan="2">技术规范</td><td colspan="3">GB/T 50363—2006《节水灌溉工程技术规范》</td></tr>
</table>

任务一　非充分灌溉条件下的作物灌溉制度

目标：（1）掌握作物水分生产函数。

（2）掌握作物非充分灌溉制度的制定。

要点：（1）分析作物用水量与产量间的函数关系。

（2）选作物非充分灌溉制度的制定。

一、非充分灌溉制度

非充分灌溉是相对于充分灌溉而言的。充分灌溉是指在作物的全生育期内都保证灌水充足以取得高产。但是，在我国广大的西部，降雨稀少，水资源明显不足，要满足作物全生育期的灌水充足是很艰难的，所以怎样能将有限的水资源有效地分配给作物、使其产量最高就成了人们研究的对象，也即非充分灌溉理论。

非充分灌溉制度指在灌溉水资源不足或由于工程性缺水不能满足作物充足用水供应和及时调节水量的情况下，允许作物某一阶段或某一生育时期水分亏缺（或者说作物一定程度受旱）灌溉。

这是一种不能完全满足作物灌溉用水的灌溉制度，其核心问题在于，对同一种作物而言，如何把有限的水量在作物各生育阶段进行合理分配。因此，非充分灌溉的实施，需要确定出各生育阶段缺水对作物产量、品质的影响，尽量减少在对作物产量、品质影响最为敏感的时段缺水，使产量、品质的降低达到最低要求。换句话说，就是不在追求产量最大化，而是牺牲局部，以最小的代价换取最大的收益。

二、非充分灌溉的理论依据

实施非充分灌溉的理论依据在于：

（1）当供水不足时，作物体内会发生一系列的生理、生化变化过程以适应逆境。这些过程有的可以使作物提前成熟以逃避干旱；有的则能产生一些特殊的物质，使植物的持水和吸水能力加强，利于维持正常的代谢活动；有的则能调节水分的散失过程，降低失水速率。这些适应与调节过程可使作物的耐旱性增加，从而延缓干旱胁迫的发生，降低胁迫的危害程度。

（2）作物经受短期的适度水分亏缺后，生长发育过程受到一些影响。但在灌水后，其生长过程会加快，表现出一定程度的生长补偿效应。这种现象在生育前期受到水分胁迫时表现得更为明显。生长补偿效应使胁迫的影响减少，从而减轻缺水对最终产量的影响。如图 8－1 所示，灌水量与作物产量之间存在增量关系，在投入量达到 W_m 之前，产出随投入而增加，但是单位水量增加而导致的产量增加缺在减少，在拐点 A_0 左侧是正增长的，而在右侧成为负增长，出现了所谓的“报酬递减”。

（3）某些时期适度的水分亏缺可以对作物营养物质的分配起到调节作用，从而实施对个体或群体的有效调控，为高产打下基础。如棉花苗期一定程度的水分亏缺可以促进根系的生长，控制地上部分的发展，提高根冠比，有利于形成适宜的株型及群体结构。

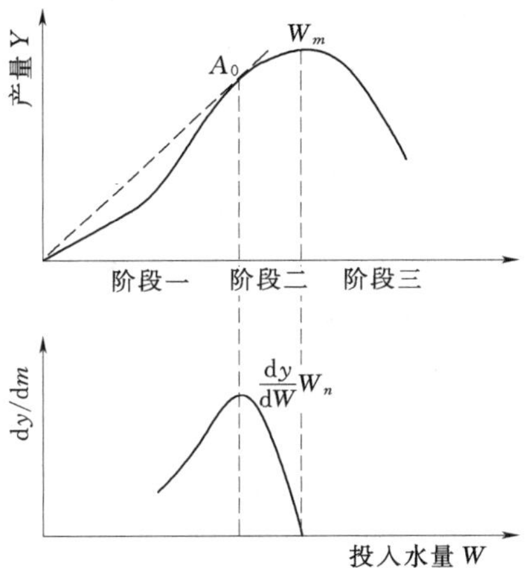

图 8－1　灌水量与作物产量关系图

（4）一些土壤中水分的有效性在较宽的含水量范围内都几乎相等，这样保持较低的含水量水平也不会使作物遭受明显的干旱，产量也不会大幅度地降低。在这样的土壤上实现低定额的非充分灌溉，可以起到明显的节水效果。

（5）利用最优化理论，可以确定一个区域的最适宜水分分配方案，即确定什么时候灌水，灌多少水，以及什么时候应当控制不灌水或少灌水。这样有助于达到水资源供应与作物需水的最佳组合，实现有限水资源的最有效利用。

三、非充分灌溉制度的发展

非充分灌溉条件下求作物最优灌溉制度的各类模型中，目标函数一般有3种：①单位面积产量最大；②单位面积净收益最大；③整个灌区净收益最大。国外多数文献采用②目标函数，而国内，很多学者都采用单位面积产量最大。这是因为国外，特别是人少地多的西方国家，农业追求经济效益最大，而不是单产。而在我国，人多地少，为解决吃饭问题，农业一直追求单产最高为主要目标。实际上，采用哪种目标对模型结构及求解并不产生影响，只不过以收益最大为目标需确定费用函数相对敏感些。至于DP模型中水分生产函数采用相乘还是相加模型，主要取决于哪种模型更适合所研究的作物。

多数DP模型中以阶段初可供水量及土壤含水量为状态变量，灌水量为决策变量，有的模型将实际腾发量作为决策变量，这为模型求解带来了方便。但是，由于实际腾发量是受土壤含水量制约的，以腾发量为决策变量的结果，将导致决策（腾发量）失真，不满足水分实际消退过程。由于在一定的灌水量下，土壤实际腾发量可唯一确定，因此，实际腾发量应当以土壤含水量为变量进行推求。

由于大部分作物部分敏感指数均按生育阶段给出，以它为依据求解的最优灌水策略也就仅局限在作物不同生育期如何优化配水。同时许多模型中没有指出如何确定具体的灌水日期。因此，还不能解决在短期、周、旬内如何优化分配有限水量及实时优化配水。以Morgan动态生产函数为基础的模型，虽然从外观上看可以达到短期实时操作的目的，但由于需输入较多的资料，实际应用时有一定难度。并且Morgan模型中干物质积累过程是基于丰水灌溉条件给出的，缺水条件下干物质积累过程会有所改变，因而以它为基础得出的灌水策略也存在不准确问题。

四、非充分灌溉制度的制定

非充分灌溉的关键问题是在作物全生育期内，如何将有限的水量合理的分配，并获得高产（或收益），或者使缺水造成的减产损失最小。

我国北部干旱、半干旱地区，常根据不同生育阶段水分亏缺对作物产量影响的程度，在作物需水临界期进行灌水，也即"关键水"，而在其他非敏感阶段少灌或者不灌，这也是非充分灌溉的主要形式。而在我国南方水稻种植区，则通过"浅、晒、深、湿"、"浅、湿、晒"等灌溉技术，通过降低灌溉下限，减少灌水定额来节水。

所谓非充分灌溉制度则是在有限的水量下，以获得最高产（或收益）为目标，对作物灌水量、灌水时间、灌水定额进行优化分配的灌水方案。目前我国主要以有限水资源为条件，以单位面积产量或效益最大为目标，制度某种作物的灌溉制度。

由于作物每一生育阶段的灌水方案受时间影响，所以这种优化过程是贯穿于作物生育期的多阶段决策过程。最常见的方法就是动态规划法。

（1）目标：单位面积产量最大。

（2）阶段：以作物生育阶段为阶段变量。

（3）状态变量：对于旱作物，其状态变量是指各阶段初可供水量及计划湿润层内可供作物利用的土壤含水率；对于水稻，则指各阶段初可供水量及初始田面需水深度。

（4）约束条件（3个）：

1）资源约束：水资源总量。

2）土壤含水率或田间水层深度。

3）决策约束：灌水定额、灌溉定额和作物腾发量。

任务二　作物灌溉预报技术

目标：（1）掌握农田墒情监测技术。

（2）掌握灌溉预报技术。

要点：（1）掌握农田墒情监测技术和监测方法。

（2）掌握灌溉预报模型的建立。

一、土壤墒情预报

1．土壤墒情检测技术

田间墒情是农田耕作层土壤含水率的俗称，墒情监测即直接监测农作物当前土壤水分的供给状况，它是农田用水管理和区域性水资源管理的依据，也是作物灌溉预报的基础。通过土壤墒情监测，可确定作物“关键水”能够灌的适时适量，以减少棵间蒸发，从而控制和减少灌水次数。

2．土壤墒情检测的方法

土壤墒情监测在国内外均有悠久的历史。常用的方法有：称重法、中子法、γ 射线法、张力计法和时域反射仪（TDR）等等。总的来说，可以分为两大类：直接法、间接法。

（1）直接法。直接法是通过从土壤中移去水分而确定含水量。直接法包括烘干法和各种去水测定方法，其共同特点是需要采集土样并移去其中的水量。对于长期的检测而言，这种方法不仅劳动繁重，而且对实验环境条件破坏很大。但直接法，特别是其中的标准烘干法，设备简单，方法易行，精度较高，常作为评价其他方法的标准。因此，在非长期定点测定的地方，它仍然是不可代替的。但由于不少土壤至少要在 800℃的温度下才能失去绝大部分水分，有的土壤中有机质含量过高，标准烘干法的精度就受到限制。烘干法中其他方法（包括：酒精燃烧法、微波干燥法、砂浴法和红外线法等）实质上都是以减少干燥时间为出发点的各种改进方法，但它们的精确度均低于标准烘干法。

（2）间接法。间接法是通过对土壤的某些物理与化学特性的测定来确定土壤含水量的方法。其特点是不需要采取土样，因而不扰动土壤，且可以定点连续监测含水量的变化，便于进行与土壤水分动态有关的各种研究。间接法又可分为非放射性方法和放射性方法两类。

1）非放射性方法主要是根据土壤含水量大小对土壤的电学特性（电容、电阻、介电常数等）、导热性、土壤内部吸力、土壤表面的微波反射等物理与化学特性的影响来间接测定土壤含水量。一般都需要设置专门的传感器和测量仪器。这些传感器由于经常受到其他许多条件的影响，特别是土壤溶液浓度的变化、接触条件的改变以及其他土壤物理性质的改变。

2）核技术的发展使得人们有可能利用放射线进行土壤水分的监测。各种监测土壤水分的放射性方法是以放射线与土壤接触后射线或核粒子受土壤水分的影响而发生变化的关系为基础的。利用专门设置的某种放射源、射线计数器和辐射测定仪器就可以测定出这些射线的变化，从而确定土壤含水量，放射性方法可根据放射源或测定原理分为中子法、伽马射线法等。放射性方法的主要困难在于目前国内生产的辐射测量仪器的稳定性缺乏可靠保证，生产成品的厂家少，质量有待提高。此外，人们心中存在的核恐惧在很大程度上影响了此法的应用。尽管所使用的设备和测定方法是按照安全防护要求进行的，但很多人仍不愿采用这种方法。

二、灌溉预报技术

1. 灌溉水源预报

灌溉水源一般指可用于灌溉的地表水和地下水。地表水包括河川径流、湖泊和汇流过程中拦蓄起来的地面径流；地下水主要是指可用于灌溉的浅层地下水。地下水源的水量比较稳定，因此灌溉水源预报一般指对河川径流的预报，对那些无调蓄能力的、直接从河流引水或堤坝引水灌区更是这样。因此，对这类灌区来讲，准确地分析预报河源来水量是编制和调整灌区用水计划，确定灌溉任务，充分利用水资源，发挥工程设施效益的重要依据。

2. 作物灌水实时预报

灌溉用水的基本要求是做到适时、适量灌溉，因而掌握土壤墒情，及时对其进行监测，对灌水预报是至关重要的。灌水预报以农田土壤墒情预报为基础，作物生长条件下土壤水分动态的预报系指在起始农田土壤水分状况的基础上，结合短中期气象预报，确定未来某段时间内农田土壤含水量及其随时间的变化状况。

气象预报作为墒情预报的一个先决条件既重要又困难。影响农业生产的旱灾、涝灾、渍害、土壤盐碱化以及各种农作物病虫害都直接与农田土壤水分状况密切相关。适时地进行土壤墒情预测预报，对于防治旱、涝、渍、盐碱和许多作物病虫害等灾害，确保农作物高产稳产是十分重要的。

灌溉和排水的实质就是根据作物生产情况和田间土壤墒情，人为地调节田间土壤水分状况，使其有利于作物的生长。农田土壤水分动态的预测预报能够为作物适时适量地补充水分，使有限的可用水量发挥较大的经济效益。

旱区农业节水一个重要的环节就是高水平的灌溉用水管理。高水平的灌溉用水管理能节约用水，提高灌区农业产量，充分发挥灌溉工程效益。灌溉用水管理的核心是实行计划用水，而指导计划用水的依据是用水计划。我国制定的常规用水计划属于“静态”用水计划。它是根据历史资料，选定几种典型水文年，针对典型年的气象、水文情况，制定出当年的用水汁划；在执行过程中，再依据当时的气象、水文等情况进行调整。由于这种计划是依据历史资料制定的，若当年实际的气象、水文情况与典型年差异较大，则难于有效地指导用水。

国内外近年来的实践表明，采用先进的“动态”用水计划，可以避免此弊端。用动态用水计划指导灌溉用水，可达到节水、高产、高效益的目的。动态用水计划是以实时灌溉预报为依据的动态取水、配水与灌水计划，它是在充分利用实时信息基础上确定的短期计划，因而比较符合实际，实用价值较高。实时灌溉预报是编制与执行灌区动态用水计划的必要条件，只有做出实时灌溉预报，才可能制定出动态用水计划；实时灌溉预报可靠、准确，动态用水计划才可能符合实际，才能发挥指导用水以取得节水、高产、高效益的效果。

实时灌溉预报是以“实时”资料为基础，即以各种最新的实测资料和最近的预测成果为依据，通过计算机模拟分析，逐次预测作物所需的灌水日期及灌水定额；同时预报出灌区可供作物灌溉的水源水量，从而及时调整灌区的灌溉用水计划，提高灌水效益。今后灌溉预报的发展趋势是开展实时灌溉预报，因此研究与应用实时灌溉预报有着重要的理论意义与实用价值。实时灌溉预报的基础是作物需水量 E_1 的实时预报，提出较可靠、准确、又便于应用的 ET 实时预报方法，是实时灌溉预报的重点与难点内容。在水资源能够满足作物正常灌溉要求的条件下，获得 ET 实时预报资料后，根据降水、地下水补给量等因素的实时预报数据，通过农田水量平衡分析，即可进行灌水时间与定额的实时预报。当水资源不能满足正常灌溉条件时，需根据水源情况以及不同程度缺水对产量的影响，进行大量的优化分析，确定作物优化灌溉制度，情况比较复杂，不单单是预报问题。图 8-2 和图 8-3 为都江堰实时预报的示意图。

图 8-2　都江堰管理局调度中心现场

图 8-3　都江堰管理局调度中心实时水情监测系统

任务三　灌区量测水技术

目标：（1）掌握灌区量测水的作用。

（2）掌握灌区量水测站的分类和布置。

（3）掌握灌区量测水的方法。

要点：（1）掌握灌区量测水地作用。

（2）掌握灌区量测水的方式、设备。

一、灌区量水技术

灌溉量测水是农业用水计量的重要方法，对提高水资源利用效率和灌溉水量的配置具有重要作用。灌区量测水的设备和方法是实现计划用水和控制灌水质量的基本措施，是实行计量收费、促进节约用水的必要工具和手段。

二、灌区量水方法

灌区量水的方法很多，常用的有流速仪测流法、水位计水位记录法、水工建筑物量水法、电磁流量计记录法、特设量水设备测流法等。

1. 流速仪测流法

流速仪测流法，是用流速仪测定水流速度，由流速与过水断面面积的乘积来推求流量的方法。其工作内容主要包括准备工作、观测水位、过水断面测量、流速测量、现场检查、计算与整理、建立数学模型和拟定水位-流量关系曲线等。该方法优点是精度较高、便于携带，1 台仪器可在多个地点移动使用，投入低。缺点是工作量大，劳动强度高。

2. 水位计法

水位计有月记式和自记式水位记录仪：

（1）月记式水位记录仪由感应部分、传感部分和记录部分 3 部分组成。它的量测方法是根据记录纸上记录的水位过程变化曲线摘录水位。要求载录的点距能完整准确地反映水位变化全过程。根据该点过水断面的水位-流量关系曲线或数学模型查出或计算出相应的流量及历时，就可计算出总的用水量。

该方法的优点是工作时间长（31d），累计误差小（4min）；资料保存完整，便于查对；记录精度较高；无须设专人看守。缺点是投资较高，操作及内业整理工作较复杂。

（2）自记水位计量水。目前，广泛使用的自记水位计类型为浮筒式水位计，又称为槽式自记水位计，由 3 个部分组成，即感应部分、传动部分、记录部分。该仪器的原理是利用水位的升降，浮筒也随之升降，比例轮带动记录筒转动，时钟控制记录笔的槽间位置，使记录笔在记录纸上反映水位随时间变化的过程。结合流速仪测定水位流量相关曲线计算水量。其特点是感应水位的部分直接与记录部分联动，结构较简单，坚固，使用寿命长，满足精度要求，维护费用少。

3. 水工建筑物法

此法是根据水力学原理进行量水的，要求建筑物完整无损，无变形，不漏水，无冲积阻塞现象，调节设备不漏水，无歪斜、扭曲、损坏现象，闸门边缘与闸槽能紧密吻合，符合水力计算要求；水头损失不少于 5cm；水流呈潜流状态时，其潜没度不大于 0.9。此法优点是可利用现有水工建筑物进行测量，不必新添设备。缺点是现有水工建筑物经多年运行老化、破损严重，不能符合利用建筑物量水的条件。水工建筑物法主要有以下几种方法：

（1）无喉道量水槽。无喉道量水槽由巴歇尔量水槽改进而来。当水流经过量水槽时，读取上下游水尺读数，判别流态为自由流或是潜流。根据无喉道量水槽的结构尺寸，利用流量公式计算流量或查取水位流量，得出相应的流量。现无喉道量水槽设计为自由流，并与水井房连通管观测水井水位相对应，同时结合自记水位计，控制水位的升降变化，连续24h运行，载录水位变化值，查取水位-流量关系曲线，计算出日均流量。该方法结构简单，省工省料，经济实用，便于群众修建，上游壅水较小，槽内不易淤塞；无喉道量水槽一般适用于坡降较大的浑水渠道。

（2）三角形薄壁堰量水。三角形量水堰，由竖直薄板上的V形缺口作为过水断面，角项向下，根据不同需要，通顶角可制成20°、45°、60°、90°、120°等不同角度的三角量水堰。通常采用90°，即直角三角形量水堰。通常渠道设计流量大小使用标准三角形量水堰的结构尺寸。水流经过三角形薄壁堰，读取薄壁堰水池的水位，通过结构尺寸利用流量公式计算流量，或查取水位-流量关系曲线得出相应的流量。三角形薄壁堰结构简单，造价低，过水能力较小，一般适用于比降较大或有跌差的小型渠道。

（3）梯形薄壁堰量水。梯形量水堰断面为上宽下窄的梯形堰口，堰口侧边的边坡为4：1（竖：横水位与流量关系较为稳定），堰口边缘是45°角，斜面朝下游的锐缘。通常渠道设计流量大小使用标准梯形量水堰的结构尺寸。水流经过梯形薄壁堰，读取薄壁堰水尺的水位，通过结构尺寸利用流量公式计算流量。或查取水位流量关系曲线得出相应的流量。该种堰结构简单造价低，过水能力大但壅水较多，水头损失大，一般适用于比降大、含沙量小的渠道。

4. 电磁流量计法

电磁流量转换器是一种结构独特，技术完善的管道式流量仪表。它是应用导体在磁场中运动产生感应电动势，而感应电动势又和流量大小成正比，通过测量电动势来反映管道流量的原理而制成的。此法量测精度：流量≤0.2%，优点是量测精度高。缺点是投入巨大，且需220V交流电源；发生故障后数据易丢失。

5. 特设设备测流法

量水堰是锐缘薄壁收缩堰的一种，它具有结构简单、造价低、测计方便等特点。根据过堰水流形态及相应流量计算公式就可计算出过堰的流量。优点是精度较高、投入少。缺点是不易看管，易丢失。

（1）转轮式量水器量水。转轮式量水器是一种新式的量水装置，其工作原理属于动态体积测量方法。水流经过测流槽转轮的强压迫作用，使明流轮转变成满管流，转轮叶片将过流槽中的水体分割成若干水体单元，通过计算可知水流推动量水器转轮转动一周的水体积作为一定值，由电子水量计统计量水器转轮的转数，便可计算出某一时间段内通过量水器的水量。该种测流方法，流量与流速没有直接的关系，故对层流、紊流、脉动流、混相流等各种流态的流量都能准确地测量，与堰槽流相比，有较宽的使用条件以及更高的准确性和置信水平。

（2）灌溉流量管理器。灌溉流量管理器，适用于干渠、支渠、斗渠、农渠各种渠道流量计量，涵盖用水计量、水费计算收取、农户用水管理等方面功能。具有测量精度高、测量范围宽、运行稳定、安装和操作简便、价格低廉的特点。灌溉流量管理器根据不同流量曲线处理、计算流量值。实现自动计算、监测、记录，内置不同算法，适合多种标准。使用PDA与管理器配合，实现数据的采集、收费凭证的现场打印；将数据汇总到管理部门，并通过管理软件，实现数据的处理、查询和报表输出。但此仪器投入较大。

（3）水尺量水。在比较规则的渠道上选一测量断面建立水尺，有流速仪在不同水位进行测量，建立出该端面的水位-流量关系曲线，量水时只读取当时渠道的水位，再查对相应的水位—流量关系曲线后，获得当时流量。也可在水尺上直接标出流量。此方法简单实用。

任务四　灌溉自动化控制技术

目标：（1）掌握实施灌区自动化的目的。
（2）掌握灌溉自动化控制技术。

要点：（1）掌握实施灌区自动化的目的。
（2）掌握灌溉自动化控制技术。

农业是人类赖以生存的基础生产行业，延续千年的传统农业模式总是与农民的耕作经验紧紧相依；而在当代，尤其在中国，随着人口的增加和城镇化脚步的加快，“人多粮少”、“人多地少”的形势愈显严峻，因而如何提高作物产量、提高土地利用率成为人们不得不考虑的问题。

随着科技的发展，农业灌溉也出现了很多契机，在优良的作物品种与耕作技术的前提下实现效益的最大化已经不再是纸上谈兵，而实现灌溉系统的自动化控制就是其中一种途径。在当代，计算机技术、传感技术、集成电子信息技术等的发展，为农业灌溉系统的自动化提供了硬件支撑。

一、灌溉自动化控制技术

1. 灌溉自动化控制技术原理

20世纪末以来，越来越多的地区和国家都在尝试将新科技应用与灌溉控制系统之中，尤其是计算机技术的引入，使得灌溉系统更加的自动化、智能化。灌溉自动化控制技术就是利用水力学原理、电学原理以及由计算技术、传感技术、电子通信技术组成的微机技术等实现灌溉系统的实时监控和自动化控制。灌溉工程中常见的自动化控制和管理方式主要有三种：水力自动化、电控自动化、微机自动化。

水力自动化比较简单，通常也只能按照一种预定的方式进行自动化控制。例如，当水位或水压力达到某预定值时，使得阀门打开或关闭。电控自动化出了能达到水力自动化的功能外，还能进行数据检测，并根据监测值而手动或自动的调控。微机自动化则是在电控的基础上配备了微机系统，把自动化监测和调控连接起来，从而提高了自动化水平。进入21世纪以来，微机自动化广泛应用于农业灌溉，计算机的发展尤其使得这种方法使用化、智能化。

微机自动化技术通过各种传感器检测、采集数据信息，并通过通讯技术传输，由计算机存储和处理，为灌区灌溉方案的制定提供了依据和方便。其组成有以下几个部分：

（1）传感器。即测量部件，对监控对象进行（土壤、水体、气体、植物等）进行数据检测，并将数据传输给控制器。

（2）控制器。对信号进行储存和分析处理并为执行机构提供控制命令，一般由计算机系统承担。

（3）执行机构。按照控制指令进行操作，如启闭阀门等。

该系统的关键技术是：①精确可靠地实现对作物生长过程中的湿度、温度、降雨量、蒸发量及土壤水分含量等因子的自动采集、传输、分析，并作出综合判断；②根据不同作物不同生育阶段所需求的适宜土壤含水量及其他因素实时作出控制机泵开启的指令，并根据预置的灌水计划有序的启闭闸阀，使整个灌水过程处于无人值守的控制状态。该系统的最大特点是：高产高效优质作物与现代化的科学的自动化灌溉技术相结合，替代了传统的粗放的灌溉方式。建立在对气温、湿度、土壤含水量、降雨、蒸发量及不同作物不同生育期所需适宜含水量及相应的气象参数的综合分析基础上的灌溉专家决策支持系统，可根据作物生长需要，支持机泵及电磁阀按照预定的供水计划实施启闭，使不同的作物在不同的生育期可以科学地获取适宜的灌水时间和适宜的灌水量，从而使有限的水资源发挥最大效益。其系统流程如图 8-4 所示。

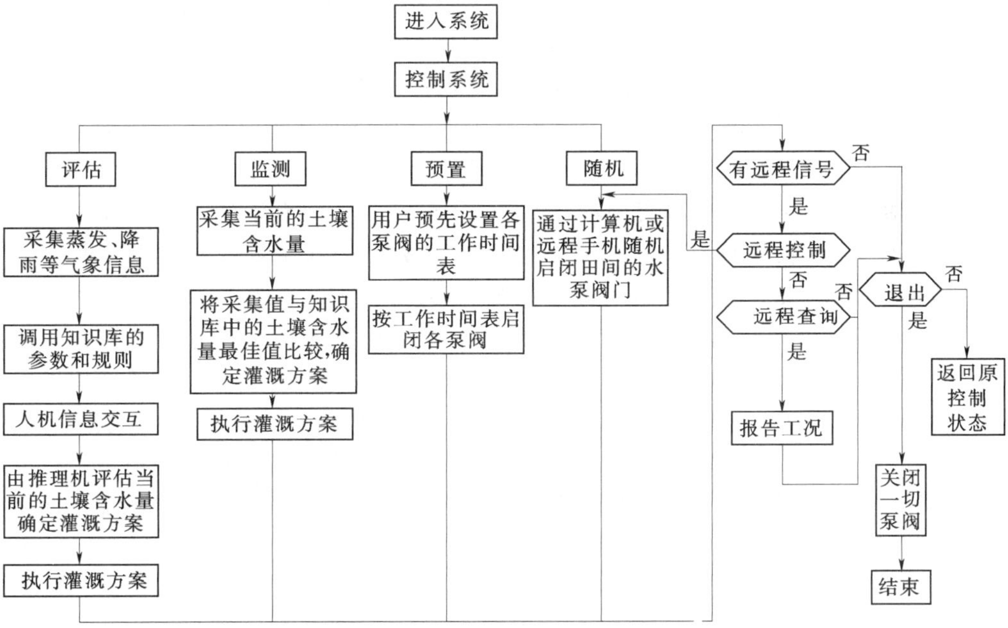

图 8-4　灌溉工程自动化监测系统

2. 发展现状与前景

（1）国内、外发展现状。国外一些先进国家，如美国、以色列和加拿大等，运用先进的电子技术、计算机和控制技术，在节水灌溉技术方面起步较早，并日趋成熟。这些国家从最早的水力控制、机械控制，到后来的机械电子混合协调式控制。到当前应用广泛的计算机控制、模糊控制和神经网络控制等，控制精度和智能化程度越来越高，可靠性越来越好，操作也越来越简便。

国外主要将电气信息技术、人工智能技术应用到节水灌溉自动化控制中。随着控制技术、传感器技术的发展，以色列开发了现代诊断式控制器，这种控制器把以前不可能采集到的信息通过不同的传感器来获得，通过 internet 网、远程控制、GSM 等来实现数据传输，然后通过计算机中的一些模型来处理信息，作出灌溉计划。同时以色列的佳维士（GAVISH）控制系统是一套计算机的温室小气候和施肥控制系统，该系统基于 Gavish 自主开发的软件，具有很大的灵活性而且可以根据用户特定的要求很方便进行定制，系统有 16 个输出和 16 个输入信号。Phena 和 Howell 等人分别在灌溉系统的控制中使用了土壤湿度传感器，通过土壤水分传感器把土壤湿度反馈给控制系统，根据传感器获得的数据决定是否灌溉，使作物根部总能保持一定的湿度。Fangmeier 等人研制了一套自动化灌溉控制器，在这个控制器中系统使用红外线热电偶测土壤湿度，同时配有空气湿度计、土壤湿度传感器。Pehne 等人利用计算作物蒸腾量来控制滴灌系统。Ismail 和 Alshooshan 在灌溉控制反馈系统中应用电子张力计来测突然湿度。模糊控制技术及神经网络等人工智能应用在灌溉控制器上取得较好的结果。

国内在开发灌溉自动控制系统方面处于研制、试用阶段。能实际投入应用，且应用较广的灌溉控制器还不多见。灌溉控制器作为自动化灌溉系统的中枢，是由操作技术人员通过控制器或微机进行控制。按照预先编制好的运行软件向水泵和田间电磁阀发出电信号，实现开启及关闭灌溉系统，灌溉自动控制软件的编制要充分考虑气象、土壤水分及肥力、种植作物需水规律、地下水埋深等灌溉因子。也可根据历年采用和总结的灌溉制度（即灌溉开始时间、延续时间、灌水周期）和施肥经验作为系统运行程序的编制依据。在目前田间灌水自动化技术中开发的产品有代表性的如国家 863 高技术研究发展计划资助项目和高等学校博士学科点专项科研基金资助项目基于 GPS 和 GIS 的变量施水控制系统设计。紧密结合我国旱作节水农业的实际，应用先进的电子技术、GPS 和 GIS 技术，设计了一种适用于我国现有施水机具的变量施水控制系统。利用 Jupiter GPS OEM 自主开发了低成本的 GPS 接收机，对于矩形地块提出了一种基于点线距离的区块单元识别和处方图数据查询算法，完成了输出控制电路的设计，并提出了控制输出的计算方法。系统能够根据处方图自动完成变量灌溉，也能进行手动控制灌溉；在联机工作状态下可以在电子地图中实时显示田间机具位置，并实现对田间车辆的监控。试验结果表明，设计的控制系统可以根据田间不同位置、不同需水量实施变量施水。陕西省科技攻关项目：电路系统设计获国家实用新型专利节水灌溉自控系统中的液压监测仪研制，基于 51 系列单片机，设计了一种液压监测的软件及硬件电路系统，克服了一般数字式液压监测仪校正环节复杂、测量精度差、控制方式单一的技术缺陷，解决了其他液压智能仪表需以标准信号输入的要求。性能检测与应用结果表明：该电路系统性能可靠，使用方便，性价比高，在节水灌溉中得到了良好的应用。浙江大学王根轩、周海莲、周磊、甘毅的发明专利植物叶片膨压感应节水灌溉自动控制方法该发明提供一种植物叶片膨压感应节水灌溉自动控制方法，应用感应节水灌溉自动控制装置，是以缺水的植物叶片进入红外感应区为信号，利用作物缺水导致叶片水势和膨压降低的生理特征，根据叶片垂度与膨压间的反相关关系，结合作物亏缺补偿节水灌溉原理，应用红外感应技术探测到叶片垂度变化，经感应器探测控制实现灌溉水的自动出流和断流。该技术更直接、更全面、更快速、更灵敏地反应植物的生理需水要求，结合补偿节水灌溉的原理技术，控制精度高，节水效果好。

（2）灌溉控制自动化技术的应用前景。现代农业是以高新技术应用为标志的。在西方发达国家，通过遥感（RS）、地理信息系（GIS）、全球定位系统（GPS）及计算机网络获取、处理、传送各类农业信息的应用技术已到了实用化阶段，欧共体将信息及信息技术在农业上的应用列为重点课题，美国农业部建立了全国农作物、耕地、草地等信息网络系统，可以说信息技术已成为现代农业不可缺少的一部分。西方发达国家在节水灌溉控制器的开发上也越来越成熟，且发展趋势是研制大型分布式控制系统和小面积单片机控制系统。并带有通信功能，能与上位机进行通信，并可由微机对其编程操作。同时随着人工智能技术的发展，模糊控制、神经网络等新技术为节水灌溉控制器的研制开辟了广阔的应用前景。而国内在灌溉控制器的研制方面还没有形成规模大、应用范围广的成套灌溉控制产品。国内可根据我国国情和各地经济和技术发展实际情况，采取简单可行的节水灌溉控制措施及相应的排灌机械和设备，大力发展可靠、使用、成本低、操作简便的节水灌溉控制器，这样做不仅具有广阔的市场。而且具有巨大的经济和社会效益。

二、常用的自动化控制模式（原理、控制方式）

1. 两点控制

两点控制通过操作调节器使其处于两个极端位置之一，而对相应于设定值的偏离作出响应，但对任何中间位置不进行控制，完全断开或完全闭合状态，所以这种控制也称为开关控制。

如图 8-5 所示为两点控制器的动作示意图。这是描述保持容器内恒定水位过程的例子。根据需要，不断地从容器抽水，当容器中水位低于某个要求值或设定值时，供水阀门完全开启向容器充水；当容器中水位达到要求水位时，阀门完全关闭。在进行两点控制操作时，为了不发生过多的循环，必须设定一个静带值。两点控制或开关控制适用于泵站、管道配水系统、污水泵及电磁阀的操作。

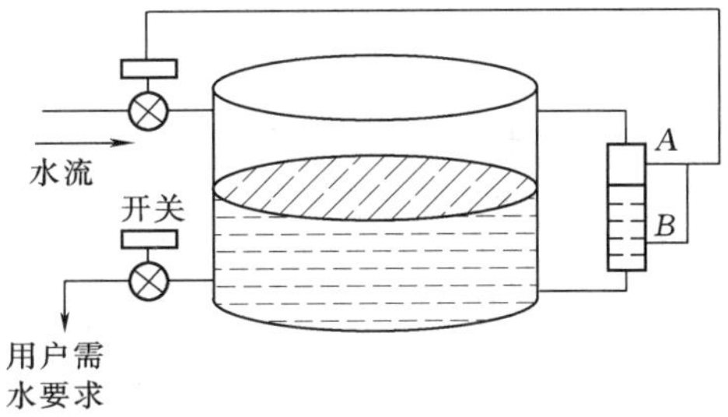

图 8-5　两点控制示意图

2. 三点控制

三点控制也称作浮点控制或设定控制，仍以控制容器水位为例，则系统可将容器中水位保持在两个浮标传感器触点之间。被控变量的值处于静带范围内时，控制单元不进行任何操作。一般情况下，三点控制的最终控制单元的操作比两点控制慢得多，因为在三点控制的情况下，希望被控对象处于中间位置。校正操作必须足够迅速，足以使系统对误差及时作出响应，回复到设定点。同时，校正操作还必须足够缓慢，足以防止控制器补偿过度，变成开关控制器。对于一个有上下波动的渠道水面的控制过程，选取一定宽度的静带以及选取适当的校正操作速度，可以减小或消除波动。系统反应严重滞后，或者供求变化太快将使水位波动情况恶化。而对于系统反应没有明显的滞后，并且通过平缓地改变运行状态即可满足供求变化的系统，应用三点控制模式较为合适。三点控制难以取得输入（供）和输出（求）间的相互匹配；三点控制模式检测被控变量的变化方向，而与输出值和输入值之比无关。由于这种控制模式不能连续校正操作，难以取得输入值与输出值之间或供求之间的相互匹配。因此，在需水计划较为复杂的渠系中，三点控制模式的应用受到限制。

3. 比例控制

比例控制利用控制变量的值与控制对象的位置间的某一线性关系，对其设定值的偏差（误差）作出响应。对控制变量的某个值，比例控制器将被控对象移到某一特定位置。偏离设定点的量代表误差，该误差代表输出值的大小。

4. 积分控制

积分控制根据某一时段内的累积误差对相对于设定值的偏差（误差）作出响应。积分控制情况下，操作量的大小取决于校正操作的累积值，并依赖于误差的大小及历时。积分控制一般不单独使用，而与比例控制模式联合使用，称为比例积分控制模式。在比例积分控制模式情况下，积分控制可以消除比例控制产生的调整偏差。误差一旦产生，该控制模式自动地逐渐进行调整，使输入变量值回复至设定值，消除调整误差。积分控制模式与比例控制模式联合应用，其目的就是消除比例控制模式单独使用时的调整误差。

5. 微分控制

微分控制响应误差的大小和方向随时间的变化而变化，当误差变化率为零时，微分控制无效。而实际误差为零时，微分控制模式也可能进行控制操作。一般情况下，微分控制模式不单独使用，而是与其他控制模式联合使用。微分控制模式通常用于时间延迟较大的过程控制系统，渠道或管道植水系统具有这一特点。微分控制一般用于输水控制算法是较合理的。然而，由于确定控制参数非常复杂，微分控制的应用还需要进一步研究。

三、灌溉自动化控制的应用

1. 渠系自动化管理

渠系自动化监控与管理的目的在于通过自动化监控系统，控制渠系或闸门，确保渠系按照既定或随机的要求进行配水。渠系自动化通常是对水位进行监控，从而实现对流量的监控。可分为定流量监控和动态流量控制。

闸门自动化是目前渠系自动化控制的主要方面，多由常规的电动驱动或者机械闸门加上自动控制元件构成。在渠系动态调控系统中，闸门控制由控制中心的微机控制。微机按照指令驱动传感测量元件定时或随机监测渠系各点水位，进行数据采集、分析、核对，并驱动其他控制机构。

2. 灌水自动化管理

田间灌水自动化系统可按照自动化程度分为半自动、全自动和运动 3 种。半自动化需要人为进行操作，运动自动化系统指可以远距离监测和控制。

用微机控制的田间灌溉自动化系统目前主要用于微喷灌方面。田间灌溉自动化系统包括传感系统、监测—显示系统和水源控制系统，如图 8-6 所示。

3. 泵站自动化管理

泵站自动化包括机组自动化、辅助设备自动化和泵站系统综合自动化。广义上还包括

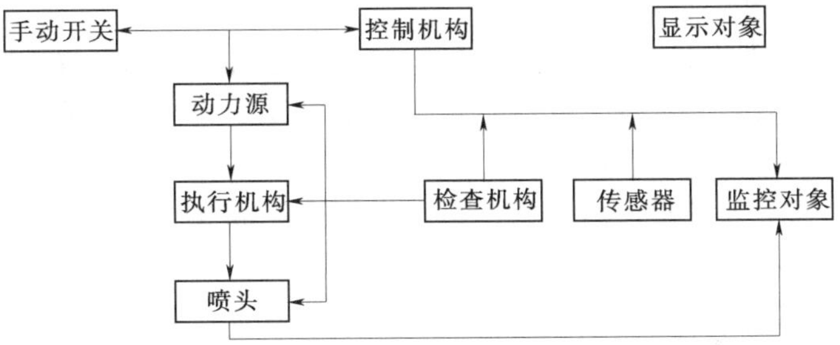

图 8-6　灌水自动化系统示意图

泵站运动化，即遥感、遥信、遥控和遥调。

泵站的检测项目包括泵站管路和建筑物的水位、流量、扬程、机电设备。遥信是把泵组和辅助设备的工作情况用信号显示出来。遥调是根据系统的运行情况，按照预先设定的程序，通过运动装置，对机组进行远程操作。如景泰川电力提灌站。

任务五　节水灌溉工程管理模式

目标：掌握节水灌溉工程管理模式的分类。

要点：各种模式的适用范围。

一、节水灌溉工程管理模式的发展

近年来，为缓解我国水资源供需矛盾，解决农业干旱缺水问题，党中央、国务院和各级地方政府高度重视节水灌溉工作，通过加强领导、增加投入、政策引导、示范推广等一系列措施，推动和促进了全国节水灌溉事业的快速发展。节水灌溉示范项目建设，以田间节水灌溉工程为主，包括斗、农渠防渗、管道输水、土地平整以及喷微灌工程等，单个项目的建设规模为 133.33～333.33hm^2，所需投入由中央、地方和受益农民共同筹措。为加强项目管理，国家计委和水利部共同制定了《节水灌溉示范项目建设管理办法》和《节水灌溉示范项目验收办法》。截至 2002 年底，中央投入资金 15 亿多元，在全国建设了近 900 个节水灌溉示范项目。据统计，项目区共发展节水灌溉工程面积 26.67 万多 hm^2，节水近 5 亿 m^3，年节省运行费 0.5 亿元；增加粮食生产能力 4 亿多 kg，经济作物增产 2 亿多 kg。通过发展节水灌溉，示范项目区农业生产条件得到显著改善，农民收入明显增加。从建设及投入规模看，节水灌溉示范工程属于小型农田水利工程，没有专业管理机构，建成后主要由乡镇、村管理或受益农民自主管理。为改变目前水利工程普遍存在的“重建轻管”问题，国家计委和水利部要求各地在工程建设的同时，明确产权主体，落实管护责任，以充分发挥示范工程的作用和效益。由于示范工程遍布全国，工程的类型和设备设施的使用不尽相同，既有在大型灌区的，也有在小型灌区或井灌区的；既有固定工程（如渠道、地埋管道等），又有移动设备；既有多户共用的设施，也有单户使用的设备，因此，节水灌溉示范项目的工程管理模式多种多样，各地在实践中进行了许多有益的尝试和探索。

二、节水灌溉管理的几种模式

根据2002年水利部农村水利司对2000—2001年度节水灌溉示范工程（619个工程）运行管理模式的调查结果，示范工程的管理模式呈多元化趋势，大致可分为4类。

1. 协会型

由政府、组织或个人发起，由乡镇、村等用水户组成并“自主经营”的管理模式。在灌区成立供水公司和用水户协会，让农民充分参与决策和管理。供水公司负责供水枢纽、渠道及干、支渠等建筑物的管理、使用、维护；用水户协会负责斗渠、农渠及配套建筑物的使用、管理和维护。此种管理模式在灌区支渠以下的渠道及田间工程建设中应用较多。实践证明，该模式能有效地提高灌区用水效率、缩短灌溉周期，降低灌溉成本，得到农民普遍认可。如泗县小梁乡采用灌区“自主经营”管理机制，效益明显。运作方式：由工程建设管理单位制订灌溉工程运行维护管理和水费征收办法、户灌溉制度及调配水计划等；工程受益农户组建用水户协会，主要负责支渠以下的渠道及田间工程末级渠系水量分配、水费收缴和渠系建筑物及灌溉设备的管理和维护工作。

2. 合作社型

潮泉镇孟庄塘坝是孟庄村农田灌溉的主要水源，蓄水10万m^3。以往由于管理混乱，滥放乱抽，水源浪费。1998年底由村民孙衍栓发动，联合27户农民自发成立了孟庄水利合作社，并集资19.8万元连片发展果树微喷20hm^2。为使果树微喷工程充分发挥效益，他们根据风险共担、利益共享、责任共负的原则，制定了《合作社章程》，并选出了社长、副社长，规定入社农户优先享受节水灌溉服务，共同管理微喷工程。孟庄水利合作社组建后，建设了微喷工程，改善了灌溉条件。

3. 公司型

节水灌溉公司有以下几种类型：

（1）股份制公司。股份制公司是由政府、集体和用户按照“自愿入股，利益共享，自主经营，自负盈亏，风险共担，民主管理”的原则集资组建的节水灌溉管理公司，这种管理形式适用于水利基础条件比较差，但群众发展节水灌溉积极性较高的乡（镇）、村。

其运作模式是：将投资折算为股金，乡以上投资为集体股，群众自筹为个人股，个人股持有者在灌溉时可享受份内平价，份外收高价，不参加入股者收高价；产权及使用权归集资户所有，农民浇地自我管理，设备出现故障由集资户筹资维修。水费收入扣除管理成本按股份分红，集体股红利用于工程设施维修和更新改造。

以村为主体的灌溉公司，对农户实行灌溉承包，以灌溉水量核算灌溉成本，该模式既可保证农民的利益又不致降低灌溉费用，而且工程效益可得到长远发挥。这种模式不但能有效地解决目前我国农村一家一户土地分散经营的灌溉问题，而且工程设备的利用率及管理水平较高。公司对节水灌溉工程进行统一管理和经营，按灌溉要求制定配水计划并维护工程正常；在收费上，兼顾各方利益，在微利保本的原则下按灌溉成本核定收费标准。这样既缩短了轮灌周期，降低了灌溉成本，也提高了抗旱效果，得到农民的普遍认可。这一形式是今后节水灌溉工程的发展方向。

（2）政府抽调组建。由政府抽调人员组建，对乡镇用水进行管理，对设备设施进行维护修缮，同时负责水费的收取和灌溉用水的分配。这种由政府组建的管理公司，其运行模式是政府抽调人员管理，自主经营、独立核算、自负盈亏。这种管理模式使用目前较多，但是效果不是很明显。

（3）业主型。由个人或法人承包或租赁。此种管理模式是在灌溉工程产权不变的前提下，将工程或设备的经营使用权转让给个人或联户，收取一定的租金或承包费及相关费用。同时，通过合同契约方式来保障工程产权所有者与承包（租赁）方的利益。这种模式适合于所有权不宜变更且经营性较强的设施、设备。如示范区内的喷、微灌工程及井灌区水源工程等。

运作方式：由示范项目管理单位与租赁或承包户签订承包（租赁）合同，以法定程序规定甲、乙双方的权利和义务，并按合同规定进行工程运行管理。

（4）科技型。由水利工程技术人员承包管理节水工程。目前由于农民对高标准节水灌溉技术（如：微机自动化灌溉装置）在认识上、技术上都一时难以适应。虽然建成，因缺乏微机操作人员和机具使用维修人员，影响节水工程效益的发挥。采用这一管理形式，一方面发挥了科技人员特长，另一方面增加了他们的收入。同时由于科技人员的灌溉指导，有利于树立农民正确的节水意识，科学调整种植结构，工程效益显著。这是目前节水灌溉发展中值得探讨的形式。

4. 统一型

统一型管理模式也叫产业化管理模式，是通过采用先进的节水灌溉技术，把过去一家一户分散经营的土地集中起来，进行统一开发、管理。这种管理模式在城市郊区及农村经济较发达地区比较适用，对节水高效农业的发展起到了积极的推动作用。

运作方式：由具有法人资格的公司对节水灌溉工程项目区的土地以“反租倒包”的形式获得土地长期有偿使用权，然后对土地进行集中开发、完善配套节水措施，经过成本核算后，以适当的价格将部分土地包给种植户。

思　考　题

1. 非充分灌溉的概念是什么？
2. 非充分灌溉的发展依据是什么？
3. 作物灌溉预报技术包括哪些？
4. 土壤墒情检测的方法有哪些？
5. 灌区量水技术的特点和方法是什么？
6. 灌溉自动化控制技术的流程是什么？如何确定？
7. 常用的灌溉自动化控制技术模式有哪些？
8. 节水灌溉工程的管理模式有哪些？各有什么特点？

参 考 文 献

[1] GB/T 50363—2006 节水灌溉工程技术规范［S］. 北京：中国计划出版社出版，2006.
[2] GB/T 50085—2007 喷灌工程技术规范［S］. 北京：中国标准出版社，2007.
[3] GB/T 50485—2009 微灌工程技术规范［S］. 北京：中国计划出版社出版，2009.
[4] SL 18—2004 渠道防渗工程技术规范［S］. 北京：中国水利水电出版社，2004.
[5] GB/T 20203—2006 农田低压管道输水灌溉工程技术规范［S］. 北京：中国标准出版社，2006.
[6] SL 236—1999 喷灌与微灌工程技术管理规程［S］. 北京：中国水利水电出版社，1999.
[7] 水利部农村水利司等. 节水灌溉工程实用手册［M］. 北京：中国水利水电出版社，2005.
[8] 刘瑞柏. 中国节水灌溉行业深度调研与投资战略规划分析报告［R］. 北京：前瞻产业研究院，2013.
[9] 黄秋生，胡中兴，倪进现. 实用农业节水灌溉工程规划与设计［M］. 北京：中国水利水电出版社，2010.
[10] 汪有科，吕雯，王德轩，等. 节水增产灌溉模式研究［J］. 水土保持研究，2006，13（2）：153-178.
[11] 王晓玲，杜秀文，刘丽艳，李英能. 我国井灌建设可持续发展研究［J］. 中国农村水利水电，2006，（08）：6-11.
[12] 刘海霞，朱海英. 水稻控制灌溉技术［J］. 北方水稻，2013，42（6）：57-58.
[13] 邓志高，熊国平，苏伟. 水稻浅控结合节水灌溉技术综述［J］. 现代农业科技，2013（24）：228-229.
[14] 郭以明，郭相平，樊峻江，等. 蓄水控灌模式对水稻产量和水分生产效率的影响［J］. 灌溉排水学报，2010，29（3）：61-63.
[15] 郭相平，蒋新会，袁静. 蓄水控灌模式下水稻耗水量及灌排定额初探［J］. 灌溉排水学报，2009，28（1）：65-67.
[16] 汪志农. 灌溉排水工程学［M］. 北京：中国农业出版社，2010.
[17] 程建平，曹凑贵，蔡明历，等. 不同灌溉方式对水稻产量和水分生产率的影响［J］. 农业工程学报，2006，22（12）：28-33.
[18] 周义成，田雨春，陈宝忠，等. 水稻“浅、晒、浅湿”灌溉技术［J］. 内蒙古民族大学学报，2008，14（2）：84-85.
[19] 王娜，关健. 水稻节水灌溉技术［J］. 科技资讯，2010（22）：151.
[20] 赵跃坤. 水稻节水灌溉技术推广［J］. 黑龙江科技信息，2013（19）：277.
[21] 吴丽. 农作物灌溉制度分类与制定［J］. 现代农业科技，2011（11）：244.
[22] 何辉，朱武，朗启庄. 云南省山区玉米非充分灌溉制度研究［J］. 人民珠江，2011，32（1）：47.
[23] 黄霞. 灌区量测水方法及其综合应用［J］. 现代农业科技，2012（13）：226.
[24] 马月林. 灌区量测水技术的现状、问题与对策［J］. 山西水利科技，2007，（2）：013.
[25] 李惜. 灌区量测水技术探讨与研究［J］. 甘肃水利水电技术，2006，42（2）：171-172.
[26] 许立新，灌溉工程自动化控制技术分析［J］. 水利科技与经济，2013（3）：56-57.
[27] 侯书林，刘英超. 国内外节水灌溉技术装备与自控技术综述［J］. 中国农村水利水电，2011（6）：49-51.
[28] 朱焕立，茹正波，荣晓明. 农田灌溉自动化控制系统的开发研究［J］. 灌溉排水学报，2009，28

(4)：124-126.
[29] 徐征和，吴俊河，丁若冰，等．自动化灌溉控制工程技术的研究与应用［J］．中国农村水利水电，2006（6）：66-68.
[30] 张增林，韩文霆．自动化控制在节水灌溉系统中的应用［J］．节水灌溉，2012（10）：65-68.
[31] 郭宗楼．节水灌溉工程［M］．浙江大学出版社，2008.
[32] 王莉莉，徐得潜，许一，等．安徽省节水灌溉工程管理模式研究［J］．水利经济，2009，26（6）：61-63.